前沿技术领域专利竞争格局与趋势 IV

国家知识产权局专利分析和预警工作领导小组 主编

国家知识产权局知识产权发展研究中心 组织编写

知识产权出版社
全国百佳图书出版单位

图书在版编目（CIP）数据

前沿技术领域专利竞争格局与趋势. Ⅳ/国家知识产权局专利分析和预警工作领导小组主编. —北京：知识产权出版社，2018.7（2019.7重印）（2021.12重印）
 ISBN 978-7-5130-5546-8

Ⅰ.①前… Ⅱ.①国… Ⅲ.①科学技术—专利—竞争—研究报告—中国 Ⅳ.①G306.72

中国版本图书馆 CIP 数据核字（2018）第 088180 号

内容提要

本书介绍了三维 NAND 存储器、闪存控制器、5G 关键技术、核电安全关键技术、高端医用机器人、家用服务机器人、多传感器融合感知技术、车联网 V2X 关键技术、操作系统内核关键技术和基于 OS 的人机交互关键技术等 10 项前沿领域技术专利竞争格局及发展趋势，供各产业企业及相关研究人员参考。

责任编辑：王玉茂	责任校对：王 岩
内文设计：吴晓磊	责任印制：刘译文

前沿技术领域专利竞争格局与趋势（Ⅳ）

国家知识产权局专利分析和预警工作领导小组　主　编
国家知识产权局知识产权发展研究中心　组织编写

出版发行：知识产权出版社有限责任公司	网　　址：http://www.ipph.cn
社　　址：北京市海淀区气象路50号院	邮　　编：100081
责编电话：010-82000860 转 8541	责编邮箱：wangyumao@cnipr.com
发行电话：010-82000860 转 8101/8102	发行传真：010-82000893/82005070/82000270
印　　刷：北京中献拓方科技发展有限公司	经　　销：各大网上书店、新华书店及相关专业书店
开　　本：720mm×1000mm　1/16	印　　张：16.75
版　　次：2018年7月第1版	印　　次：2021年12月第3次印刷
字　　数：306千字	定　　价：65.00元

ISBN 978-7-5130-5546-8

出版权专有　侵权必究
如有印装质量问题，本社负责调换。

编委会

主　任： 贺　化　国家知识产权局党组成员、副局长
副主任： 何志敏　国家知识产权局副局长
　　　　　　张茂于　国家知识产权局党组成员、副局长
　　　　　　肖兴威　国家知识产权局党组成员、直属机关党委书记
委　员： 胡文辉　国家知识产权局办公室主任
　　　　　　张志成　国家知识产权局保护协调司司长
　　　　　　雷筱云　国家知识产权局专利管理司司长
　　　　　　龚亚麟　国务院知识产权战略实施工作部际联席会议
　　　　　　　　　　办公室副主任
　　　　　　王岚涛　国家知识产权局人事司司长
　　　　　　毕　囡　国家知识产权局规划发展司司长
　　　　　　白光清　国家知识产权局专利局办公室主任
　　　　　　卜　方　国家知识产权局专利局人教部部长
　　　　　　郑慧芬　国家知识产权局专利局审查业务管理部部长
　　　　　　韩秀成　国家知识产权局知识产权发展研究中心主任
　　　　　　郭　雯　国家知识产权局专利局专利审查协作北京中心主任
　　　　　　赵喜元　国家知识产权局专利局专利审查协作湖北中心主任
　　　　　　李胜军　国家知识产权局专利局专利审查协作四川中心主任
　　　　　　陈　燕　国家知识产权局知识产权发展研究中心副主任
　　　　　　李永红　国家知识产权局专利局电学发明审查部原部长
　　　　　　崔伯雄　国家知识产权局专利局光电技术发明审查部原部长

编辑部

主　　　编	贺　化
副　主　编	何志敏　张茂于　肖兴威
执　行　主　编	胡文辉　韩秀成
编辑部主任	陈　燕
编辑部副主任	孙全亮　马　克　刘庆琳
编辑部成员	（按姓氏笔画排序）

马永福　王海涛　王宇锋　王　雷
王瑞阳　邓　鹏　孙　蕾　孙　玮
朱　琦　杜江峰　李　芳　李　岩
李瑞丰　邵　磊　寿晶晶　赵　哲
赵向阳　唐宇希　蓝　娟　董　妍

前　言

2008年以来，为配合《国家知识产权战略纲要》的深入实施，充分发挥专利信息情报服务支持我国重点领域产业发展和科技创新等规划决策的重要作用，国家知识产权局设立并启动重点领域重大技术专利分析和预警专项工作并专门成立了局领导挂帅、局相关部门主要负责人为成员的专利分析和预警工作领导小组，由国家知识产权局知识产权发展研究中心作为领导小组办公室负责具体组织实施专利分析和预警工作。

十年来，国家知识产权局专利分析和预警专项工作取得了显著的成效，一是辅助决策作用日益凸显，卓有成效地在在煤制油、TD-SCDMA、信息安全关键技术、新能源汽车等诸多领域为上级领导机关和相关主管部门提供了坚实有力的决策支持，多次得到国务院领导的批示；二是创新支持能力日益增强，不仅全面覆盖了国家重大科技专项和战略性新兴产业的主要领域，而且情报挖掘的范围和深度日益拓展深化，为核高基等国家相关重大科技专项及中科院战略先导专项提供了有力的专利分析研究支持；三是实战经验、理论积累日益丰厚，不仅形成了90余项项目成果，而且在专利与产业、技术、市场、法律等情报的综合关联分析以及在专利导航产业、企业和区域创新发展理论及实务的开创性探索等方面硕果累累；四是促使我国专利情报分析人才队伍日益壮大，依托项目实施累计培养情报意识强、分析技能精的复合型专利审查员达数百位，促使一批产业界、科技界专家深刻认识到专利情报分析的重要价值和意义，引导带动社会参加项目研究的企业、科研机构更加关注专利情报分析，更加重视专利竞争情报分析人才培养。

在当前我国经济发展进入新常态的新形势下，增长方式转变、产业结构转型、增长动力转换成为未来一段时期我国产业发展的主要特征，创新和知识产权愈益成为关乎新常态下我国产业升级转型发展成败的关键。2015年12月，国务院颁布《国务院关于新形势下加快知识产权强国建设的若干意见》（国发〔2015〕71号），要求深入实施国家知识产权战略，促进新技术、新产业、新业态蓬勃发展，提升产业国际化发展水平保障和激励大众创业、万众创新，为实施创新驱动发展战略提供有力支撑。2016年5月，中共中央、国务院印发《国家创新驱动发展战略纲要》，强调要坚持走中国特色自主创新道路，以科技创新为核心带动全面创新，以高效率的创新体系支撑高水平的创新型国家建设，推动经济社会发展动力根本转换，为实现中华民族伟大复兴的中国梦提供强大动力。纲要明确提出，要将实施知识产权战略、建设知识产权强国作为实施创新驱动发展战略的战略保障。2017年，党的十九大报告提出"要加快建设创新型国家"的重要举措，具体包括瞄准世界科技前沿，强化基础研究，实现前瞻性基础研究、引领性原创成果重大突破。倡导创新文化，加强国家创新体系建设，强化知识产权创造、保护、运用等。

面对新形势、新要求和新机遇，国家知识产权局专利分析和预警工作将紧紧围绕国家创新发展战略实施和知识产权强国建设的主线和重点，着力面向新一代信息网络技术、智能绿色制造技术、生态绿色高效安全的现代农业技术、资源高效利用和生态环保技术、海洋和空间先进适用技术、智慧城市和数字社会技术、先进有效安全便捷的健康技术、支撑商业模式创新的现代服务技术、引领产业变革的颠覆性技术等战略性前沿技术提供专利分析预警支持，同时将面向社会公众大力加强专利分析预警项目成果的推送，利用进一步扩大项目研究成果的辐射面和影响力直接为相关产业、企业及技术的发展提供更加有力的情报支撑。

为此，国家知识产权局专利分析和预警工作领导小组办公室决定依托专利分析预警项目成果，每年结集汇编公开出版《前沿技术领域专利竞争格局与趋势》丛书。此次出版的系列丛书第Ⅳ辑，内容涉及新一代存储器及其控制器、第5代移动通信、核电安全、服务机器人、智能汽车和车联网、人机交互和操作系统等领域，涵盖了新一代能源技术、高端装备制造、医疗设备、绿色环保技术以及新兴无线通信技术等若干重大技术领域和重点高新产业，把握了新形势下一批重大战略型新兴产业技术的发展动向。以期"想产业所想、急产业所急"，为产业界、科技界管理者全面准确把握前沿领域专利竞争格局趋势并科学决策提供扎实的专利竞争情报支持。

由于时间仓促、课题组研究水平所限且产业技术前沿领域发展较快，本丛书中难免存在疏漏、偏差甚至错误，敬请各位领导、专家和广大读者不吝批评指正！

国家知识产权局专利分析和预警工作领导小组办公室
2018年5月

目 录

1 三维 NAND 存储器关键技术 /1
  1.1 三维 NAND 专利竞争态势 /2
  1.2 三维 NAND 重点企业专利竞争格局 /8
  1.3 主要结论及启示 /19

2 新一代闪存控制器关键技术 /22
  2.1 加快发展闪存控制器产业迫在眉睫 /22
  2.2 闪存控制器全球专利竞争格局 /24
  2.3 重点企业专利布局及竞争策略 /29
  2.4 推动控制器产业发展的思路和启示 /34

3 第五代移动通信（5G）关键技术 /37
  3.1 5G 关键技术概览 /37
  3.2 关键技术分支专利布局 /43
  3.3 全球 5G 技术主要申请人专利竞争格局 /46
  3.4 对我国 5G 技术产业发展的启示 /53

4 核电安全关键技术 /59
  4.1 核燃料技术成为核电安全技术的研发焦点 /60
  4.2 高性能核燃料全球竞争专利格局 /61
  4.3 高性能核燃料中国专利竞争格局 /69
  4.4 高性能核燃料主要技术体系专利布局策略比较 /73
  4.5 我国高性能核燃料重点技术专利布局机会 /77
  4.6 高效安全核燃料产业发展启示和应对措施 /79

5 高端医用机器人 /82
  5.1 高端医用机器人产业概况 /82
  5.2 手术机器人产业专利竞争格局 /83
  5.3 康复机器人产业专利竞争格局 /96

5.4 我国高端医用机器人行业的创新启示/105

6 家用服务机器人关键技术/109
6.1 家用智能服务机器人产业现状/110
6.2 家用智能服务机器人专利现状/110
6.3 对我国家用智能服务机器人企业的启示/140

7 智能汽车多传感器融合感知技术/142
7.1 智能汽车多传感器产业技术概况/142
7.2 传感器硬件融合及其关键技术专利竞争态势格局/144
7.3 传感器软件融合竞争态势格局/160
7.4 重点专利申请人专利布局/164
7.5 对我国创新企业的启示/171

8 智能汽车车联网 V2X 关键技术/173
8.1 车联网产业发展现状/174
8.2 V2X 通信技术专利竞争格局/178
8.3 通信层标准专利竞争格局/181
8.4 应用层专利竞争格局/189
8.5 对我国汽车行业企业的启示/198

9 操作系统内核关键技术/200
9.1 专利在操作系统产业链构建中的作用/201
9.2 操作系统内核关键技术专利竞争格局/203
9.3 主流操作系统的知识产权保护模式及其借鉴意义/209
9.4 对我国操作系统企业的启示/217

10 基于 OS 的人机交互关键技术/220
10.1 基于 OS 的人机交互关键技术产业基本情况及存在的问题/220
10.2 基于 OS 的人机交互关键技术专利竞争格局/222
10.3 操作系统主导者人机交互技术发展与专利策略/240

图索引/250

表索引/256

后记/258

1

三维 NAND 存储器关键技术[1]

存储器是计算机系统的重要组成部分，是计算机、互联网、通信、自动化、汽车电子、国防工业等各种现代电子设备的核心器件之一，被誉为信息产业的"粮食"。存储器作为半导体行业的重点产品，是海量数据的载体，在电子化、数据化程度越来越高的今天，数据就是每位公民的"电子身份证"，关乎国家信息安全和军事安全。

当前，Flash 存储器（闪存）主要包括 NOR 型存储器和 NAND 型存储器两大类。NOR 型存储器的特点是应用程序可以直接在闪存内运行，不必再把代码读到系统 RAM 中，其传输效率很高，但是写入和擦除速度较低，影响闪存的性能。NAND 型存储器可以提供极高的单元密度和大容量的存储空间，写入和擦除速度也很快，因此，占据了闪存市场的大部分份额。

---

[1] 本章节选自 2016 年度国家知识产权局专利分析和预警项目《三维 NAND 型存储器关键技术专利分析和预警研究报告》。
（1）项目课题组负责人：郭雯、陈燕。
（2）项目课题组组长：朱宁、孙全亮。
（3）项目课题组副组长：骆素芳、王强、马克、赵哲。
（4）项目课题组成员：王海涛、张宇、邵磊、周飞、周俊、李俊楠、王瑞阳、邓鹏。
（5）政策研究指导：衡付广、张鹏。
（6）研究组织与质量控制：郭雯、陈燕、朱宁、孙全亮。
（7）项目研究报告主要撰稿人：王海涛、张宇、邵磊、周飞、周俊、李俊楠。
（8）主要统稿人：骆素芳、张宇、王瑞阳、王海涛。
（9）审稿人：郭雯、陈燕。
（10）课题秘书：王瑞阳、赵哲。
（11）本章执笔人：王海涛、邵磊、王瑞阳。

随着半导体制造工艺逼近物理极限，NAND 型存储器的存储单元越做越小，各单元之间的干扰现象日益严重，导致 NAND 存储器的可靠性及性能也越来越低，通过更先进的制程工艺制造传统 NAND 存储器的路线基本到头。三维 NAND 存储器技术的出现为解决该问题提供了新思路，其中，三维 NAND 存储器不再追求缩小存储单元，而是通过 3D 堆叠技术封装更多存储单元，同样可以达到增大容量的目的，三星、东芝等存储器龙头企业纷纷围绕三维 NAND 存储器开展技术创新和专利布局，并展开了激烈的技术和产业竞争。

近年来，我国也相继加大半导体领域相关产业的政策和资金扶持力度，2016 年，总投资高达 240 亿美元（约合 1600 亿元人民币）的存储器基地项目在武汉东湖高新区正式启动，我国三维 NAND 存储器产业发展步入快车道。但是，我国要发展三维 NAND 存储器产业存在巨大的不确定性，资金投入量巨大、技术创新人才缺失、国外专利壁垒森严等问题突出，特别是作为知识产权密集型产业，国外存储器龙头企业必然会利用专利等战略竞争武器制约和影响我国存储器产业的发展。

因此，加快我国三维 NAND 存储器的技术创新和产业发展进程，提升三维 NAND 存储器研发的技术水平和能力，开展三维 NAND 存储器领域的专利竞争情报分析工作，对于促进我国存储器产业乃至电子信息产业发展、维护存储信息的自主安全等方面具有重要的现实意义。

1.1 三维 NAND 专利竞争态势

1.1.1 全球专利竞争态势

截至 2016 年 7 月，全球涉及三维 NAND 存储器的专利申请达 2704 项，合计约 5900 余件。全球三维 NAND 存储器专利竞争有以下特点。

1. 全球三维 NAND 专利申请持续增长

如图 1-1 所示，近十年来，平面 NAND 存储器专利申请量开始下降，三维 NAND 存储器专利申请量开始上涨，且三维 NAND 存储器的占比逐年上升。具体而言，从 2004 年开始，三维 NAND 存储器专利申请呈现一定规模，2007 年开始，由于新的 BICS 结构的出现，三维 NAND 存储器实现成为可能，专利申请量开始出现较大幅度的增长，突破上百件，随后逐年快速增长，2014 年达到千件/年的数量级。如图 1-2 所示，三维 NAND 存储器相关专利的增长趋势与其技术发展相吻合，三维 NAND 存储器技术作为存储器领域的新兴技术，受到生产商的重视，专利申请量正在逐年增加，预计未来几年仍保持增长。

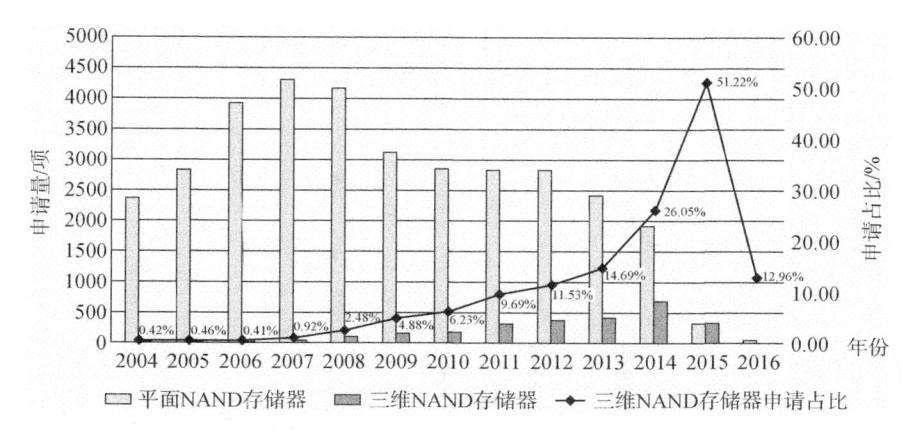

图 1-1 平面 NAND 存储器与三维 NAND 存储器专利申请量分布

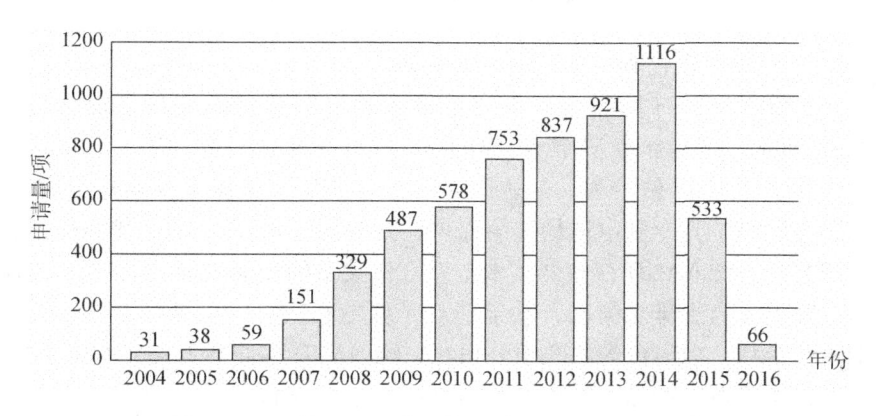

图 1-2 三维 NAND 存储器全球专利申请年度趋势

2. 美、韩、日、中是全球专利重点布局区域

在三维 NAND 存储器专利申请布局区域中，如图 1-3 所示，在美国地区的申请量最大，达 2417 件，占该领域总申请量的 40.9%，说明美国是市场大国，也是专利强国，各国企业都非常重视美国的专利申请。排名第二位的是韩国，达 1047 件，占该领域总申请量的 17.7%，说明韩国企业重视本土的申请，排名第三位的是日本，达 753 件，占该领域总申请量的 12.7%，说明日本企业重视本土的申请。

中国作为目前最大的存储器市场，专利布局量排名第四位，共 724 件，占该领域总申请量的 12.2%。可见各大企业已在中国大量布局专利，对中国企业实现三维 NAND 存储器自主可控造成威胁。

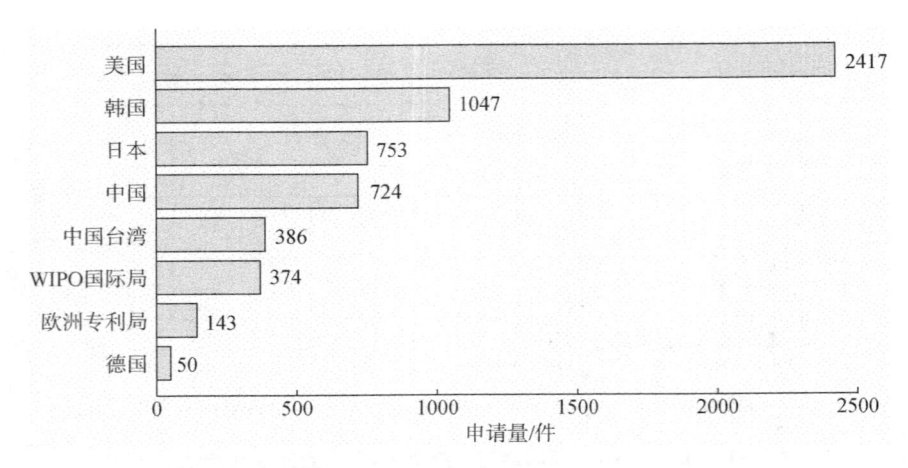

国家/地区	申请量/件
美国	2417
韩国	1047
日本	753
中国	724
中国台湾	386
WIPO国际局	374
欧洲专利局	143
德国	50

图1-3 三维NAND存储器专利申请布局区域分布

3. 专利集中在优势企业，垄断度较高

从三维NAND存储器全球重点申请人及专利申请量占比情况来看，如图1-4所示，三星作为三维NAND存储器的率先量产者，其专利申请量也最多，共申请1563件专利。东芝作为三维NAND存储器主流架构的提出者，技术实力雄厚，其专利申请量排第二位，共申请1348件专利。排名第三位的是与东芝在三维NAND存储器技术上有合作关系的美国闪迪，共申请1001件专利。韩国海力士排名第四，共申请655件专利。美国美光排名第五，共申请417件专利。中国台湾的旺宏公司在三维NAND存储器上一直有研发投入，不过未成功研发出产品，其申请量为381件。与美国美光有合作关系的美国英特尔，在三维NAND存储器上的专利布局不多，仅申请109件。

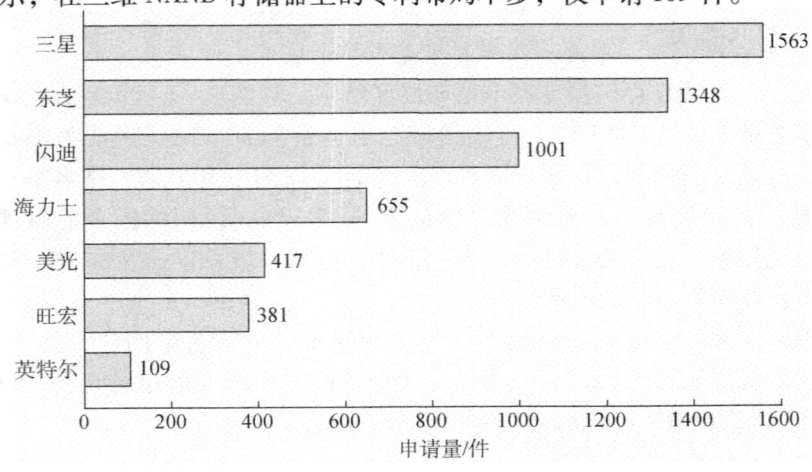

申请人	申请量/件
三星	1563
东芝	1348
闪迪	1001
海力士	655
美光	417
旺宏	381
英特尔	109

图1-4 三维NAND存储器全球专利申请的重点申请人

由此可见，三维NAND存储器主要集中在全球的四个阵营，即三星、东芝/闪迪、美光/英特尔、海力士的手中，占据三维NAND存储器全球申请总量的86.1%，垄断度高。

4. 半导体结构与制造技术是创新热点

三维NAND存储器技术主要涉及半导体结构及制造方法、存储器操作方法、存储器接口及选择分配外围电路等关键技术。由图1-5可以看出，半导体结构及制造方法技术分支是专利布局的热点方向，申请量最大，且一直保持较高的增长。存储器操作方法技术分支的申请量排在第二位，与半导体结构及制造方法技术分支一样，专利申请在2007年开始迅速上升。

图1-5　全球三维NAND存储器一级技术分支专利申请趋势

1.1.2　中国专利竞争态势

截至2016年7月，涉及三维NAND存储器的中国专利文献达到915件，其中，申请文本724件，授权文本191件。中国三维NAND存储器专利竞争具有以下特点。

1. 专利申请快速上涨，市场关注度高

如图1-6所示，从三维NAND存储器中国专利申请分布来看，自2008年起，在华三维NAND存储器相关专利的数量显著增加，并于2014年达到最高值180件。其中，国内申请的年度增长趋势与全球趋势保持一致，这是由于中国是NAND存储器的最大消费市场，各国企业都非常重视在中国进行专利布局。

2. 韩、美在华布局最多，占有较大优势

如图1-7所示，中国本土企业原创的专利申请仅占17%，而国外原创的在华专利申请占83%，体现出国外研发水平与国内研发水平的差距。

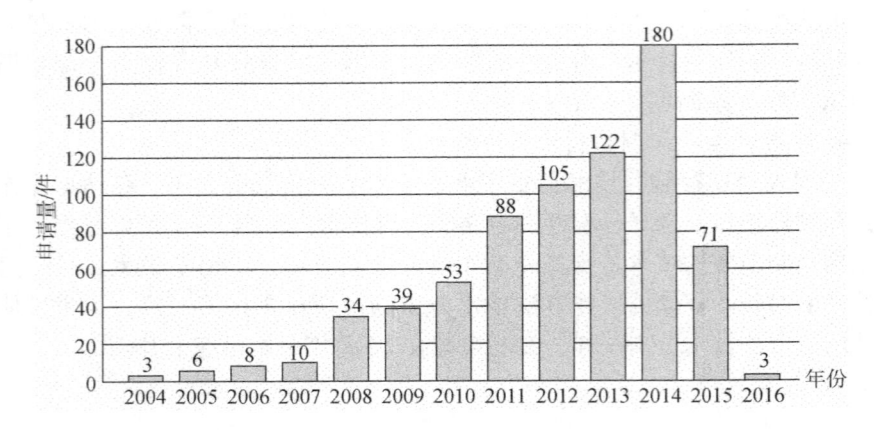

图 1-6 三维 NAND 存储器中国专利申请趋势

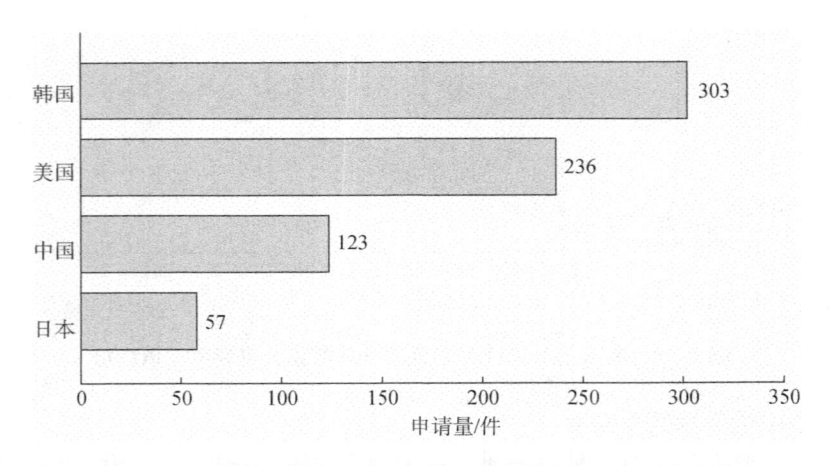

图 1-7 三维 NAND 存储器中国专利申请技术来源国家分布

在原创于国外的专利中，韩国来华申请的比例最大，达到 41.9%，这与韩国三星和海力士在三维 NAND 存储器领域的重要地位以及其对中国市场的重视程度密切相关。原创于美国的来华申请占 32.6%，共计 236 件，主要来自闪迪、美光两家公司提交的专利申请。日本来华申请量较小，共计 57 件，占比为 7.9%。

3. 国内企业创新不足，专利差距明显

如图 1-8 所示，三星的在华申请量达到 181 件，处于领先地位。旺宏、海力士和闪迪专利申请量也比较大，其中旺宏的申请量达到 125 件，海力士紧随其后，达到 124 件，闪迪在华申请共计 106 件，东芝在华申请仅有 51 件，美光在华申请为 42 件。

1 三维 NAND 存储器关键技术

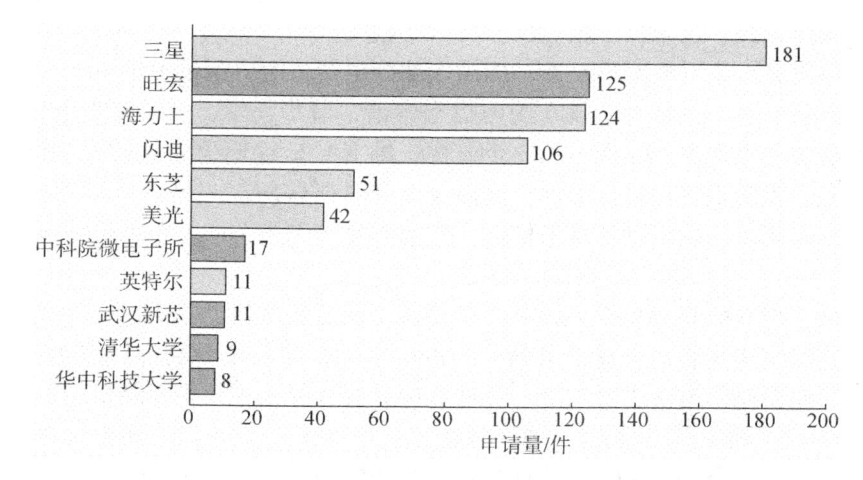

申请人	申请量/件
三星	181
旺宏	125
海力士	124
闪迪	106
东芝	51
美光	42
中科院微电子所	17
英特尔	11
武汉新芯	11
清华大学	9
华中科技大学	8

图 1-8 三维 NAND 存储器在华专利申请主要申请人

国内申请人主要为中科院微电子所、武汉新芯、清华大学、华中科技大学，其申请量均在 10 件左右。英特尔的专利申请仅有 11 件，这是因为英特尔与美光合作进行三维 NAND 存储器的研发，自身的关注点主要在于 X-point 技术。

从申请人申请量占比可以看出，三星的专利量占比达 25%，这与三星的技术领先地位以及对知识产权的保护政策密不可分。另外，三星在中国已经部署了严密的专利壁垒，中国企业如果期望在三维 NAND 存储器领域有所发展，则需要积极应对三星的专利竞争。

中国台湾的旺宏自 2010 年以来投入大量经费独立研发三维 NAND 存储器技术，专利申请量自 2011 年以来大幅增加，全球申请量排名第六位（381 件），中国申请量排名第二位（125 件），可见其十分重视国内市场和专利布局，然而，该公司的研发方向集中于垂直栅极结构的三维 NAND 存储器，与其他企业的垂直沟道路线相反，且一直未有样品产出。

海力士十分重视中国市场。从 2014 年以来，海力士连续三年邀请中国移动市场相关部门和企业举办"海力士手机移动内存解决方案研讨会"。在 2016 年的会议上，海力士指出：全球十大手机厂商中有 7 家为中国厂商，因此中国是海力士的重要发展市场。在国外来华申请人中，海力士的中国申请量占比最高（18.9%），远超排名第二位的三星（11.6%），由此可以看出，海力士对中国智能手机及存储器市场的重视程度极高。

相反，日本东芝全球申请量排名第二位（1348 件），在华申请量却排名第五位（51 件），中国申请量占比排名（3.8%）靠后，这与东芝近年来的财务状况相关，也与日本企业保守的策略相关。

与优势企业形成明显反差，国内大部分申请人的申请量不足20件，并且武汉新芯、华中科技大学仅在国内提交申请，清华大学、中科院微电子所的国外申请量也很少，体现出国内企业在三维NAND存储器领域的专利储备薄弱，专利风险不容小觑。另外，国内企业和科研院所对三维NAND存储器的研究刚刚起步，技术创新水平较低，专利质量与优势企业差距也较明显。

4. 半导体结构与制造技术是热点

从三维NAND存储器关键技术的中国申请趋势来看，如图1-9所示，国内半导体结构及制造方法技术分支的占比最大，与全球专利申请占比保持一致。存储器操作方法占比次之，存储器接口及选择分配外围电路最少。而且，自2009年开始国内半导体结构及制造方法技术分支专利申请开始快速上升，2013年之后，国外企业也更加重视中国市场，涉及半导体结构及制造方法、存储器操作方法的专利申请增长速度进一步提升。

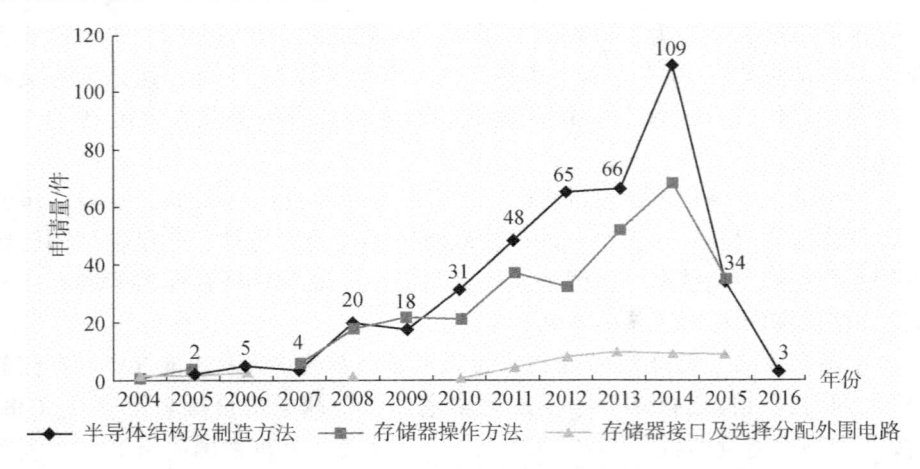

图1-9 三维NAND存储器中国一级分支专利申请趋势

1.2 三维NAND重点企业专利竞争格局[1]

当前，全球NAND存储器市场基本被韩国、日本、美国的龙头厂商瓜分，主要集中在韩国三星、日本东芝、美国闪迪、美国美光、韩国海力士、美国英特尔等几家厂商，其中，日本东芝和美国闪迪是战略合作伙伴，美国美光和英特尔也是战略合作伙伴，依靠强大的技术实力和充足的专利储备，

---

[1] 重点企业的关键技术分布、专利布局策略、专利风险分析等内容因涉及企业商业秘密，在此略去。

这些龙头企业在全球 NAND 存储器市场竞争中处于优势地位，重点分析这些企业的专利布局情况对于全球和我国 NAND 存储器产业竞争格局具有重要意义。

1. 三　星

三星是韩国最大的电子工业企业，2007 年其开发了世界第一款 30nm 64GB 的 NAND 内存。2010 年开始批量生产 20 纳米级的 NAND 闪存，2013 年 8 月首次批量生产 35nm 3D V－NAND 产品，该产品堆栈 24 层，同时推出了首款基于 3D V－NAND 技术的 SSD。2014 年三星推出第二代 36 层的 3D V－NAND 产品，2015 年 8 月开始批量生产首款 256 GB 的 48 层 3D V－NAND 闪存。当前，三星 NAND 闪存的市场占有率将近 40%，稳居世界首位。

截至 2016 年 7 月，三星涉及三维 NAND 存储器技术的全球专利申请为 1563 件。如图 1－10 所示，三星全球专利申请从 2007 年开始快速增长，并从 2011 年开始保持 200 件左右的水平，持续稳定。

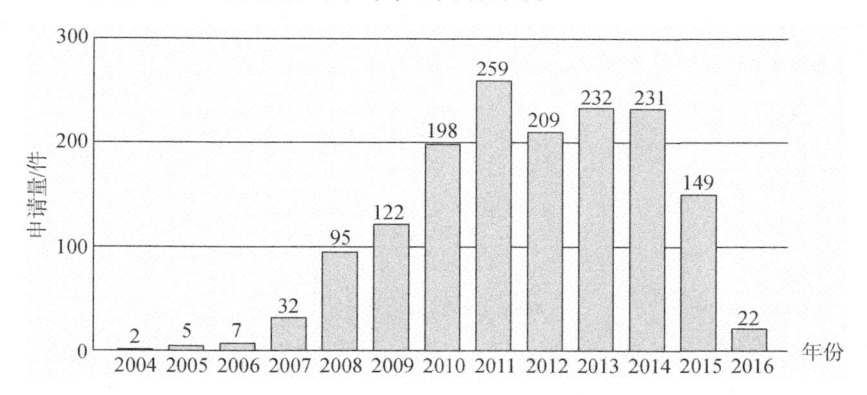

图 1－10　三维 NAND 存储器三星全球专利申请趋势

如图 1－11 所示，三星的专利申请区域主要集中在美国和韩国，其中，在美国的申请量达到 644 件，显示出美国是三星最为重视的市场区域；其次在韩国本土的申请量达到了 540 件，排名第二位，在中国进行的专利布局数量达到了 181 件，排名第三位，此外，在日本的专利申请量也在 100 件以上。尽管三星是韩国公司，但是其专利申请是以美国布局为主，并且兼顾亚洲地区。可见，三星将存储器的主要市场作为专利布局的区域，专利布局与市场运营同步进行。

如图 1－12 所示，三星在三维 NAND 存储器的制造技术、操作方法和外围电路三个领域均有专利布局，其中，制造技术相关专利布局最多。另外，在 2012 年，操作方法领域的申请量较大，甚至超过当年的制造技术专利申请

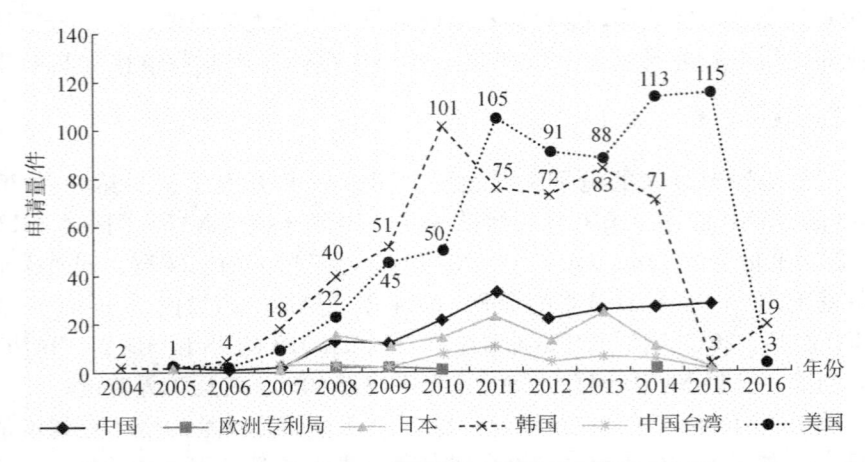

图 1-11　三维 NAND 存储器三星全球申请区域布局

量，三星此举为其在 2013 年推出自己的第一代三维 NAND 存储器产品做好了充分的专利储备，再次说明三星专利先行的产品策略。

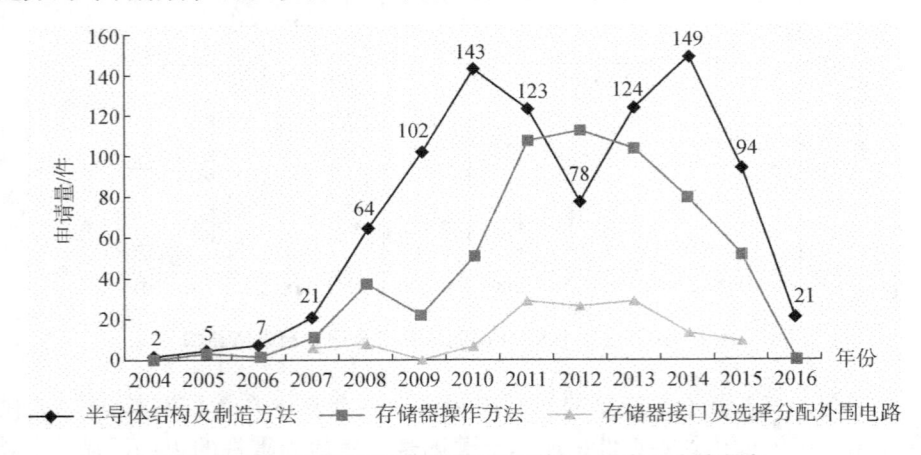

图 1-12　三维 NAND 存储器三星技术分支专利申请分布

2. 海力士

海力士 2003 年 4 月宣布与 ST Microelectronics 公司签订协议合作生产 NAND 闪存。2005 年第二季度，海力士用 90 纳米技术推出单颗 2GB 的 NAND 闪存。

从官网公布的信息来看，海力士的三维 NAND 闪存已经发展了三代，2016 年推出的第四代三维 NAND 闪存则会针对 UFS 2.1、SATA 及 PCI-E 产品市场。

1 三维 NAND 存储器关键技术

截至 2016 年 7 月，海力士在全球申请的三维 NAND 存储器技术相关专利已公开 655 件。如图 1-13 所示，海力士的申请从 2008 年起持续增加，2012 年激增到 189 件，这与其在 2012 年建立闪存研发中心不无关系。2013 年专利申请量回落到 109 件，并在同年获得与三星的专利交叉许可协议。可见其专利申请已影响到三星的产品，在专利许可中具有一定话语权。

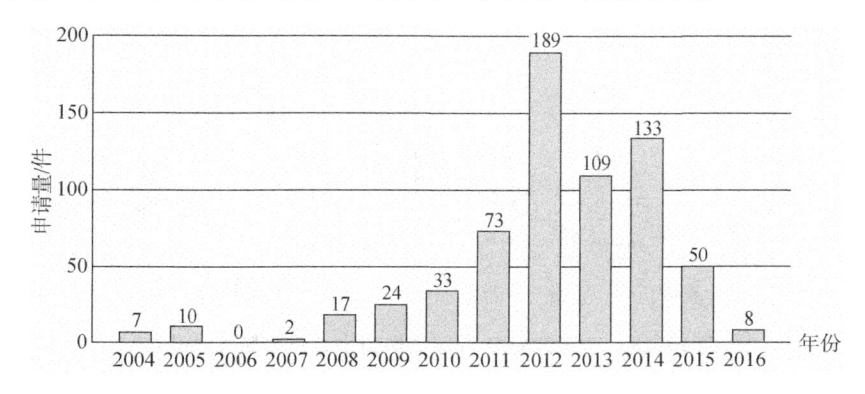

图 1-13 海力士三维 NAND 存储器全球专利申请趋势

如图 1-14 所示，海力士的专利申请也主要集中在美国、韩国及中国。可见，海力士同样以存储器的主要市场为其专利布局区域，显示出其国际化的视野。

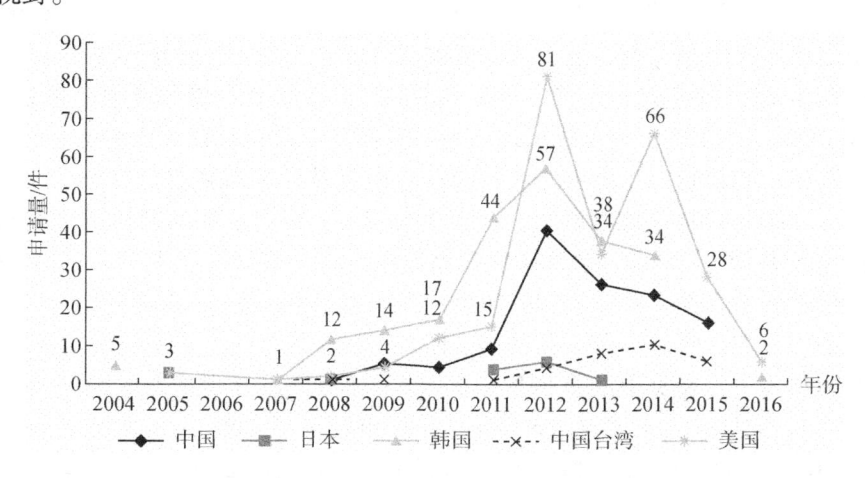

图 1-14 三维 NAND 存储器海力士全球专利申请区域布局

如图 1-15 所示，海力士在三维 NAND 存储器的制造技术、操作方法和外围电路三个领域均有专利布局，主要集中在制造技术方面，外围电路的专利布局较少。

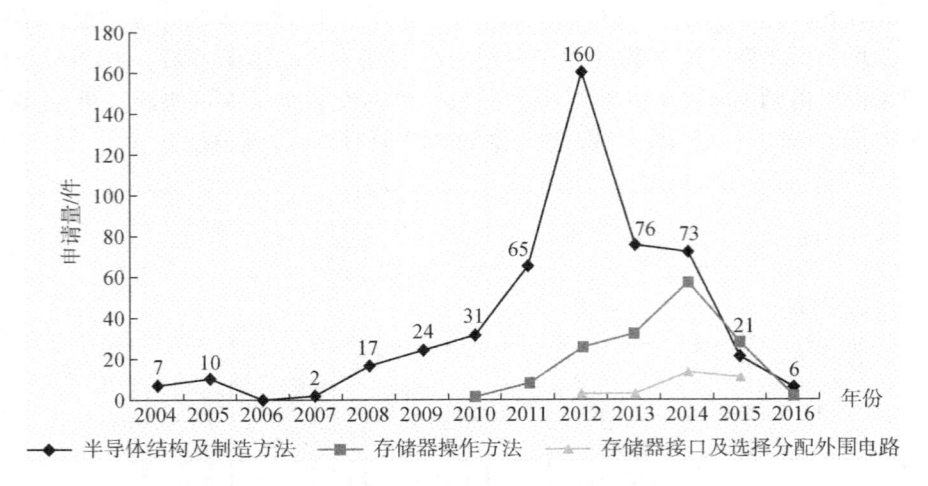

图 1-15　三维 NAND 存储器海力士专利申请技术分布

3. 东　芝

东芝是日本最大的半导体制造商，也是闪存的缔造者，其于 1984 年研制出闪存存储器，1989 年最早研制出 NAND 闪存。2007 年，东芝在 VLSI 国际会议上公开了垂直沟道三维 NAND 技术，得到业界一致认可。虽然东芝最早提出三维 NAND 存储器架构，并于 2012 年成功研发 16 层三维 NAND 实验品，但是迟迟未推出相关产品上市，反而被其竞争对手韩国三星抢得先机。

截至 2016 年 7 月，东芝在全球申请的三维 NAND 存储器技术相关专利已公开 1348 件。如图 1-16 所示，东芝是闪存技术的发明者，虽然现在的份额和产能被三星超越，不过东芝在 NAND 存储器技术领域依然非常强大，很早就投入三维 NAND 存储器研发，专利规模较大。特别是在 2007 年东芝独辟蹊径推出了 BiCS 技术的三维 NAND 存储器以后，申请量逐年上升，在 2009 年申请量达到 185 件，并在之后的几年始终维持年申请量在 150 件以上。

如图 1-17 所示，东芝在美国、欧洲、中国、日本、韩国等五国和地区的系列申请中，在美国的申请量最高（609 件），占其申请总量的 45%，其次是在日本本土的申请（485 件），占总申请量的 36%，再次是韩国（84 件）、中国台湾（84 件）和中国（51 件）。由于专利布局的地域与其目标市场直接关联，这也反映了东芝在三维 NAND 存储器技术方面的市场定位，尤其重视美国和日本两大市场。

从申请趋势情况来看，在 2011 年之前，东芝在美国的申请趋势与日本申请趋势相似，只是前后时间相差一年，可见东芝在 2011 年前的专利申请策略

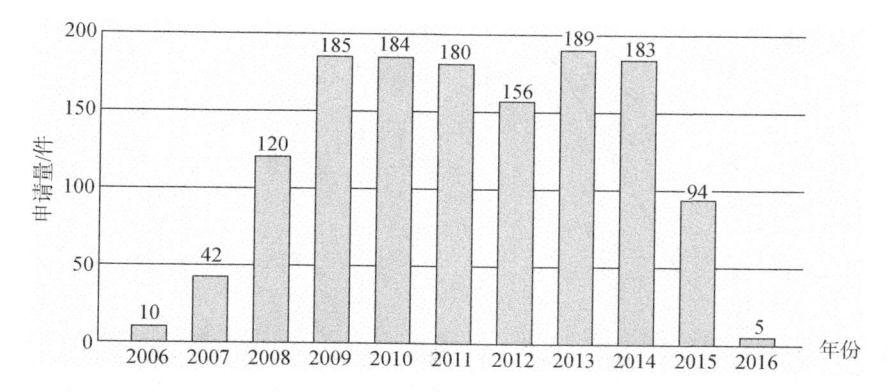

图1-16 三维NAND存储器东芝全球专利申请趋势

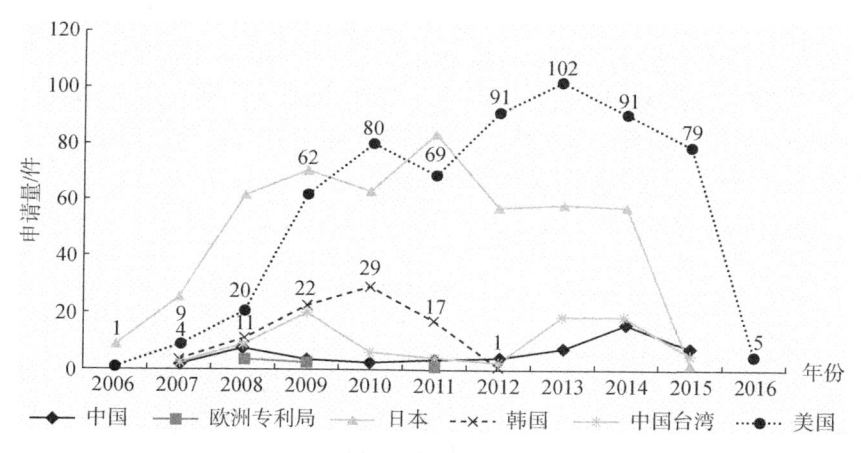

图1-17 三维NAND存储器东芝全球专利申请区域布局

主要是：本土优先申请，美国重点布局，在2011年以后日本申请量逐渐回落，而美国申请量仍有上升趋势，说明东芝更加重视美国市场。

如图1-18所示，东芝在三维NAND存储器的制造技术、操作方法和外围电路三个领域均有专利布局，重点集中在制造技术方面，其他两个技术分支的关注度较低。

4. 闪　　迪

闪迪（SanDisk）是全球最大的闪速数据存储卡产品供应商。2015年8月，闪迪发布了256GB的48层三维NAND存储器芯片，该产品采用东芝研发的BiCS非易失性存储器架构。与常规的平面NAND存储器相比，BiCS NAND存储器具备更好的写/擦耐久力、更快的写入速度和更高的能效。2015年10月，闪迪被西部数据以190亿美元的价格收购。

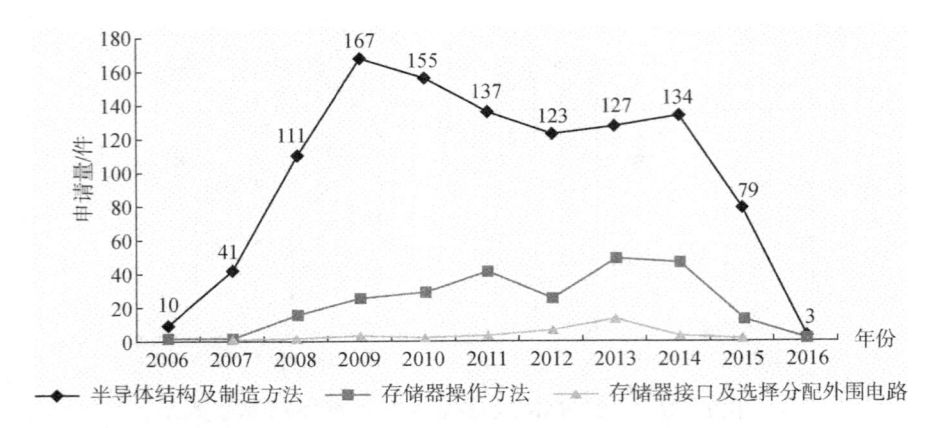

图 1-18　三维 NAND 存储器东芝专利申请技术分布

截至 2016 年 7 月，闪迪在全球申请的三维 NAND 存储器技术相关专利已公开 1001 件。如图 1-19 所示，闪迪在 2000 年开始申请三维 NAND 存储器相关专利，随后申请量逐步上涨，尽管 2009 年后有所回落，但是 2013 年申请量又显著增加，2014 年达到峰值 222 件。

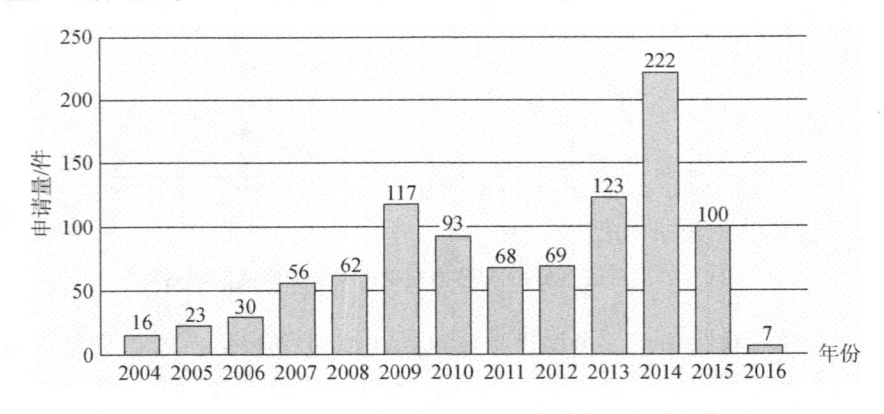

图 1-19　三维 NAND 存储器闪迪全球专利申请趋势

从闪迪专利申请的区域分布来看，其在美国布局的专利申请最多，达到 384 件，同时其也注重国际申请，PCT 申请达到 199 件，另外，其在中国、韩国、日本的专利申请分别为 106 件、88 件、87 件，专利布局也比较广泛。从图 1-20 所示的申请趋势来看，闪迪专利布局的重点主要是美国，2012 年后，其在美国的专利布局数量激增，而其他国家/地区专利布局没有变化，说明其专利布局的重心在美国市场。

如图 1-21 所示，闪迪在存储器操作方法方面的申请量最大，为 554 件，

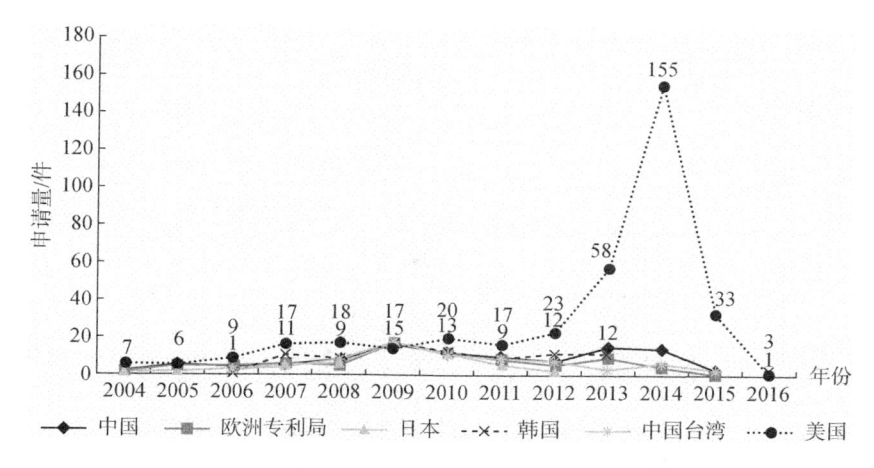

图 1-20　三维 NAND 存储器闪迪全球专利申请区域布局

反映了其在存储器操作方法领域具有很强的技术实力。近年来，闪迪在制造技术方面的专利申请量也快速攀升，反映了其也正在加强其制造技术的研发。

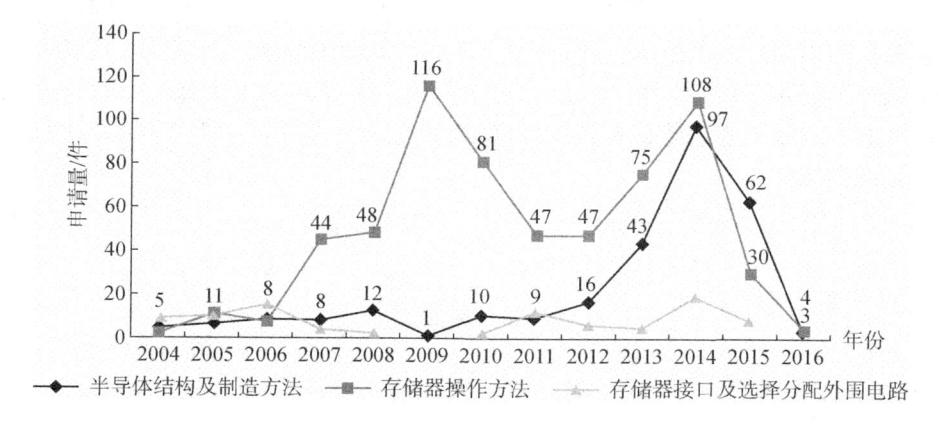

图 1-21　三维 NAND 存储器闪迪专利申请技术分布

5. 美　　光

美光（Micron Technology）是全球最大的半导体储存及影像产品制造商之一，其主要产品包括 DRAM、NAND 闪存、NOR 闪存、SSD 固态硬盘和 CMOS 影像传感器，全球 DRAM 和 NAND 存储器市场占有率均超过 10%。

截至 2016 年 7 月，美光在全球申请的三维 NAND 存储器技术相关专利已公开 417 件（见图 1-22）。

可以看出，美光在 2006 年开始申请三维 NAND 存储器相关专利，随后专利申请量逐步上涨，到 2012 年达到最高 94 件，2013 年开始申请量下降。

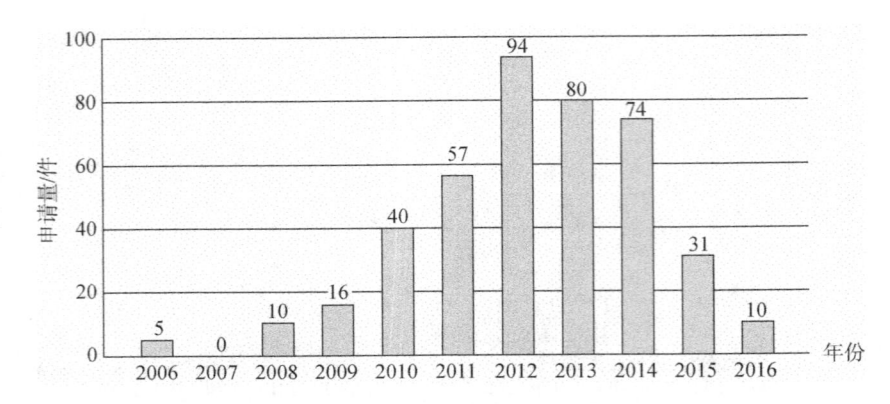

图 1-22 三维 NAND 存储器美光全球专利申请趋势

2015 年 3 月 26 日,美光和英特尔发布联合研发的新三维 NAND 存储器技术,同时宣称该项闪存技术的存储密度将是世界之最,而且比其他具有竞争性 NAND 存储器的技术性能要高 3 倍,预计未来几年相关专利申请将有所体现。

如图 1-23 所示,美光在美国的专利申请最多,达到 181 件,同时其也注重国际申请,PCT 申请达到 60 件,另外其在中国台湾、中国、韩国的专利申请分别有 46 件、42 件、35 件。可以看出,美光与闪迪类似,也仅在美国的专利布局呈上涨趋势,在其他国家/地区均未大力布局,可见美光的市场重心也在美国。

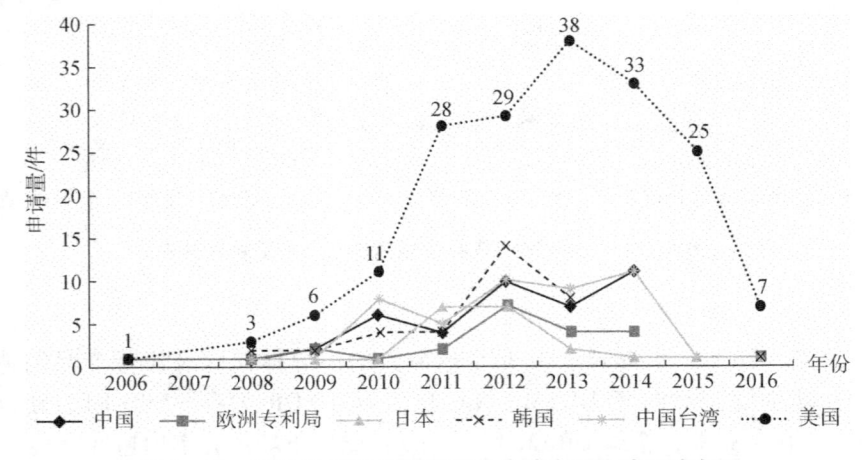

图 1-23 三维 NAND 存储器美光全球专利申请区域布局

如图 1-24 所示,美光的专利申请主要集中在三维 NAND 存储器的制造技术领域,其拥有 300 余件半导体结构及制造方法的专利申请,近年来申请量保持在 50 件/年的水平,涉及操作方法和外围电路技术领域的专利申请量

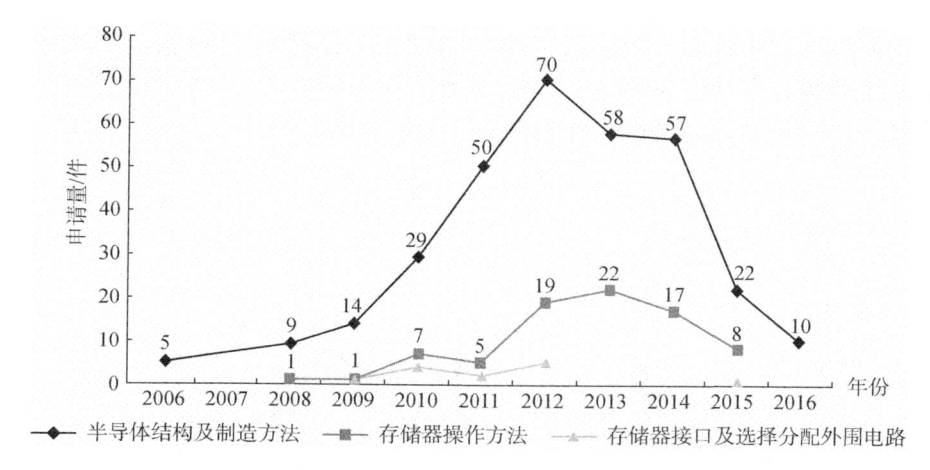

图 1-24 三维 NAND 存储器美光专利申请技术分布

较少。

6. 英特尔

英特尔作为全球知名的处理器公司,是全球最大的个人计算机零件和 CPU 制造商。英特尔于 1985 年选择退出存储器市场,将 DRAM 市场拱手让给日本半导体业者。近年来,全球 DRAM 技术持续发展,闪存更已成为移动装置重要组件,英特尔重启存储器业务。特别是随着东芝、闪迪、美光、海力士等加快进入三维 NAND 存储器生产,英特尔也发布基于 3D TLC NAND 存储器的 Pro 6000P/600P 系列 SSD。另外,作为 NAND 闪存的替代选择,英特尔开始将 3D Xpoint 导入 SSD 中,3D Xpoint 与目前的 NAND 闪存相比,速度快 1000 倍,较 DRAM 具有更高的存储空间。

截至 2016 年 7 月,英特尔在全球申请的三维 NAND 存储器技术相关专利已公开 109 件。如图 1-25 所示,英特尔在 2009 年才开始申请三维 NAND 存储器相关专利,随后申请量持续上涨,到 2014 年达到最高 31 件。

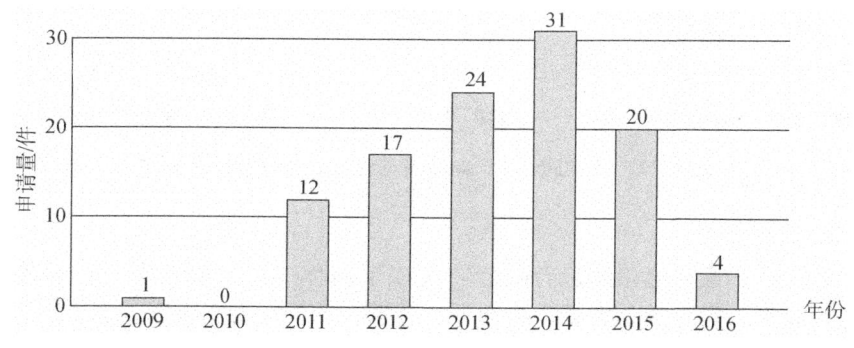

图 1-25 三维 NAND 存储器英特尔全球专利申请趋势

如图1-26所示，英特尔每年的申请量都不是很多，仅在美国的专利布局稍有规模，累计达到44件，同时其也注重国际申请，PCT申请累计达到27件，但是在中国、韩国、日本的专利申请分别仅有11件、9件、7件。

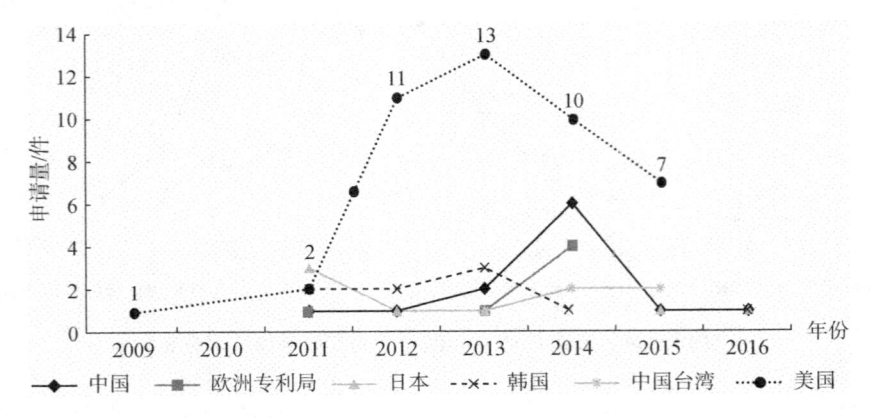

图1-26 三维NAND存储器英特尔全球专利申请区域布局

如图1-27所示，英特尔的专利主要涉及制造技术和操作方法，并且制造技术方面的专利申请后来居上，凭借其强大的晶圆制造能力迅速提升专利申请量。

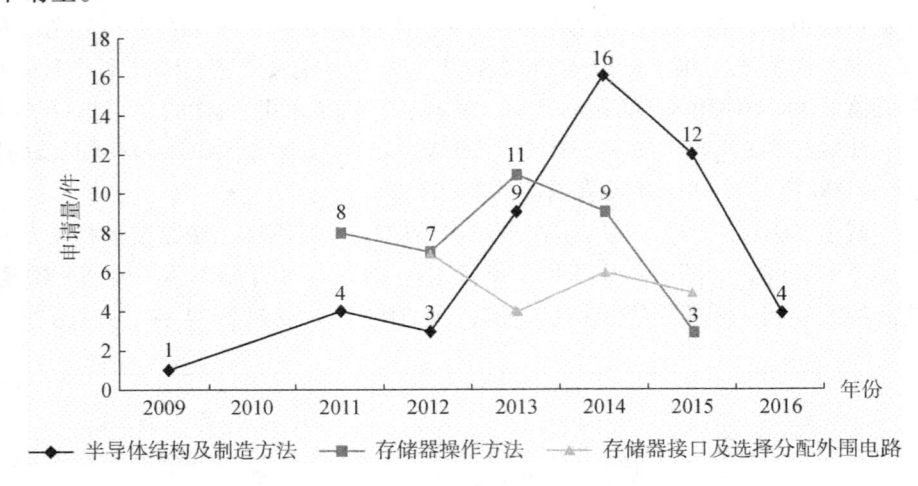

图1-27 三维NAND存储器英特尔专利申请技术分布

7. 武汉新芯

武汉新芯集成电路制造有限公司（以下简称"武汉新芯"）于2006年4月注册成立。它是湖北省委、省政府、市委、市政府决策实施武汉12英寸集成电路生产线项目的企业载体，是国家认定的首批重点集成电路生产企业。2012年起独立经营，武汉新芯目前最大的产品是NOR闪存，已经成功大规模量产了90nm、65nm和45nm的NOR闪存产品，目前正在进行32nm工艺技术的研发。受到IDM（集成器件制造商）的启发，武汉新芯提出了新的商业模式，即集成的次系统组件制造商（ISM），来推动三维NAND存储器产业的发展。武汉新芯在2014年9月与美国飞索半导体签约，双方联合研发生产三维NAND存储器，是国内首个进军该领域的企业。

2015年，中国政府加强对集成电路产业发展的重视，并将半导体领域作为重点发展项目，目前国家和地方政府出台了相应的扶持政策，武汉新芯获得国家集成电路产业发展基金以及地方政府的大力支持，其"三维NAND闪存技术开发及产业化项目"在武汉获得一致认可，据报道，武汉新芯被中国政府选为中国存储芯片产业的首个重点区域，并募集240亿美元打造中国的存储芯片产业基地。

随着平面NAND闪存技术发展瓶颈越发凸显，三星、东芝、海力士、英特尔均为其三维NAND存储器技术的发展投资建设或将要建设工厂。在闪存技术向三维技术切入的拐点，将给中国在NAND存储器领域的发展带来契机。

截至2016年7月，武汉新芯在全球申请的三维NAND存储器技术相关专利仅有11件，且均为中国专利申请，其中，6件是在2014年提交的申请，5件是2015年提交的申请。从其申请的年份来看，进入三维NAND存储器领域时间较晚；从其申请量来看，专利和技术储备量远远不足，没有在海外地区进行专利布局，反映了武汉新芯在未来发展三维NAND存储器技术和产品时将面临较大的专利风险。

另外，武汉新芯提交的11件专利申请中，有9件是半导体结构及制造方法技术，针对半导体结构及制造方法技术来说，涉及的技术面较广，既包括制造工艺，也包括存储单元、沟道等改进和创新，受制于申请规模较小等原因，专利申请的集中度目前显得较低。总体来看，武汉新芯专利布局之路任重道远。

1.3 主要结论及启示

1. 主要结论

三维NAND存储器技术领域的创新研发活跃，全球专利申请量仍保持快速增长，美、韩、日、中是全球专利布局的主要区域，韩国三星和海力士，日本东芝，美国闪迪和美光等存储器龙头企业在技术创新和专利布局上具有强大优势，存储器的结构设计及制造工艺等技术是业界关注的重点。

我国的专利申请超过80%来自国外申请人，国内仅有武汉新芯、中科院微电子所、清华大学、华中科技大学等几个申请人涉及三维NAND存储器技术研发，不仅专利申请数量及海外专利布局较少，而且专利申请的质量也很低，与国外龙头企业相比差距明显，短期内难以支撑我国三维NAND存储器产业发展。

国外龙头企业的技术创新、产品研发与专利布局基本保持同步进行，其中，三星专利储备充足，全球市场布局广泛，技术实力雄厚，东芝、闪迪阵营既布局了大量的架构类专利，同时也拥有大量的操作方法专利，实现了优势互补。

2. 启　　示

（1）尽快提升我国三维NAND存储器产业的专利布局规模和质量。

将知识产权相关工作纳入我国三维NAND存储器产业发展规划，根据三维NAND存储器产业发展的不同阶段，分批次构建支撑产业发展的自主知识产权体系，积极学习三星、海力士、闪迪等优势企业的专利布局策略和经验，不断提升专利布局的规模和质量，实现知识产权对我国自主存储器产品的保护，并逐步与国外优势企业在知识产权上谋求均衡话语权。

（2）提早预防我国三维NAND存储器产业发展中的知识产权风险。

国外优势企业在我国专利布局占比呈绝对优势，我国企业和科研机构的专利实力明显较弱，我国大力发展三维NAND存储器产业的过程中，应提早预防国外优势企业的专利诉讼等风险，建议围绕三维NAND存储器开展更加深入的知识产权评议，评估我国发展三维NAND存储器产业所面临的知识产权风险，并提出相应的应对措施和发展规划。

（3）尝试海外优势企业和优质专利资源并购，鼓励企业做大做强。

当前，我国发展三维NAND存储器产业的仅有武汉新芯一家企业，但是其技术实力、专利储备、研发人才等方面均难以适应产业快速发展的需要，可鼓励尝试并购产业链的相关企业，比如海外的部分优势企业或者优质专利资源，或者探索与之进行合作，并推进与下游整机企业的纵向联合，逐步打造三维NAND存储器产业的国家龙头，实现存储器产业的跨越发展。

（4）加大海外人才引进力度，加快国内自主高端技术人才的培养。

积极引进海外产业优质人才，是促进我国三维NAND存储器产业快速发展的有效途径。在海外引进人才的过程中，不仅要考虑其掌握技术的先进性和成熟度，还要考虑其拥有的核心发明专利的数量和质量，可通过"千人计划""万人计划"等吸引海外专家，实现我国三维NAND存储器研发力量扩充。

此外，国内已有中科院微电子所、清华大学、华中科技大学等科研院所进行三维 NAND 存储器的研发工作，建议国内相关企业与这些高校和科研院所紧密协作，大力开展高端技术人才培养，企业技术专家也可作为特聘教授等进入高校和科研院所参与教学，不断向企业输送技术创新的高端人才。

2

新一代闪存控制器关键技术[1]

2.1 加快发展闪存控制器产业迫在眉睫

近年来，我国政府高度重视存储产业的自主发展，累计投资数百亿美元，力图振兴我国的存储产业以摆脱国外企业垄断的不利局面。闪存控制器是整个存储器产业的重要产品支撑，控制器技术已经成为全球存储器厂商占领市场、排挤对手的重要武器，产业标准林立、组织联盟繁多、专利诉讼频发等问题严重制约和影响我国存储产业发展，迫切要求我国加快发展闪存控制器相关技术和产业。

1. 发展闪存控制器技术是保障我国网络信息安全的基础

随着全球信息时代的到来，世界各国围绕网络空间发展权、主导权、控

---

[1] 本章节选自2016年度国家知识产权局专利分析和预警项目《新一代闪存控制器关键技术专利分析和预警研究报告》。
　　(1) 项目课题组负责人：郭雯、陈燕。
　　(2) 项目课题组组长：朱宁、孙全亮。
　　(3) 项目课题组副组长：骆素芳、王强、马克、赵哲。
　　(4) 项目课题组成员：王宇锋、陈响、陈俊、李杰、陈园、王瑞阳、邓鹏。
　　(5) 政策研究指导：衡付广、张鹏。
　　(6) 研究组织与质量控制：郭雯、陈燕、朱宁、孙全亮。
　　(7) 项目研究报告主要撰稿人：王宇锋、陈响、陈俊、李杰、陈园。
　　(8) 主要统稿人：王宇锋、赵哲、陈响、陈园、骆素芳。
　　(9) 审稿人：郭雯、陈燕。
　　(10) 课题秘书：赵哲、王瑞阳。
　　(11) 本章执笔人：王宇锋、赵哲。

制权的竞争日趋激烈,我国网络空间面临巨大压力。受到若干重大信息安全事件的影响,目前世界各国都意识到网络信息安全问题的急迫性,网络信息安全已经成为世界各国关注的重点。

我国在存储产业方面起步较晚,目前所有的存储芯片完全依赖进口,并且大量使用国外公司的存储控制芯片、存储介质等关键部件,缺乏完全自主可控的控制器芯片和存储芯片技术及相关知识产权,核心技术缺失严重威胁我国信息存储安全。由于控制器位于主机与存储芯片之间,其所处位置决定了它是连接主机与芯片的桥梁,因此确保存储信息安全,必须发展完全自主可控的闪存控制器。

2. 发展闪存控制器技术是保障我国存储产业安全的基础

闪存控制器的工作任务主要包括三大方面:一是后端访问存储芯片,包括各种参数控制和数据输入输出;二是前端提供访问接口和协议,获取指令并解码和生成内部私有数据结果等待执行;三是闪存管理和纠错校验。

闪存控制器不仅是存储器和主机间连接的桥梁,更是存储器的大脑,承担着指挥、运算及协调的作用,控制器性能好坏直接影响了存储产品或系统的性能优劣。

而且,控制器技术侧重于芯片设计和算法设计,投入产出比更高,"卖模组"比"卖芯片"更挣钱已成为存储行业的共识。因此,我国应当大力发展控制器技术,从而提升闪存芯片的产业附加值。

3. 闪存控制器相关专利深刻影响存储器产业的健康发展

每种存储产品的产生都伴随着相应的接口技术和标准的提出,每种接口标准的背后都由数家主流厂商组成联盟并通过专利来推动。比如,由松下电器、闪迪、东芝三家公司组建的 SDA 联盟成立 SD-3C LLC 进行运营,生产 SD 的所有厂商需向 SDA 缴纳产品售价的 6% 作为专利许可费。

近年来,涉及闪存控制器的专利诉讼频发,诉讼金额巨大,对市场影响深远。最值得关注的诉讼是卡内基·梅隆大学与控制器厂商马维尔之间的诉讼,最终马维尔向卡内基·梅隆大学赔偿 7.5 亿美元,成为美国计算机领域赔偿金额最高的专利侵权案。

此外,存储器产业并购频繁,行业整合提速,一方面通过并购获得专利、技术及市场,快速取得准入权;另一方面控制器及存储器的竞争已进入白热化,各大企业纷纷通过兼并重组实现规模经营,进而缩小成本,增大盈利空间。

4. 美、日、韩龙头厂商已在闪存控制技术领域占据优势地位

美国控制器厂商如马维尔等大多是从事芯片设计和制造的老牌厂商,并购重组非常频繁,产业竞争非常激烈。此外,Cadence 和 Microsemi 等还专业

提供控制器IP核。

韩国三星、日本东芝既单独售卖闪存芯片，也拥有自身的存储产品，长期以来，三星和东芝的控制器都用于满足自身存储产品的需要，即in-house模式。

我国台湾地区的控制器起步较早，典型的如群联、慧荣已向海力士、美光专门提供控制器外包服务，多个厂家也参与了控制器相关标准的制定。

我国大陆近些年才涌现出一批控制器领域的创新型企业，但是由于起步较晚，在自主研发方面除华为外，其他厂商规模都不大，持有专利量也不多，相比美、日、韩的龙头企业差距较大。

2.2 闪存控制器全球专利竞争格局

作为知识产权密集型技术和产业，闪存控制器技术和产业领域的竞争持续而且激烈，以专利为战略竞争武器的诉讼和并购事件频发，专利布局深刻影响着闪存控制器产业发展。

1. 存储器技术发展带动全球闪存控制器专利显著增长

全球涉及控制器技术的专利申请已达到21368项，合计约57800多件，其中，中国的专利申请达到6914件。

如图2-1所示，全球闪存控制器技术伴随着存储器技术的发展而同步进行，两者的发展大致经历三个阶段。

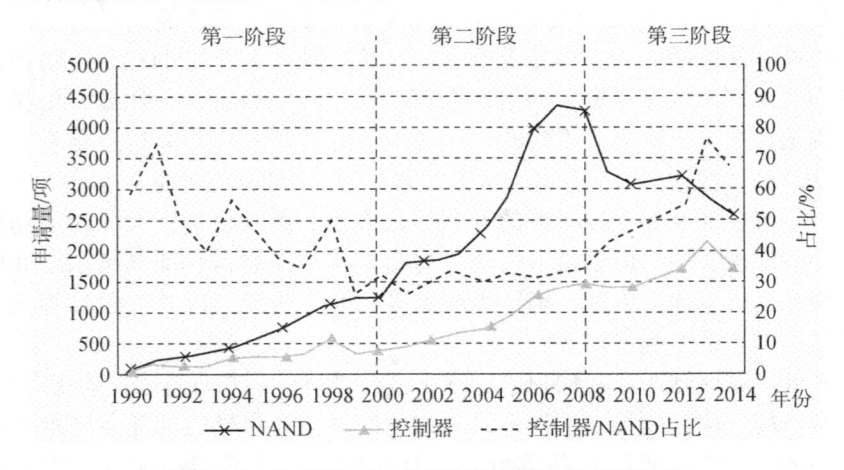

图2-1 全球NAND和闪存控制器专利申请趋势

第一阶段在2000年以前，随着NAND技术的产生和逐渐商用，NAND相关专利申请陆续产生，由于NAND中使用的部分控制器技术与传统机械硬盘较为相通，因而这个阶段控制器技术相关申请相比NAND

申请的占比较高。

第二阶段为 2000～2008 年，得益于各类闪存卡的推广应用以及平面 NAND 优良的存储性能，NAND 技术急速发展。由于平面 NAND 在传输速度上具有明显优势，且其本身在擦写次数、出错概率上都具有较好的表现，因而可靠性足够好，对控制器的依赖程度不高，而且 NAND 制造工艺不断改进足以满足存储器性能不断增长的要求，因此尽管存储器的增速较快，但是闪存控制器占比较低。

2008 年之后为第三阶段，平面 NAND 工艺已接近物理量产的极限，存储单元之间的干扰明显增强，此时为了满足市场对存储产品性能发展的需求，各大厂商纷纷提高了对控制器的研发投入，例如，通过磨损均衡等技术增加存储芯片的使用寿命，通过主机接口和闪存接口改进加快闪存读写速度，通过 ECC 算法的改进提高容错和纠错能力。因此这个阶段主要是通过改进控制器技术来满足市场对存储器性能不断提升的要求，从而导致控制器专利申请占比越来越高。

特别是自 2007 年东芝提出了三维 NAND 的概念后，各大闪存厂商相继加速研发三维 NAND，由于三维 NAND 相比平面 NAND 对控制器方面的要求更加迫切，尤其是在 ECC 纠错方面需要控制器给予更大支持。随着三维 NAND 的发展，闪存控制器技术必然需要快速跟进。

2. 美、中、日、韩是市场竞争主战区，美、中申请量增速显著

如图 2-2 所示，美国仍然是控制器的主要市场，且美国原创专利占据了 38%，从侧面证明美国本土的创新能力处于领先地位；中国市场是仅次于美国的第二大市场，但是日本的原创专利申请高于中国的原创专利，足以说明中国本土企业的创新能力还亟待提高。

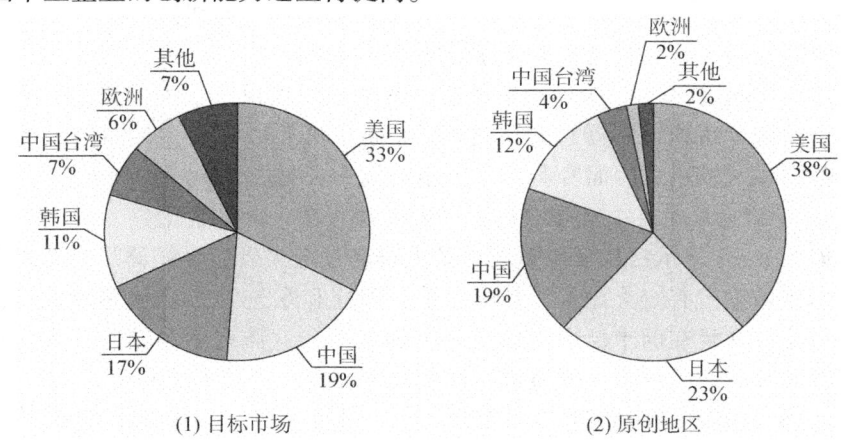

(1) 目标市场

- 美国 33%
- 中国 19%
- 日本 17%
- 韩国 11%
- 中国台湾 7%
- 欧洲 6%
- 其他 7%

(2) 原创地区

- 美国 38%
- 日本 23%
- 中国 19%
- 韩国 12%
- 中国台湾 4%
- 欧洲 2%
- 其他 2%

图 2-2　闪存控制器全球专利申请原创地区和目标市场分布

如图2-3所示，近年来美国和中国的专利增长态势远远超过其他国家/地区，成为全球关注的重要市场，尤其是中国市场的后发优势明显，未来几年也将成为全球专利申请人争相布局的焦点区域。

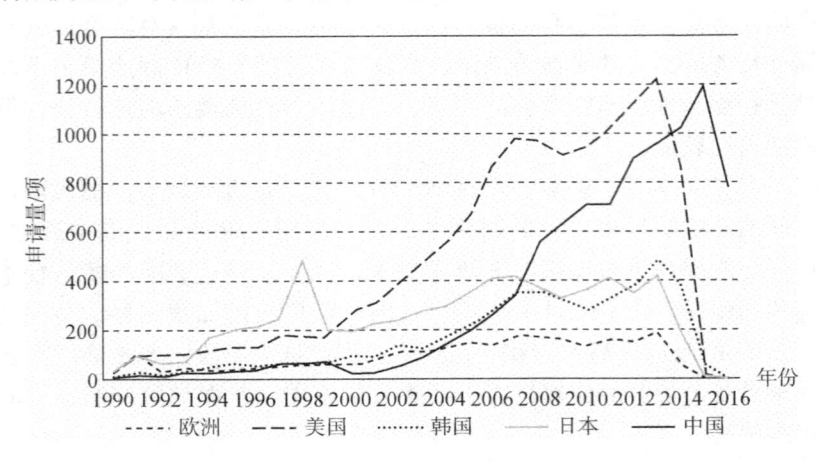

图2-3　闪存控制器全球主要国家/地区专利申请趋势

3. 闪存管理和错误检查纠正技术（ECC）是闪存控制器全球技术创新的重点

闪存控制器技术主要包括主机接口、闪存接口、闪存管理和ECC等关键技术。主机接口技术涉及控制器与主机之间的物理接口、逻辑和控制接口等，是提高存储器读写速度的重要支撑；闪存接口技术是控制器与闪存之间的接口，包括与闪存的接口协议、通道调度与复用以及数据的操作命令等；闪存管理和ECC属于控制器的关键竞争力所在，其中，闪存管理用于提升闪存芯片的使用寿命等性能，而ECC则用于确保数据传输中的纠错性能。

研究发现，闪存管理和ECC技术是闪存控制器中的研究重点，相关专利申请占比均超过30%，全球竞争者在这两个领域均投入了大量研发，两者的专利占比合计达到控制器总量的近2/3。而主机接口和闪存接口涉及的技术改进范围相对较小，因而专利占比也相对较少（见图2-4）。

4. 存储芯片龙头企业在控制器领域专利布局已占明显优势

如图2-5所示，从全球重要申请人排名情况来看，存储器厂商在闪存控制技术领域也占有较大比重，其中三星、闪迪和东芝等NAND芯片大厂占据了前三位，并且在前十位中占据了一半的名额，这体现了存储芯片大厂不仅是闪存芯片行业的巨头，同时也在控制器方面投入了较大的研发。

此外，传统的存储器主控厂商马维尔、LSI也申请了较多的专利，这与两家公司在控制器领域的多年技术积累密切相关。IBM、日立属于存储应用

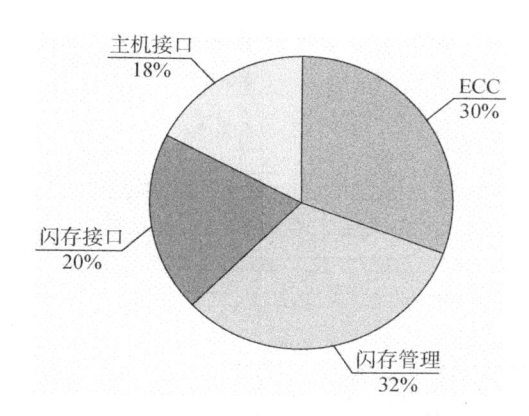

图2-4 闪存控制器四大关键技术专利申请占比

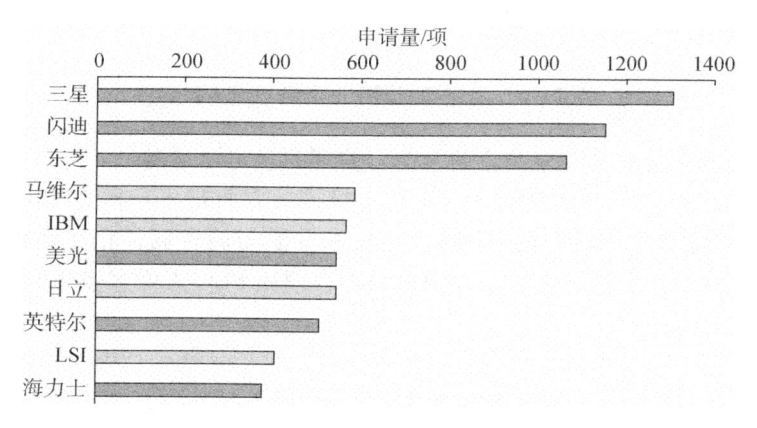

图2-5 闪存控制器全球专利申请人排名

系统的应用企业，应用企业通常对控制器或芯片厂商也具有很大影响，因而专利申请也较多，也应加强关注。

5. 国外企业在华抢先布局专利，国内企业差距较明显

如图2-6所示，三星在中国的申请量最大，超过了本土企业，可见三星在华布局谋划已久，已经积累了大量专利。华为的专利申请量居第二位，虽然华为在控制器产业中并未占据较大的市场份额，但是华为一直重视知识产权保护，华为在控制器领域的专利布局说明其也很重视相关技术的发展。浪潮是国内知名的企业级服务器厂商，其在控制器主机接口方面布局了大量的专利，这与浪潮的发展定位密切相关。

总体来看，在中国市场上排名前10位的申请人中，仅有两家中国本土企业，仅从数量可以看出，在我国本土市场，控制器领域的专利战略高地基本

已被国外申请人抢占,我国企业处于严重不利地位,需要投入极大的精力去追赶,包括专利申请量及质量。

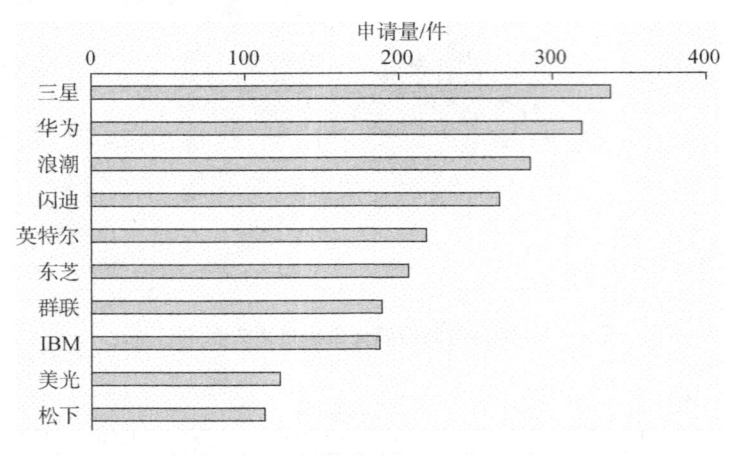

图 2-6 闪存控制器中国专利申请人排名

6. 我国企业侧重于布局主机接口,应用厂商占有优势

如图 2-7 所示,浪潮和华为均在主机接口方面布局专利的占比最大,而在闪存管理和 ECC 这两项控制器核心技术方面布局较弱,相比而言,三星、闪迪、英特尔、东芝等优势企业则在闪存管理和 ECC 方面重点布局。

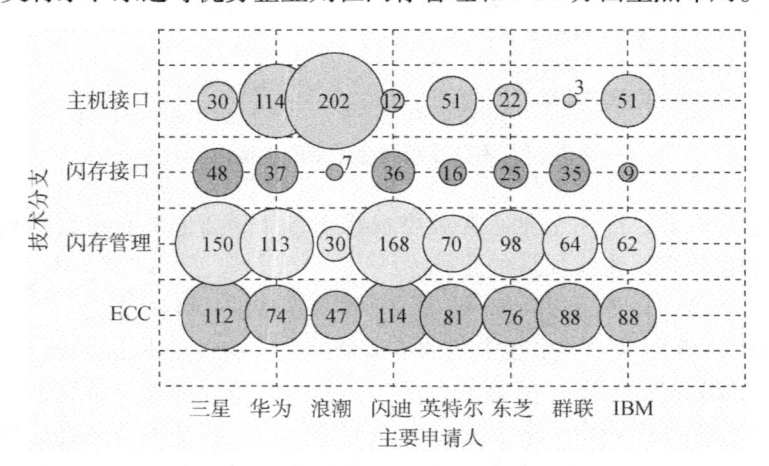

图 2-7 闪存控制器中国地区主要申请人专利布局情况对比
注:图中数字表示申请量,单位为件。

究其原因,一方面,华为和浪潮更多属于存储器下游应用厂商,而主机接口与下游厂商关联更大,因而申请量也较大,这也是下游应用厂商的优势;

另一方面，主机接口相对于其他三个分支，在技术实现难度上稍弱，属于存储器或控制器的较外层技术，这也有利于我国企业快速突破。

7. 我国企业专利申请质量较低，海外专利布局较薄弱

近年来，我国在控制器专利申请量增速方面得到明显改善，对比各企业的申请质量可以看出，国内申请权利要求数较少，保护不够全面，而技术特征较多，导致保护范围过小。研究发现，我国企业的专利申请同族数量相比国外企业仍较少，海外专利布局较为薄弱。基于此，我国在加强专利数量布局的同时，应着重提高专利质量，并加强海外特别是在美国市场的专利布局。

2.3 重点企业专利布局及竞争策略

在闪存控制器产业发展过程中，基于存储芯片产业的发展特点，也相应地出现了多种不同的企业发展模式。比如以美国闪迪、英特尔以及日本东芝、韩国三星等为代表的 in-house 发展模式，该模式下存储厂商不仅设计、生产、销售存储芯片，也设计、生产、销售与之配套的控制器，具有很强的竞争力和控制力。另外，还存在无晶圆发展模式，该模式下控制器厂商仅从事控制芯片的设计、研发、应用和销售，仅将晶圆制造外包给专业的代工厂，其中，以美国的马维尔、中国台湾的群联和慧荣等厂商为代表。

2.3.1 In-house 模式下标准、联盟和诉讼影响产业格局

1. 美国闪迪和日本东芝深入合作形成优势互补

美国闪迪和日本东芝在存储领域的合作由来已久，其中，闪迪涉及闪存控制器技术相关专利有 1151 项，专利布局范围广泛，重点布局在闪存管理、ECC 和闪存接口等方面，而东芝在控制器的 ECC、闪存管理、闪存接口等方面专利布局较多，尤其是 ECC 技术占据了该公司申请量的一半以上（见图 2-8）。

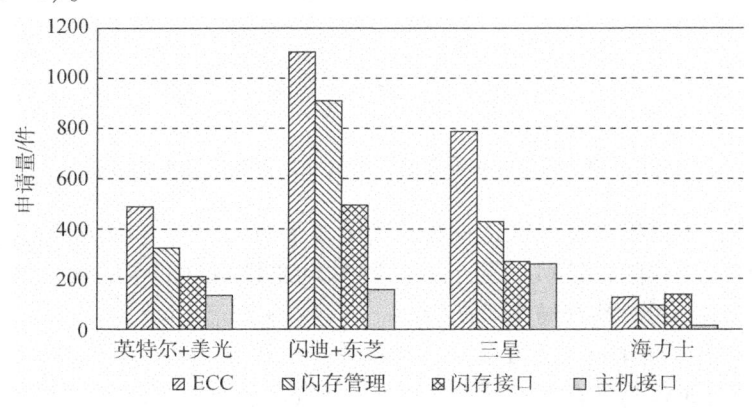

图 2-8 闪存控制器几大龙头企业关键技术专利申请对比

如果单以每个公司的实力计算,三星在存储器领域处于绝对的龙头地位;为了对抗三星,闪迪和东芝通过联盟形式进行优势互补,进而达到了与三星相抗衡的地位,实质上,从专利来看两者的联合已经超出三星的体量,在产业上处于同样地位,并且远远超过英特尔和美光、三星和海力士几个主要闪存厂商。

研究发现,闪迪和东芝联盟在ECC、闪存管理和闪存接口方向的申请量均大幅领先于其他阵营,尤其是ECC和闪存管理技术优势明显,反映出闪迪和东芝在控制器绝大部分技术都具有优势,其中,闪迪在闪存管理和闪存接口方面占有优势,东芝在ECC和主机接口方面占有优势,两者相互之间形成了较好的优势互补。

2. 美国英特尔通过建立标准联盟实现后发制人

美国英特尔依靠与美光合作才进入NAND存储器领域,但是后发制人,依靠其计算机接口方面强大的技术积累,拉拢第二梯队存储器及控制器厂商提出标准并成立联盟抗衡第一梯队,从而实现产业主导。

截至2016年8月,英特尔在全球的专利申请量为577项,其中以ECC、主机接口、闪存管理申请量较多,分别为49%、21%、18%,反映出其侧重这些技术方面专利布局的,其中,ECC技术几乎占据了该公司申请量的一半,可见英特尔将ECC技术作为控制器领域专利布局重点(见图2-9)。

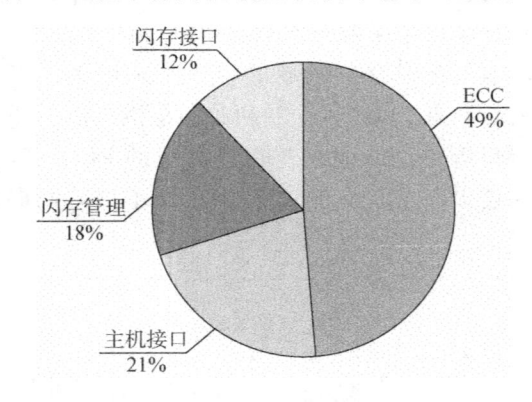

图2-9 闪存控制器英特尔关键技术分支专利申请分布

此外,主机接口技术也是较为重要的发展方向,其专利申请量也稳步上升,闪存管理和闪存接口这两个方向则是申请量相对较少的两个技术方向,表明英特尔公司专利布局相对全面。

3. 韩国三星借助芯片霸主地位形成全产业链布局

韩国三星作为闪存芯片行业的龙头,通过强大技术优势扩展全产业链产品，具备强大的全产业链整合能力。三星是全球 NAND 闪存市场最强大的厂商，在三维 NAND 闪存市场一路领先，凭借在闪存芯片上的强大技术优势，已研制出支持三维 NAND 存储器的控制器芯片，产业竞争实力大大增强（见图 2 - 10）。

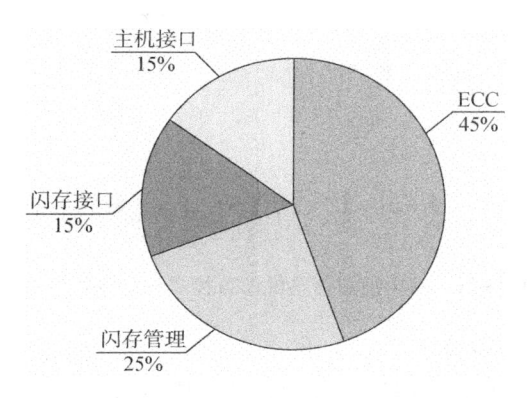

图 2 - 10　闪存控制器三星技术分支专利申请分布

截至 2016 年 8 月，三星在全球专利申请量为 1314 项，其中，ECC、闪存管理申请量较多，分别占比为 45%、25%，反映其侧重于这两大技术分支专利布局，其中，ECC 技术专利布局最多，可见，三星将 ECC 技术作为控制器领域专利布局的重要技术分支。其次，对于闪存接口和主机接口的申请也均达到 15%，说明三星比较兼顾这两个技术的开发。

2.3.2　无晶圆模式下核心技术自主创新与商业合作并重

（1）美国马维尔依靠核心技术优势占据一席之地。

美国马维尔作为控制器厂商，凭借其核心技术打造出性能领先的控制器产品，占领了主控市场的半壁江山。作为以技术为核心的无晶圆厂商，马维尔在美国、欧洲、以色列、印度、新加坡和中国均设立研发中心，在芯片设计、大容量存储解决方案、移动与无线技术、网络、消费产品等方面已形成优势。

截至 2016 年 8 月，马维尔涉及闪存控制器技术相关专利 216 项，其中涉及 ECC 技术的申请量最多，说明马维尔在 ECC 技术上具有强大的技术实力；其次是闪存管理和闪存接口各占据总量的 24%，也是马维尔专利布局的重点。

（2）中国台湾群联与芯片龙头企业联盟占据市场主动。

群联凭借超强的性价比、全面的服务，坚持自主研发核心技术并加强专利布局，与上下游大厂联盟获取专利授权和闪存芯片，从而占据市场主动。

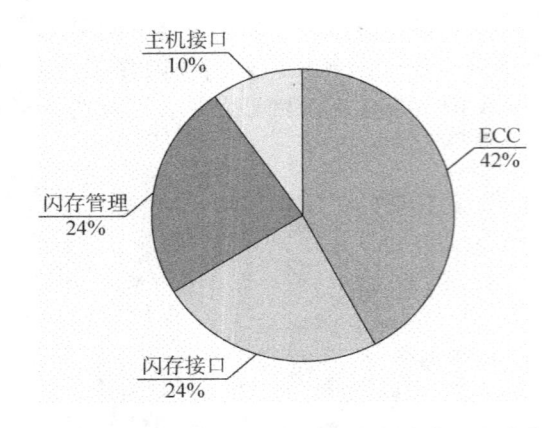

图 2-11 闪存控制器马维尔各技术分支专利申请分布

群联成立于 1989 年,是一家 IC 设计公司,拥有闪存控制器及周边应用系统设计的研发中心,还提供各种闪存技术服务咨询。2002 年 4 月,东芝投资了群联 20% 的股权,群联的闪存芯片有 60% 由东芝供货。群联自 2008 年起已全力投入嵌入式 SSD 解决方案领域,是闪存芯片企业海力士的控制器供应商。群联是 ONFI 的创立者之一,同时也是 NVME 组织的积极参与者,这两个组织都是由英特尔所领导的标准制定团体。此外,群联还是 SD 协会的董事。

(3) 中国台湾慧荣以低廉的价格和全面的服务占据一席之地。

慧荣强化与 NAND 闪存龙头企业的合作,提供从主控芯片到终端产品的一站式服务,从软件和硬件层面给予全方位支持,通过低廉的价格快速占领中低端市场。

慧荣是全球主要 NAND 闪存控制芯片供应商,包括闪存卡、固态硬盘(SSD)等,之后更以合并韩国公司的方式跨入移动通信系统单芯片领域。在纯控制芯片角色生存难度增加的情况下,慧荣的策略是强化与 NAND 闪存龙头企业间的合作,与英特尔结盟。2015 年 4 月,慧荣收购上海宝存信息科技有限公司,形成战略联盟。

2.3.3 我国重点企业初具实力,开始重视海外专利布局

(1) 华为重点关注闪存管理和主机接口技术。

华为依靠自身在通信技术领域强大的研发能力,提前进行核心技术的专利布局,通过核心产品在利润高的企业级 SSD 市场占领一席之地。特别是在原子写入特性技术方面,助力数据一次性完整写入 SSD,提升数据写入效率,加速数据库业务性能,相关产品的综合性能超越了英特尔和三星的类似产品。

截至 2016 年 8 月,华为在全球申请的闪存控制器技术相关专利已公开

340项,其中PCT国际专利申请量较多,达到48件,其专利申请也大多集中在美国、中国、欧洲等重点市场,体现了华为在闪存控制器方面具备相应的技术实力。

华为在技术发展方向上侧重闪存管理和主机接口,专利申请分别占34%和29%,反映其在闪存管理和主机接口上有较强的技术实力,这也是华为专利布局的特点。

(2) 黑马华澜微在ECC技术分支实力较强。

杭州华澜微公司作为经验丰富的初创企业,通过并购快速提升技术实力,具有全系类存储控制器芯片技术,从产业链的低端的芯片和模组供应商逐步转变为产业链高端的具有多重高速传输接口技术的存储解决方案供应商。

截至2016年8月,华澜微的闪存控制器技术相关专利已公开49件,且全部为中国专利申请,由于缺乏国外专利布局,其产品进入国际市场容易遭遇风险。为此,华澜微并购了initio公司,从initio公司获得8件美国专利(其中5件授权有效,其余3件公开待审),通过直接并购企业的方式快速获得海外专利,提升了自身的专利储备。

华澜微在技术发展方向上以ECC为主,专利申请占比为69%,反映其在ECC方面具备较强的技术实力,而且有效专利为21件,占总数的43%,这表明华澜微在中国申请的相关专利有较高的质量。

(3) 浪潮的主机接口有优势但海外布局欠缺。

浪潮凭借服务器领域长期的技术积累和主机接口方面的技术实力,截至2016年8月,浪潮的闪存控制器技术相关专利已公开244件,全部为中国申请。在技术发展方向上以主机接口为主,专利申请占比为79%,反映其在主机接口方面具备较强的技术实力。

但是浪潮涉及闪存控制器的有效专利仅69件,占总数的28%,大部分处于待审状态,而且严重缺乏国外的专利布局,其产品进入国际市场容易遭到国外公司的专利壁垒,对公司发展埋下很大隐患。

(4) 新秀忆恒创源具备较大发展潜力。

忆恒创源作为初创企业,重视核心技术的研发和专利布局,发展潜力较大。该公司拥有企业级数据保护及存储管理系统,已为阿里、腾讯、百度等200余家企业级客户提供了完整的闪存解决方案。

截至2016年8月,忆恒创源闪存控制器技术相关中文专利公开34件。此外,从2013年开始,忆恒创源提交了9件PCT国际申请,其中5件进入美国国家阶段(3件已获得授权),4件进入欧洲,反映出忆恒创源为使自身产品进入国际市场,非常注重国外的专利布局。

忆恒创源在技术发展方向上以闪存管理为主,专利申请占比为88%,反映其在闪存管理方面具备较强技术实力，此外，其在 ECC 和闪存接口也有少量的布局。

忆恒创源的闪存控制器相关申请的有效专利21件，占比为62%，5件美国专利申请有3件获得授权，表明忆恒创源的专利质量非常高，具备较强的技术实力。

2.4 推动控制器产业发展的思路和启示

通过产业和专利分析研究发现，美、日、韩等发达国家在闪存控制器技术领域的专利布局非常积极，跨过龙头企业占据有利市场竞争地位，并依托专利不断扩大竞争优势。整体来看，闪存控制器技术领域的发展存在以下主要特点。

（1）闪存控制器相关标准组织的作用非常突出，专利成为其中的重要和核心组成部分，并深刻影响相关存储产品的市场竞争。

（2）闪存控制器领域的企业并购案频发，专利成为并购活动中的重要资产，对于企业快速切入市场和扩大竞争优势非常重要。

（3）闪存控制器技术相关专利诉讼非常频繁，并且诉讼的金额巨大，产业影响深远，专利成为遏制竞争对手的强大战略武器。

（4）闪存控制器的产业发展主要存在以三星、闪迪＋东芝、马维尔等厂商为代表的三种模式，模式形成过程与专利策略密不可分。

因此，基于闪存控制器技术领域的专利状况及其发展特点，探索我国推动闪存控制器产业发展的可行性思路，建议可从以下几个方面着手。

（1）通过推行标准和组建联盟，提升控制器产业话语权。

闪存控制器的主机接口和闪存接口存在多项标准，并由多个联盟组织运营维护，这些标准和联盟中纳入众多的必要专利，影响着整个存储产业的发展。比如，闪迪、东芝、松下三大公司基本垄断了 SD 卡的重要专利，构建了保护更强的专利网。这三家大公司组成了 SDA 联盟并成立了相应的运营公司，统一维持和运作 SD 卡相关知识产权的授权，取得了极高的市场地位，目前所有 SD 卡厂商都需要支付销售额的 6% 作为 SD 卡的许可费。

同样，我国深圳的朗科公司在 U 盘方面起步较早，并且部署了若干重点专利，还通过专利诉讼和授权许可获得巨额收益。但是由于缺乏建立标准组织的经验，U 盘虽然成为便携存储设备的事实标准，却没能形成产业联盟，未实现专利价值和经济收益的最大化和持续化，可见推行标准和组建联盟对于存储产业的影响非常重要。

（2）适时开展企业以及专利并购，快速提升企业竞争力。

近十年来，在存储器及控制器领域已经发生多起巨额企业并购案件，在企业并购的同时通常伴随着专利的转让，并购除了获得市场之外，最重要的是获得技术，其中，知识产权尤其是专利已经成为并购的核心目标。通过并购，一方面可以减少自行研发的成本，开拓新的技术领域，进行技术升级改造；另一方面还可以将收购的专利技术作为专利诉讼谈判的筹码，进行许可使用。

研究 Sandforce – LSI – Avago – 希捷系列并购案发现，企业间并购的金额与所伴随的专利转移数量基本呈正相关，涉及的专利转让多，交易金额就越大。LSI 的两个控制器部门收购金额为 4.5 亿美元，其中的一个部门 Sandforce 加上 39 件专利的交易金额已经达到了 3.7 亿美元，专利的价值和作用可见一斑。

（3）高度重视专利诉讼影响，预防控制器产业发展风险。

研究美国市场上发生的专利诉讼案例发现，近年来，控制器领域的诉讼数量巨大，而且诉讼双方既有芯片企业，也有控制器厂商与下游存储产品厂商，同时还包括科研院所、专利运营公司等。比如，卡内基·梅隆大学与马维尔之间涉及两件 ECC 相关专利的诉讼案件最终就获得 7.5 亿美元的赔偿，成为全球计算机、IT 领域赔偿最高的诉讼案例，而当年闪存全球市场仅在 200 亿美元左右，可见专利诉讼在控制器领域的影响非常大。

此外，控制器领域的诉讼成败对整个存储产业的走向影响巨大。比如，闪迪与群联、慧荣、联盛、金士顿等 25 家企业之间的诉讼，深刻影响了整个存储器的市场格局。这次诉讼中最关键的专利 US5719808 因为专利权归属问题而被闪迪主动撤回，另有 3 件专利被宣告无效，因而最终判决侵权不成立，闪迪失去专利保护伞，损失惨重，从此，失去了市场的领头位置。

（4）借鉴控制器企业发展模式先进经验，尽快实现超越。

韩国三星作为全球存储器市场的巨无霸公司，长期持续投入大量资金进行 NAND 闪存研发，仅 2016 年就投入超过 32 亿美元，截至目前，在三维 NAND 技术方面的专利已多达 1563 件，并以此构建了强大的专利组合，其市场占有率稳居世界首位。韩国三星在 NAND 闪存产品发展过程中，逐步向包括闪存控制器在内的全产业链拓展，不仅生产多种规格的闪存芯片，而且还为自身产品生产配套多种控制器，在闪存控制器方面也申请并累积了大量的专利，从而在控制器方面也具备了强大的技术实力，并通过控制器的配套提升了闪存芯片的价值。可以看出，三星这种将闪存芯片和控制器相互配合的模式，使得三星在整个存储行业中具有很强的竞争力和控制力，这也说明存储芯片企业如果依靠自己在芯片方面的技术优势，在控制器方面也能够大有作为。

美国闪迪没有自己的晶圆制造工厂，其芯片都是在日本东芝生产。2010

年以来，闪迪在闪存控制器的专利布局大大增强，意图通过控制器的专利布局占据市场主导地位，而东芝在闪存芯片特别是三维 NAND 存储器方面上具有超强的技术实力。闪迪与东芝长期以来采取紧密互补合作的方式，打造出了闪迪和东芝联盟来对抗三星的市场格局，堪称控制器厂商与闪存芯片厂商的合作典范。通过闪迪和东芝的这种合作模式也可以看出，如果控制器企业和芯片企业建立深入合作的话，通过各自开放技术共享、合作研发等实现优势互补，能够获得更大的市场份额，对于控制器企业和芯片企业都是非常有利的选择。

美国马维尔基于在 HDD 和 NAND 控制器上具有强大的技术实力，在 SSD 控制芯片市场拥有较大的市场份额，客户涵盖了除三星外的全球绝大多数存储芯片厂商，是全球为数不多的优质纯控制器厂商。马维尔的成功很大程度上取决于其强大的技术优势，并且马维尔在 ECC 方面的申请量最多，占到其总量的 42%，随着三维 NAND 闪存工艺和技术的不断发展，纠错技术要求越来越高，马维尔的纠错校验技术相比其他厂商将具有更大的性能优势。可见，马维尔这种纯控制器厂商能够依靠超强的控制器技术创新来大幅提升存储器的性能，从而占据较大市场份额，也可实现在闪存控制器产业的优势地位。

3

第五代移动通信（5G）关键技术^❶

3.1 5G关键技术概览

移动通信已经深刻地改变了人们的生活，但人们对更高性能移动通信的追求从未停止。为了应对未来爆炸性的移动数据流量增长、海量的设备连接、不断涌现的各类新业务和应用场景，第五代移动通信（5G）系统将应运而生。

移动互联网和物联网是未来移动通信发展的两大主要驱动力，将为5G提供广阔的前景。移动互联网颠覆了传统移动通信业务模式，为用户提供前所未有的使用体验，深刻影响着人们工作生活的方方面面。面向2020年及未来，移动互联网将推动人类社会信息交互方式的进一步升级，为用户提供增

---

❶ 本章节选自2016年度国家知识产权局专利分析和预警项目《5G关键技术专利分析和预警研究报告》。
（1）项目课题组负责人：赵喜元、陈燕。
（2）项目课题组组长：朱琦、孙全亮。
（3）项目课题组副组长：马克、王雷。
（4）项目课题组成员：王瑞、张新宇、刘俭、周丹、唐文森。
（5）政策研究指导：张利。
（6）研究组织与质量控制：赵喜元、陈 燕、朱琦、孙全亮。
（7）项目研究报告主要撰稿人：朱琦、王雷/王瑞、张新宇、刘俭、周丹、唐文森。
（8）主要统稿人：朱琦、孙全亮、王瑞、王雷。
（9）审稿人：赵喜元、陈燕。
（10）课题秘书：王雷。
（11）本章执笔人：朱琦、王雷、王瑞、刘俭。

强现实、虚拟现实、超高清（3D）视频、移动云等更加身临其境的极致业务体验。移动互联网的进一步发展将带来未来移动流量超千倍增长，推动移动通信技术和产业的新一轮变革。物联网扩展了移动通信的服务范围，从人与人通信延伸到物与物、人与物智能互联，使移动通信技术渗透至更加广阔的行业和领域。面向2020年及未来，移动医疗、车联网、智能家居、工业控制、环境监测等将会推动物联网应用爆发式增长，数以千亿的设备将接入网络，实现真正的"万物互联"，并缔造出规模空前的新兴产业，为移动通信带来无限生机。同时，海量的设备连接和多样化的物联网业务也会给移动通信带来新的技术挑战。

3.1.1 5G关键技术全球专利竞争格局

分析5G关键技术的全球和中国专利申请可以发现：

在5G关键技术领域，全球范围内已经公开的专利申请量为1623项。其中，来自中国的申请量为874项，申请总量排名第一位，韩国以330项排名第二位。另外，国内申请人的专利申请量大幅领先国外申请人的申请量。中国专利申请的总量为874件。其中，国内申请人的专利申请总量为638件，国外申请人的专利申请总量为236件。

其中，大规模天线技术专利申请量占比最大，达到47.0%。高频段通信也是5G关键技术中的重要研究领域，专利申请量占比达到18.2%。全双工技术由于起步早，专利申请量占比居第三位，达到17.1%。新型多载波和新型多址技术占比相对较低，分别为10.4%和7.3%。虽然占比较低，并不意味着这两项技术在5G关键技术中不重要。由于部分新型多载波和多址技术提出时间比较晚，很多专利还处于未公开状态。

1. 全球和中国专利申请态势

（1）全球5G关键技术申请量保持增长态势，中国申请量持续平稳增长。

如图3-1所示，截至2016年8月31日，全球5G关键技术的专利申请共计1623项，涉及大规模天线、高频段通信、新型多载波、新型多址和全双工的5个技术分支。2010~2016年，全球5G关键技术的专利申请量总体呈上升趋势。2015年6月，国际电信联盟正式确定了5G的名称、愿景和时间表。2016年，3GPP正式启动了5G标准化工作。截至目前，3GPP在84b次、85次、86次、86b次、87次会议中均讨论了5G相关议题，与5G技术相关的提案量大幅增加，与之相对应，5G关键技术的专利申请量也呈大幅增长趋势。中国5G关键技术专利申请量的变化趋势与全球的变化趋势一致。

（2）中国国内申请人专利申请处于优势地位。

如图3-2所示，2012年开始，国内申请人的年度申请量开始超过国外

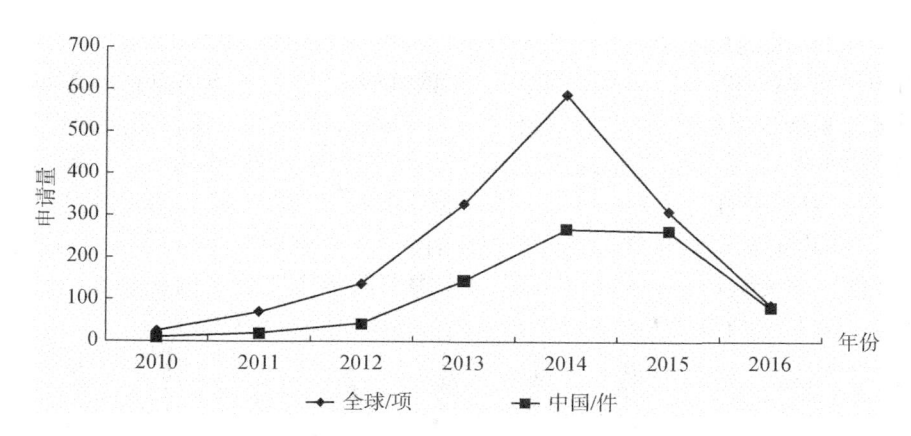

图 3-1　5G 关键技术全球和中国专利申请年度趋势

申请人的年度申请量。国内申请人的年度申请量始终保持增长,且增速加快。特别是近年来,国内申请人的中国专利申请量优势地位得到进一步加强。

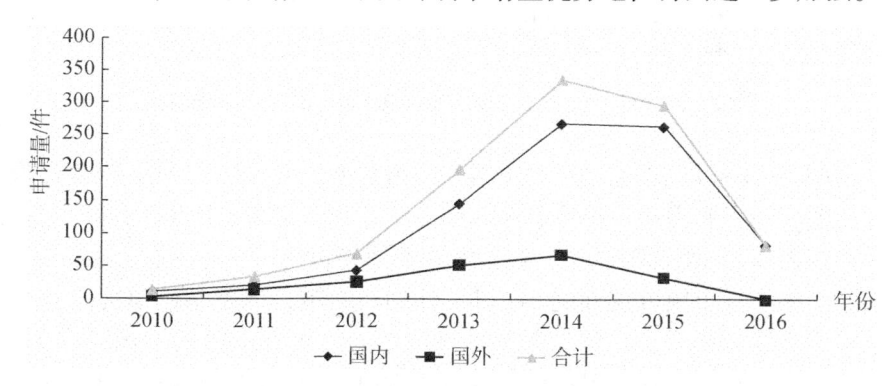

图 3-2　5G 关键技术国内外申请人的中国专利申请趋势

3.1.2　主要申请区域分布

(1) 全球专利申请方面,中国是 5G 关键技术专利申请最大来源地;目前,中国申请量仍在上升,欧洲、日本保持平稳,美国进入下降通道。

在专利申请的区域分布方面,中国、韩国、美国、欧洲和日本是提交 5G 关键技术相关专利申请的主要来源国家/地区。其中,来自中国的专利申请量最大,占全球专利申请总量的 43.2%;来自韩国、美国、欧洲和日本的专利申请分别占全球专利申请总量的 20.3%、18.3%、7.3% 和 6.6%,来自其他国家/地区的专利申请仅占 4.3%。

随着 IMT-2020 工作组的成立,来自中国的专利申请量从 2013 年开始呈现大幅上升的趋势,2013 年及以后一直居于首位。

在5G关键技术领域，全球专利申请的主要目的地是中国，共计874件，占申请总量的30.1%。之后依次是，美国（642件），占申请总量的22.1%；世界知识产权组织国际局（621件），占申请总量的21.4%；韩国知识产权局（294件），占申请总量的10.1%；欧洲专利局（279件），占申请总量的9.6%；日本特许厅（125件），占申请总量的4.3%；其他国家/地区（43件），占申请总量的1.5%。这一方面是由于本国申请人对于5G技术的重视带来了大量专利申请；另一方面是由于中美两国迅速发展的移动通信市场，使得越来越多的申请人在这两个国家进行技术研发和专利保护。

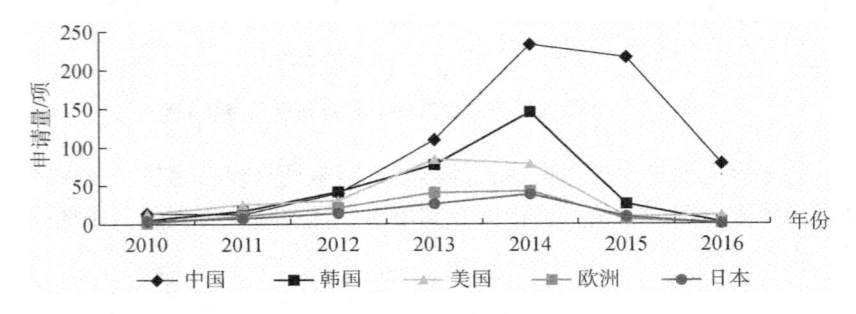

图3-3 5G关键技术全球主要国家/地区的专利申请趋势

由图3-3可以看出，在2010年和2011年，美国的专利申请量是最多的，主要申请人有高通、英特尔等。作为全球最早部署LTE网络的经济体之一，美国的4G网络部署进程、技术发展等属于世界领先水平。虽然2012年之前，美国未提出国家层面的5G研发计划或政策，但是基础研究工作在当时已经走在各国前列。在移动通信领域同样走在世界前沿的韩国，在5G研发机构设立、长远规划、促进战略以及研发投入上都非常积极。2012年，韩国的专利申请量位居全球第一位，为42项，申请量峰值出现在2014年，为145项。2010~2012年，中国专利申请量排在了美国和韩国的后面。随着IMT-2020工作组的成立，国家和产学研各界对于5G发展的推动，来自中国的专利申请量从2013年开始呈现大幅上升的趋势，2013年以后，每年专利申请量都超过了所有国家/地区，其年度专利申请量的峰值出现在2014年，达到232项。欧洲和日本的年度申请量趋势比较平稳，峰值均出现在2014年，分别为43项和38项。

（2）中国专利申请方面，韩国是最大的国外申请来源国家；近年来，国外申请人的中国专利申请量出现起伏。

如图3-4所示，在5G关键技术中，国外的专利申请主要来自韩国、美国、欧洲、日本等国家/地区，其中，韩国在中国提交的专利申请最多，占全部国外申请人在华专利申请总量的 40.7%。韩国的三星积极参与中国 IMT - 2020 推进组的 5G 标准化工作,中韩两国在 5G 研发上合作密切。其次是来自美国的申请人,占全部国外申请人在华专利申请总量的 28.8%,主要申请人有英特尔、高通等。

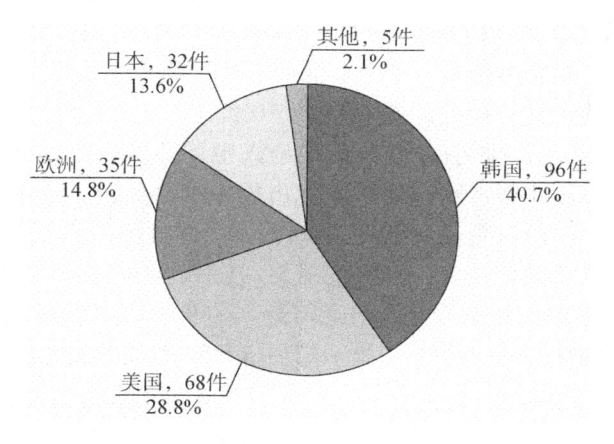

图 3-4 5G 关键技术主要国家在华申请及其占比

如图 3-5 所示,分析申请量靠前的国家年度申请情况可以发现:韩国申请人的在华专利申请量从 2012 年开始增长迅速,在 2014 年达到峰值,为 30 件。来自美国的申请人的申请总量位列第二位,2013 年度达到峰值,为 18 件。日本后期发展动力不足,专利申请量有所下降。这些国家的申请人的年度申请量均是在 2013 年或 2014 年达到最大值。

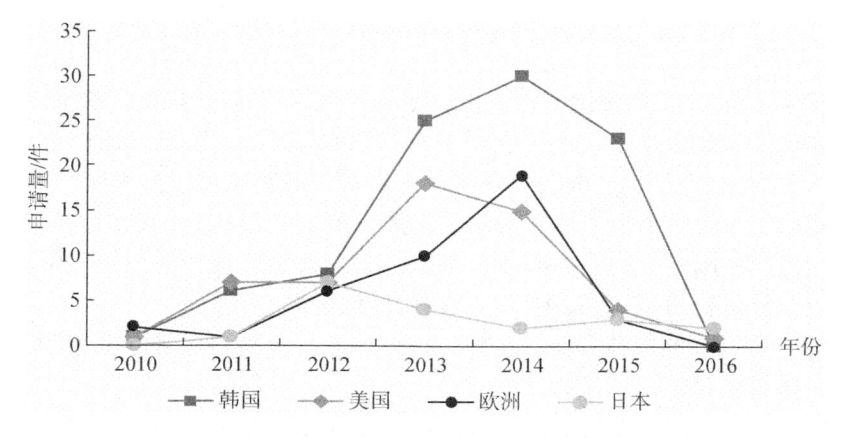

图 3-5 5G 关键技术主要国家在华专利申请年度趋势

3.1.3 主要申请人专利申请

(1) 全球专利申请前10位申请人。

在申请人方面，5G 关键技术的全球专利申请人中，三星、华为和 LG 排前3位，申请量分别为151项、136项和132项。东南大学列第四位，申请量为69项，在全球高校和科研机构中申请量最高。英特尔排名第五位，在高频段通信领域该公司实力最强。中兴、高通、NTT DoCoMo、北京邮电大学和阿尔卡特朗讯申请量比较接近，排名第6~10位。

如图3-6所示，排名前10位的申请人中，韩国企业占据2家，中国企业和科研院所占据4家，欧洲地区企业占据1家，美国企业为2家，日本企业为1家。韩国的两家企业分别是三星和LG，并且排名比较靠前，这两家公司都是韩国的老牌通信企业，非常重视5G技术的研究、开发和标准化工作。其中，三星拥有28GHz频段毫米波通信最新实验和商用计划，基于毫米波的越区切换、60GHz Chipest 解决方案、FD-MIMO 等关键技术。

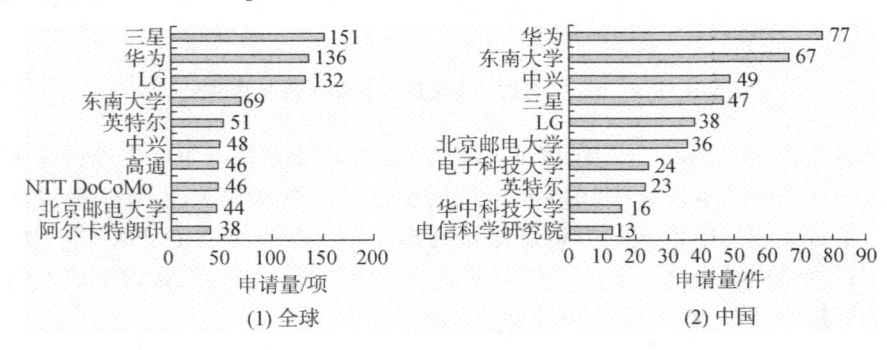

全球	申请量/项	中国	申请量/件
三星	151	华为	77
华为	136	东南大学	67
LG	132	中兴	49
东南大学	69	三星	47
英特尔	51	LG	38
中兴	48	北京邮电大学	36
高通	46	电子科技大学	24
NTT DoCoMo	46	英特尔	23
北京邮电大学	44	华中科技大学	16
阿尔卡特朗讯	38	电信科学研究院	13

图3-6 5G 关键技术全球和中国专利申请的前10位申请人

在排名前10位的中国申请人中，华为排名第二位。华为率先提出5G整套新无线接入技术方案，不仅取得了5G关键技术重大突破，还积极参与了全球主要5G行业组织，并与合作伙伴开展联合创新项目，在中国5G技术研发试验第一阶段中承担了最多的测试任务。值得一提的是，东南大学申请量居第四位，在国内申请人中申请量突出，东南大学信息科学与工程学院尤肖虎教授领导研发的5G重大项目已取得阶段性进展。

(2) 中国专利申请方面，华为、东南大学、中兴、北京邮电大学等国内申请人排名靠前。

中国专利申请人排名中，华为、东南大学居前两位，且申请量比较接近，中兴、三星、LG和北京邮电大学处于第二梯队，申请量分别在30~50件。第三梯队中的电子科技大学、英特尔、华中科技大学和电信科学研究院的申请量在 10～25 件。排名前 10 位的申请人中，中国企业占据 3 家，其中，华为和中兴排名靠前。中国高校占据 4 家，说明这几所高校在移动通信领域科研实力非常强劲。韩国的三星和 LG 列第三位和第四位，体现了其研发实力和对在华专利布局的重视。

3.1.4 主要技术分支专利分布

全球专利申请方面，大规模天线、高频、全双工等技术分支的申请量较大，各主要技术分支的 3/5❶ 局申请的比例总体偏低。在技术分支方面。全球大规模天线技术专利申请量占比最大，达到 49.1%。全双工技术由于起步早，专利申请量占比居第二位，达到 17.9%。高频段通信也是 5G 关键技术中的重要研究领域，专利申请量占比达到 14.6%。新型多载波和新型多址技术占比相对较低，分别为 10.8% 和 7.7%。虽然占比比较低，并不意味着这两项技术在 5G 关键技术中不重要。由于部分新型多载波和多址技术提出时间比较晚，很多专利还处于未公开状态。

中国专利申请中，大规模天线、全双工、新型多载波等技术分支的申请量较大。如图 3-7 所示，在中国专利申请中，5G 关键技术相关专利申请为 874 件。其中，各技术分支的申请量占比分别为：大规模天线技术占比 57.9%；新型多载波技术占比 10.7%；全双工技术占比 11.9%；高频段通信技术占比 9.4%；新型多址技术占比 10.1%。对比全球和中国各个技术分支的申请量占比情况可以看出，我国申请人在高频技术分支方面的专利申请还需要加强。

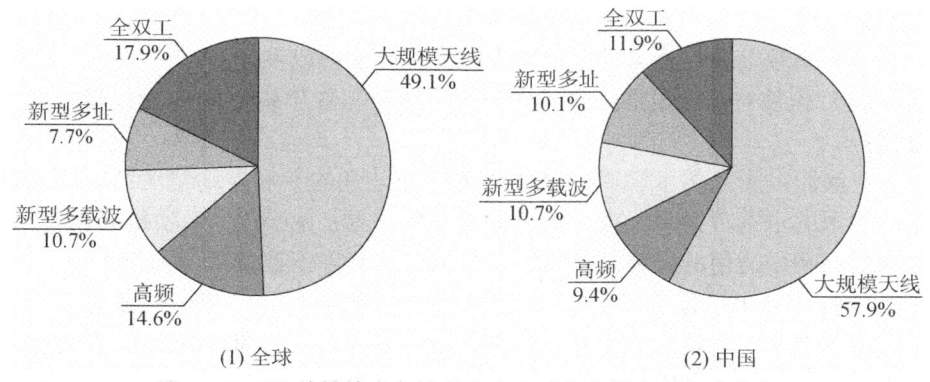

图 3-7 5G 关键技术各技术分支全球和中国专利申请分布

3.2 关键技术分支专利布局

随着 5G 技术标准化进程的推动，中国、美国、欧洲、日本、韩国等国

---

❶ 3/5 局指中国、美国、日本、韩国和欧洲专利局中的 3 局或 5 局专利申请。

家/地区争相对该领域核心技术进行研究和开发，并对研发成果进行专利保护，因此，与5G关键技术相关的专利申请量增长迅猛。下面分别对5G关键技术分支的专利情况进行分析。

1. 大规模天线技术国内领先

从全球来看，大规模天线技术出现较晚，基本概念于2010年提出，随后展开基础研究，2012年之前总体的申请量不大。随着标准化进程的推动，2013年之后，申请量有大幅上升的趋势。通过分析大规模天线技术的全球以及中国专利申请的专利申请状况可以发现：

（1）大规模天线技术的全球专利申请已初具规模，中国的申请量排名第一位。

在大规模天线技术领域，全球范围已经公开的专利申请量为762项。其中，中国的申请量为401项，申请量排名第一位，韩国以190项排名第二位。

（2）大规模天线技术领域，国内申请人的专利申请量大幅领先国外申请人的申请量。

中国专利申请的总量为492件。其中，国内申请人的专利申请总量为384件，国外申请人的专利申请总量为108件。国内申请人相对比较分散，企业申请人中，华为、中兴布局较多，其余多为高校申请。韩国申请人的申请量虽然低于中国申请人，但是非常集中，实力最强的韩国企业三星和LG申请了大量相关专利。

2. 高频段通信技术是国内亟须突破的技术重点

分析高频段通信技术的全球和中国专利申请可以发现：

（1）国外对高频段通信技术的研究起步早，在申请时间和授权量方面占有优势。

在高频段通信技术领域，全球范围已经公开的专利申请量为296项。其中，中国的申请量为104项，申请量排名第一位，韩国以74项排名第二位。国内对高频段通信的研究开始较晚，目前还没有申请被授予专利权。

（2）国外申请覆盖了高频段通信技术的全部分支，专利布局合理。

中国专利申请量为104件。其中，国内申请人的专利申请量为40件，国外申请人的来华专利申请量为64件。美国的英特尔、高通和韩国的三星研究起步较早，申请量和授权量均占有绝对优势，并且其专利申请覆盖了高频段通信技术的全部技术分支，而国内申请人在进行专利布局时仅涉及了高频段通信技术的个别技术分支。

3. 新型多载波技术专利申请增长迅速

分析新型多载波技术全球和中国专利申请可以发现：

（1）全球专利申请量增长明显，中国专利申请趋势与全球保持一致。

新型多载波技术领域的全球专利申请自 2010 年开始处于缓慢增长的状态,年度申请量均比较小。从 2012 年开始,年度申请量增长迅速,并于 2014 年到达峰值。中国专利申请的趋势与全球保持一致,2012 年之前申请数量增长缓慢,从 2012 年开始,年度申请量增长迅速,2015 年专利申请量到达峰值。在新型多载波技术领域,全球范围已经公开的专利申请量为 168 项。其中,中国的申请量为 64 项,申请量排名第一位,韩国以 41 项排名第二位。

（2）中国专利申请中大专院校和科研院所占比很大,全球布局不足,国内企业尚未对 UFMC 和 GFDM 这两种候选技术进行专利布局。

中国专利申请量为 91 件。其中,国内申请人的专利申请量为 55 件,国外申请人的来华专利申请量为 36 件。新型多载波技术领域中,滤波器组多载波（FBMC）技术出现最早,专利申请量最多,三星、华为、阿尔卡特朗讯和法国电信等通信公司均进行了专利申请。全球主要申请人除了关注本土市场外,也比较重视中国、美国、NIPO 国际局和韩国申请。中国专利申请中,国内大专院校和科研院所的申请占很大的比重,全球布局仍很局限。

新型多载波技术领域中,国内申请人的专利申请起步早,2010 年的 5 件专利申请中,有 4 件均为国内申请人提交。通用滤波（UFMC）技术出现较晚,中国专利申请中,国内申请人均为大专院校。另外,有两件外国申请人的来华申请都来自阿尔卡特朗讯。同样,出现较晚的广义频分复用（GFDM）技术中,中国专利申请中,7 件国内申请人的申请中有 6 件来自大专院校,1 件来自华为。

4. 我国在新型多址技术方面起步晚、发展快

分析新型多址技术全球和中国专利申请可以发现：

（1）中国对新型多址技术的研究起步略晚于国外,申请量增长迅速。

2012 年之前,新型多址技术领域的年度申请量开始缓慢增长。2013 年开始,新型多址技术领域的年度申请量迅速增长,2014 年专利申请量到达峰值,为 43 项。中国涉及新型多址技术的专利申请在 2012 年之前为 0 件,2012～2014 年呈现快速增长的趋势。2015 年开始,涉及新型多址技术的专利申请仍然在增长,但是增长的趋势变缓,年度申请量在 2015 年之后有所下降。

（2）国内申请人较为活跃,申请人的研究方向和专利申请均有针对性。

国内申请人在新型多址技术领域投入了大量的科研力量,华为最早于 2012 年提交了有关 SCMA 技术的专利申请,稍晚于 NTT DoCoMo 公司 2011 年提交的有关 NOMA 技术的专利申请。在新型多址技术领域,SCMA、MUSA 和 PDMA 技术都是由中国企业研发和提出的,国内申请人的申请量高于国外申请人的申请量,中国期望在新型多址技术领域取得话语权。

在新型多址技术领域中,国内大专院校类型的申请人较多,并且申请量

也占有一定的比例。国内大专院校类型的申请人的研究重点多在 NOMA 技术和 SCMA 技术方面。但是，大专院校类型的申请人的专利布局意识比较薄弱，其申请均为国内申请，缺少国外专利布局。

5. 我国在全双工技术领域大幅领先

分析全双工技术领域全球和中国专利申请可以发现：

（1）全双工技术的全球专利申请已初具规模，中国的申请量排名第一位。

在全双工技术领域，全球范围已经公开的专利申请量为 278 项。其中，中国的申请量为 101 项，申请量排名第一位，美国以 96 项排名第二位，欧洲以 32 项排名第三位。

（2）全双工技术领域，国内申请人的专利申请量大幅领先国外申请人的申请量。

中国专利申请量为 101 件。其中，国内申请人的专利申请量为 81 件，国外申请人的来华专利申请量为 20 件。从中国专利的申请量排名来看，华为、西安电子科技大学、电子科技大学、上海交通大学和北京邮电大学的申请量均在前列。在国内申请人中，除了华为是企业类型的申请人以外，其余 4 个申请人均为大专院校类型的申请人，这表明我国高校在全双工技术的研究上具有较强的技术实力。

3.3 全球 5G 技术主要申请人专利竞争格局

通过对高通、爱立信、NTT DoCoMo、三星、华为和中兴等重点申请人的分析，总结出它们在 5G 关键技术领域关注重点和研发方向。

3.3.1 高通、爱立信等龙头企业的 5G 关键技术路线

1. 高　通

高通从 2006 年开始提前研发 5G 技术。随着 5G 技术标准制定的推进，高通从芯片、技术、原型机到工程网络的各个方面都在全面引领 5G 技术发展。

在大规模天线技术领域，高通提交了 8 件专利申请，其内容覆盖波束赋形、信道状态信息及其反馈、导频设计三种关键技术。在专利申请方面，专利申请数量较少，可能有以下原因：（1）由于专利公开的滞后性，高通在大规模天线相关技术的专利申请较晚，还未完全公开；（2）高通已经拥有大量 MIMO 技术的专利，其提交的专利申请仅是对 MIMO 系统的演进。

在高频段通信技术领域，高通提出"毫米波移动性"的概念，其中，波束追踪和波束切换技术为其近期的研究重点。

在新型多载波技术领域，高通明确反对 F – OFDM 和 UFMC 技术，同时

主推 WOLA、加窗的 OFDM 技术，并且在 3GPP PNA 的第 85 次和第 86 次会议上提出涉及新型多载波相关技术的多个提案。

在新型多址接入技术领域，高通主推 RSMA 多址接入技术，而 RSMA 实质上是 CDMA 技术，CDMA 技术的成熟度在行业内显然更有优势。显而易见，高通已拥有全部的 CDMA 专利，高通为了继续实施其专利许可战略，会努力争取将 RSMA 技术确定为 5G 标准。

在 5G 无线技术领域，高通拥有三个方面的优势：①高通在 OFDM 和芯片领域长期处于引领地位，能够支撑高通在 5G 技术领域的标准化参与和商业化推进；②高通能够完成从终端到基站再到核心网的端到端原型机，推动系统性能和功能的验证，促进标准化，支持制造商与运营商的联合演示，驱动产业的发展；③高通拥有两个重要的团队，一个是着眼于早期技术的研发团队，另一个是芯片产品开发团队。在芯片与制造商的基站、核心网对接后，高通能从端到端支持运营商优化性能，最大化运营商网络的价值。

如图 3-8 所示，高通在 5G 技术的各个关键技术分支都投入了研发力量，有自身的研究方向，并且目标清晰，即让自己掌握的技术成为 5G 技术标准。高通的 5G NR 原型展现了高通在 5G 无线接入技术上的领先地位，正因为其技术的先进性，使得高通在 3GPP 5G 技术标准制定进程中取得更强有力的话语权。高通的专利战略目标明确，即获得标准必要专利，从而收取专利许可费。

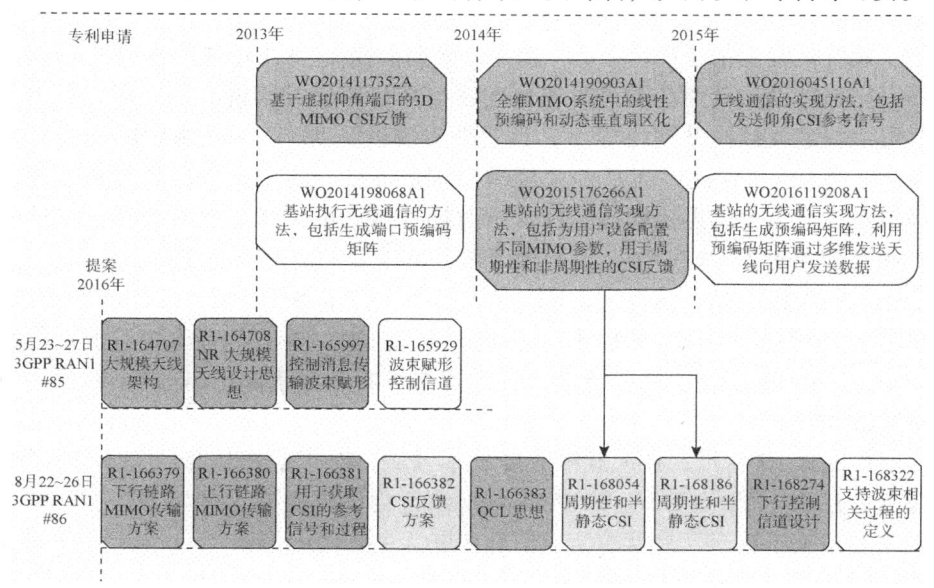

图 3-8　高通在大规模天线技术领域的专利申请和提案

注：相同灰度的内容表示同一技术分支。

2. 爱立信

爱立信在5G关键技术方面的研发较早，以期在5G技术标准必要专利中占有一席之地，截至目前，爱立信在5G关键技术方面的专利数据并不多。在5G无线接入技术的专利申请中，以大规模天线技术为例，波束赋形和信道状态信息相关的技术是爱立信在大规模天线技术方面重点研究的方向。在本章所分析的其他技术领域中，爱立信的申请量为零或者不多，究其原因，可能是不让对手清楚地掌握其技术发展方向，在专利授权人一栏隐匿真实身份，或者通过撰写技巧，从而避开其他企业的追踪。

在其他技术领域中，爱立信的申请量为零或者不多，但是在各种5G会议上，都能看见爱立信的身影。2016年9月，中国国际信息通信展览会上，爱立信展示了5G无线原型机。该原型机在相同的时间和频率资源下，采用多用户MIMO、大规模MIMO以及大量天线（阵列）的波束赋形技术同时提供吞吐量和能效，峰值吞吐量可超过25 Gbps。该原型机的大小，只相当于一个随身携带的行李箱，但容量已经抵得上40个LTE载波。借助波束追踪功能，它能够追踪指定终端的位置和运动情况，并且能够实时从多个波束中，选出相对终端最佳方向的波束，确保用户在网络内移动状态中，仍保持高性能和可靠性。目前已有运营商采用该原型机进行了外场现网试验。可见，这与爱立信在专利申请和提案上相吻合，该原型机采用了大规模天线技术、波束赋形。

此外，爱立信还展示了5G插件，该插件是专门针对现有网络的创新产品。它能帮助运营商在频谱尚未分配，标准有待通过的情况下，率先部署一些可以快速大幅提升网络容量，且能平滑演进到5G商用网络中的先进接入技术。爱立信5G插件包括：大规模MIMO插件、多用户MIMO插件、RAN虚拟化插件、智能连接插件、降低延时插件等。可见其研发方向和其目前的专利申请和提案方向一致，大规模天线是其重要的研发方向之一。

总的来说，爱立信认为5G技术标准并非技术革命而是4G标准的演进，将基于其现有的LTE-FDD技术演进到5G技术，显然它希望将目前占优势的4G技术部分延伸到5G技术，这样爱立信的专利储备在5G技术时代还可继续发光发热。

如图3-9所示，在大规模天线技术领域，对于信道信息状态CSI反馈，爱立信在3GPP TSG RAN WG1 Meeting #85会议上提交了提案R1-164955，其主要是关于基于互易性的信道信息获取，主要使用SRS（sounding reference signals）。爱立信也针对该项技术申请了相关专利。它的提案R1-164957和R1-167466均涉及波束赋形。这些提案都是提交于2016年，可见爱立信在这之前已经开始专利布局。

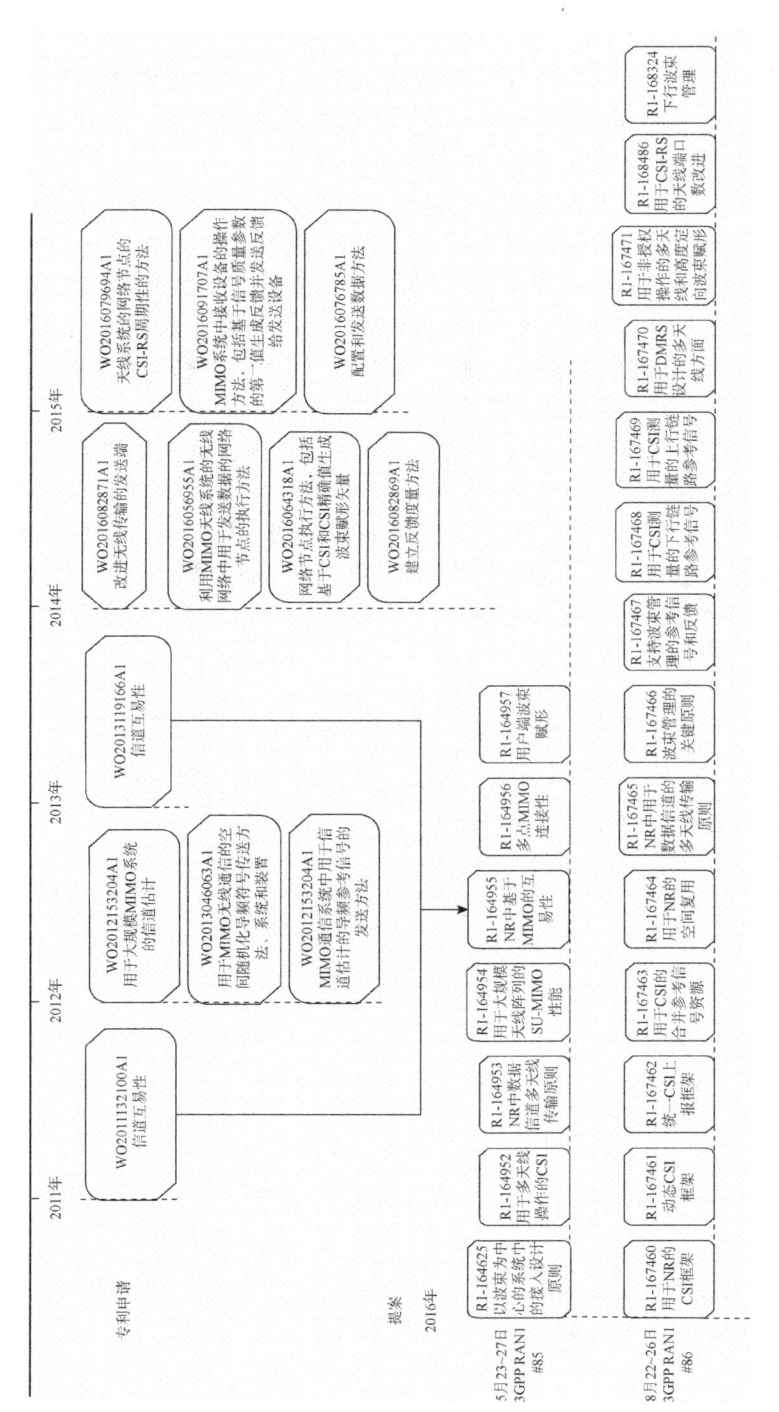

图 3–9 爱立信在大规模天线技术领域的专利申请和提案

3. NTT DoCoMo

NTT DoCoMo 是日本电信电话（NTT）旗下的公司，主要经营无线通信业务，2014 年 9 月，DoCoMo 发布了关于 5G 关键技术的白皮书，并计划在 2020 年借助东京奥运会的契机，推出 5G 技术商用服务。

如图 3-10 所示，在大规模天线技术领域，NTT DoCoMo 的专利申请主要涉及波束赋形、导频设计这两种关键技术，在 3GPP 组织召开的第 85 次、第 86 次会议上，NTT DoCoMo 的提案数量为 18 个，其中独立提案为 10 个。提案覆盖了波束赋形、CSI 获取及其反馈、导频设计这三种关键技术。NTT DoCoMo 提交了涉及 CSI 测量方法的 2 件专利申请，而提案中未涉及。此外，NTT DoCoMo 还提交了 3 件涉及参考信号或同步信号的发送的专利申请，这 3 件专利申请与其提交的一项提案内容一致，由此可以推测，这三件专利为潜在的标准必要专利。在新型多载波技术领域，NTT DoCoMo 的全球申请仅有 1 项，在 3GPP 第 85 次、第 86 次会议上，NTT DoCoMo 的总提案量为 5 个，其中有 3 个为独立提案。在新型多址技术领域，NTT DoCoMo 推出了非正交多址 NOMA 技术，涉及该技术的全球专利申请为 24 项，其中有两项已经授权。

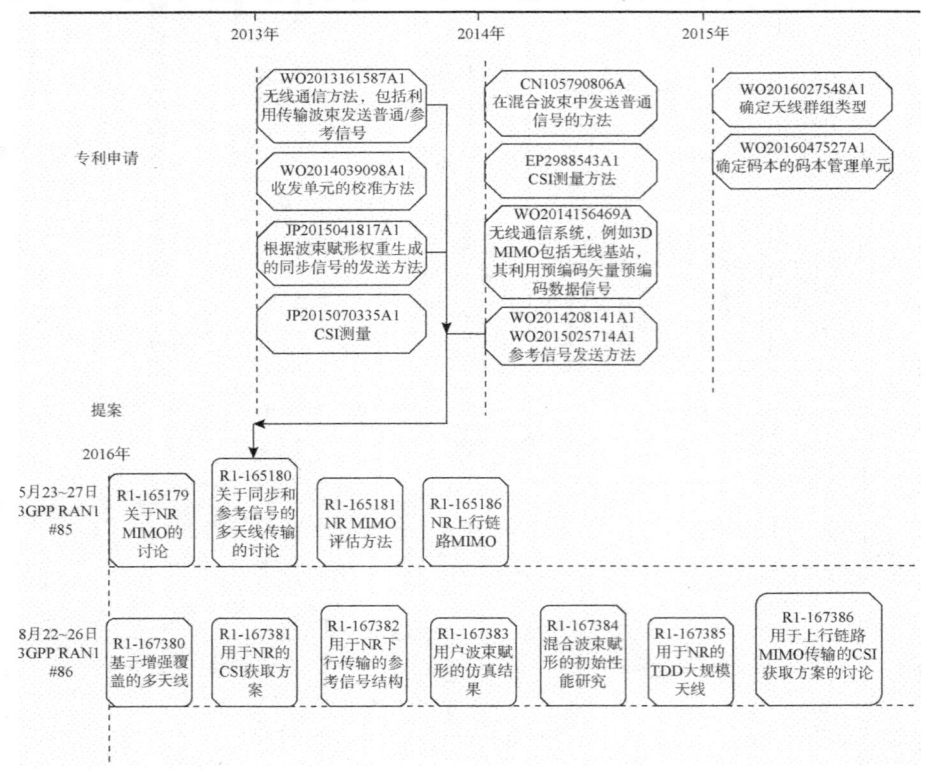

图 3-10 NTT DoCoMo 在大规模天线技术领域的专利申请和提案

通过分析 NTT DoCoMo 在 5G 技术方面的专利申请和提案，可知其在 5G 技术方面的专利布局，不仅技术覆盖面广，而且拥有自己创新的技术——NOMA 新型多址接入技术。

在新型多址技术领域，NTT DoCoMo 的专利申请和提案也涉及相同内容，即 NOMA 技术。

4. 三星

在大规模天线技术领域，三星在波束赋形、信道状态信息及其反馈和导频设计三个重要技术分支均有重要专利布局。三星在 3GPP 第 85 次、第 86 次会议上的提案总共有 50 个，其中有 29 个独立提案。三星在混合波束赋型方向实力最强，提出的提案较多，其主要涉及对 LTE 中仅使用数字波束赋形方案的演进。三星建议使用混合波束赋形，其中模拟波束赋形负责对抗路径衰落，数字波束赋形提供额外的性能增益。针对混合波束赋型，三星提出了一系列专利申请，都是潜在的标准必要专利（见图 3-11）。

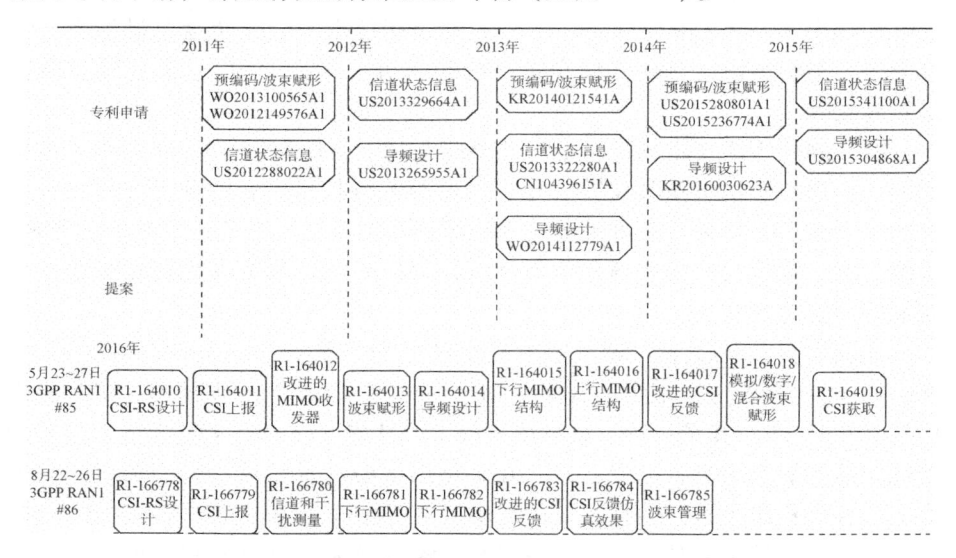

图 3-11 三星在大规模天线技术领域的专利申请和提案

在高频段通信技术领域，三星的研究起步较早，申请量和授权量均占有绝对优势，并且其专利申请覆盖了高频段通信技术的全部技术分支，专利布局合理。

在新型多载波技术领域，三星的标准提案总共有 12 个，其中有 10 个独立提案。三星在提案中提出：F-OFDM 和 WOLA 的性能相似，与 WOLA 相比，滤波长度和加窗长度相同的情况下，F-OFDM 需要 4 倍的计算复杂度。

在新型多址技术领域，三星的专利申请和提案均涉及 NOMA，并未提出其他技术，相比大规模天线技术和高频段通信的专利申请量，三星在新型多址技术方面的申请量并不多，推测其在这方面的研发投入也不多。三星在5G关键技术领域的全球申请量居第一位，并且覆盖了大规模天线技术、高频通信、新型多载波、新型多址四种关键技术，其专利申请范围广，数量多，专利布局全面。并且三星在3GPP会议上关于5G无线技术的提案数量为353个，仅次于华为。

总的来说，三星在5G无线关键技术领域的专利申请和提案数量在通信企业属于领先地位，可见三星希望能够在5G方面拿到尽量多的标准必要专利。

3.3.2 中国通信企业的特色5G技术路线

1. 华　　为

华为从2009年就开始了5G技术相关的研究和投入，2015年4月，华为发布5G技术的白皮书5G：*New Air Interface and Radio Access Virtualization*，系统化地提出5G技术新空口的理念和关键使能技术，全面覆盖基础波形、多址方式、信道编码、接入协议和帧结构等领域，并携手5G技术先锋运营商进行外场验证。

在大规模天线技术领域，华为的全球专利申请量为37项，其覆盖了波束赋型、信道状态信息及其反馈、导频设计等关键技术。有两项已授权，其余均为公开状态。华为在三种关键技术领域都有申请，而其他技术如信道测量、天线分配、天线校准的申请量也有涉及，可以看出，华为在大规模天线技术领域的申请分布较广。

在新型多载波技术领域，华为的全球专利申请共21项。在3GPP第85次、第86次会议上，华为共有提案21个，其中17个为独立提案。华为提出F-OFDM技术，其是一种子载波滤波技术。从华为在新型多载波技术领域的专利申请和提案来看，显然，华为在新型多载波技术领域进行了积极的研发投入，并且推出了自己的技术，可见华为希望在这个领域拥有标准必要专利。

在新型多址接入技术领域，SCMA技术是华为最早研发和提出的非正交多址接入技术，因此在专利分析中可以看出，涉及SCMA技术的专利申请有相当一部分是由华为提出的，并且涉及SCMA技术的专利申请的申请人均为国内的企业、大专院校或科研机构。国外申请人在SCMA技术领域还没有专利申请。华为的提案内容除了涉及SCMA技术，也涉及NOMA技术。在涉及NOMA技术的提案中，华为认为正交多址接入技术已无法满足5G技术在各种场景的需求，华为之所以在此方面也有提案，可能是希望与NTTDoCoMo联合，以对抗美国高通提出的RSMA技术。

在编码技术领域，3GPP确定华为主推的极化码为5G控制信道eMBB场景编码方案。华为在极化码的研发投入巨大,早在3GPP讨论前,中国IMT-2020 5G推进组就在第一阶段外场测试中对极化码进行了测试。值得一提的是,由于LDPC码提出时间过早,其相关的专利已经到期或接近到期,而极化码最为年轻,它的相关专利更是华为一枝独秀。

总的来说,华为在5G无线接入技术领域,涉及的关键技术广泛,可以说每个关键技术领域,华为都有自己主推的技术,并且由于研发提前布局,技术成熟。再者,华为在3G和4G技术的专利储备,使得其在5G技术标准制定中也拥有一定的话语权。总体来看,在5G时代,华为已经处于全球领先地位。

以大规模天线技术为例,如图3-12所示,华为在大规模天线技术领域的专利申请和提案数目均名列前茅,两者均覆盖了波束赋形、CSI反馈、导频设计等关键技术。

2. 中　兴

2014年6月,中兴首次提出Pre5G概念,2015年年底,Pre5G实现小规模商用。下面将对中兴在5G无线接入技术领域的研发方向、专利申请情况进行总结(见图3-13)。

在大规模天线技术领域,中兴的专利申请涉及技术广,包括波束赋形、信道状态信息及反馈、导频设计、天线校准等技术。中兴的提案主要涉及波束赋形、信道状态信息反馈、导频涉及等方向,和其专利申请的内容相吻合。

在新型多载波技术领域,中兴主推FB-OFDM技术,但是中兴还未有相关技术的申请,推测其后期申请目前还未公开。

在新型多址技术领域,MUSA技术是中兴最早研发和提出的非正交多址接入技术,到目前为止,涉及MUSA技术的专利申请仅有6件,其申请人均为中兴公司。国外申请人在MUSA技术领域还没有专利申请。分析提案内容可知,中兴在该领域主推MUSA技术。

总的来说,5G时代的中兴,已经有了自己的研发体系,在新型多载波技术领域、新型多址技术领域都提出了自主研发的技术,并且都进行了专利布局,力争在5G时代实现领先。

3.4　对我国5G技术产业发展的启示

通过对5G关键技术产业及其技术分支的专利分析和关键技术分析和总结,以便为我国企业和行业主管部门以启示,希望对我国未来发展5G关键技术产业,提升国内企业自主知识产权能力有所裨益。

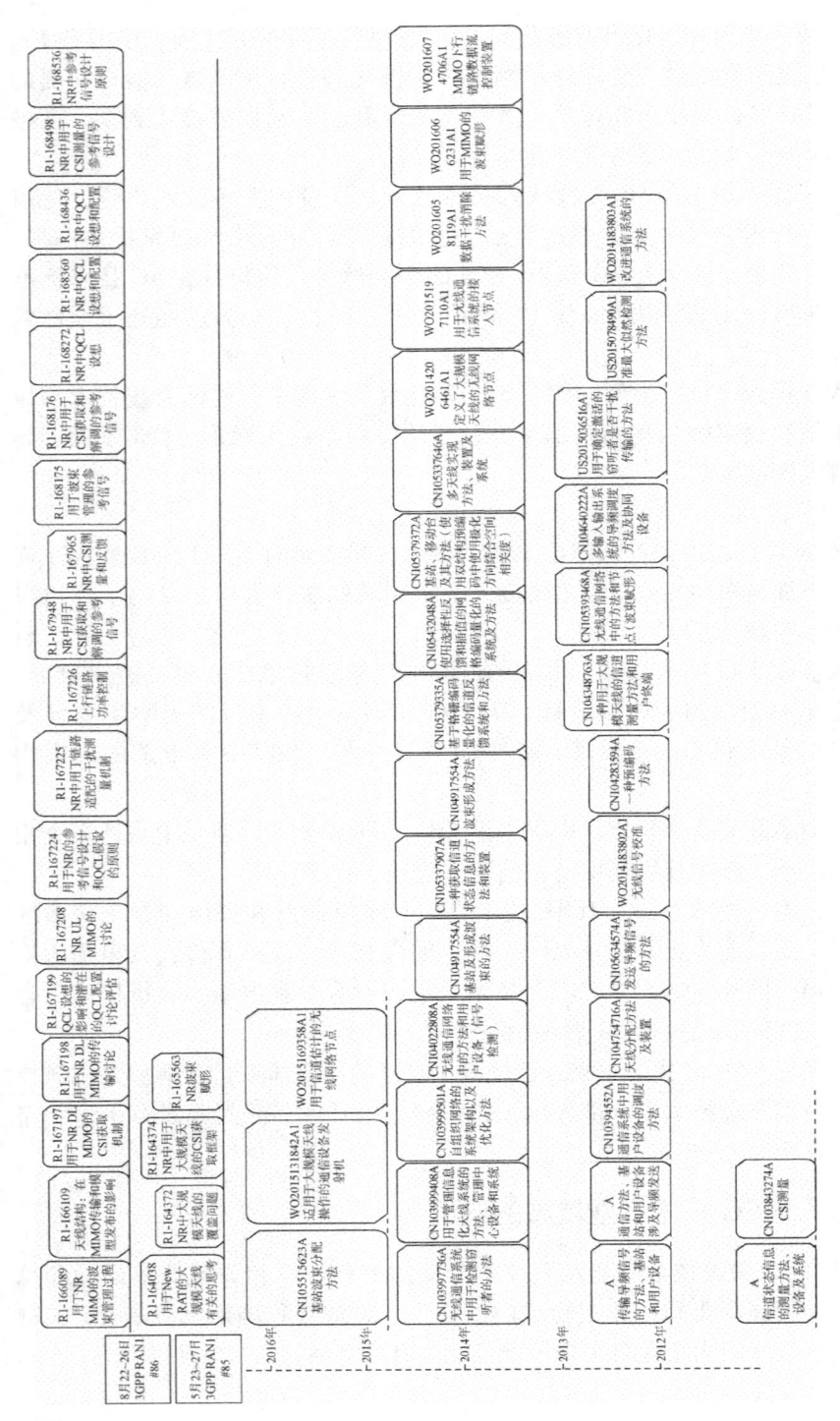

图 3-12 华为在大规模天线技术领域的专利申请和提案

3 第五代移动通信（5G）关键技术

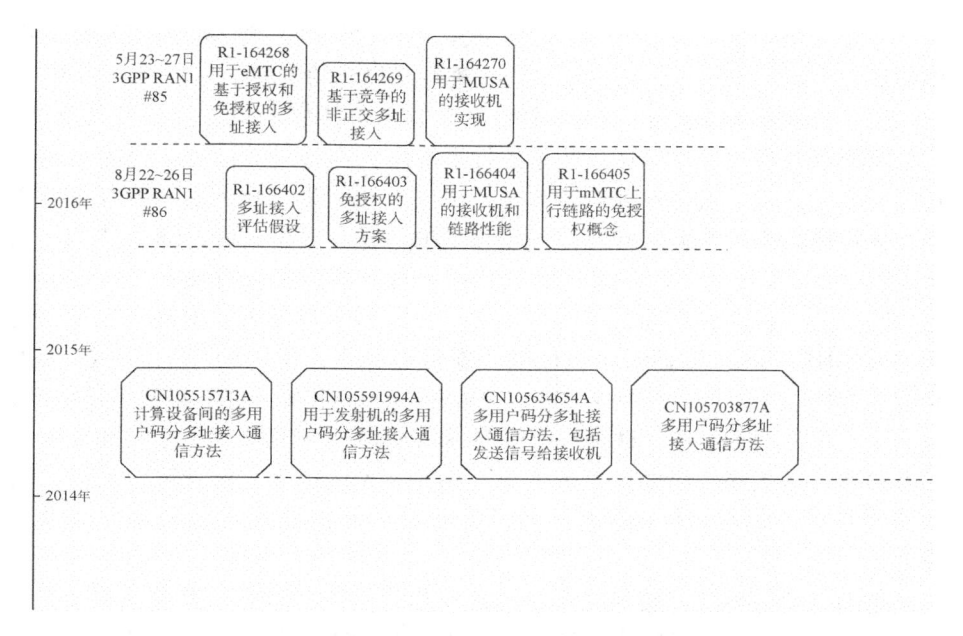

图3-13　中兴在新型多址技术领域的专利申请和提案关系

在国家层面的扶持下，华为、中兴、大唐等企业非常重视对5G关键技术的前瞻性研究，并投入了大量的人力、物力和财力。经过前期研究，我国企业已经在重点技术领域如大规模天线技术、新型多址接入、新型多载波等技术领域的研究中取得了阶段性突破，奠定了我国在国际上的领先地位。当然，国外通信巨头高通、爱立信、NTT DoCoMo等企业也不甘示弱，纷纷在技术研发及专利布局上展开较量，着力于打造统一的行业标准。

得益于近十年来在3G和4G技术领域的厚积薄发，中国企业当前在5G技术领域的技术、频谱、标准、知识产权，以及国际合作等方面取得重大进展，要充分利用原有产业基础，实现在5G时代"技术—标准—产业"的整体性突破，仍挑战重重，中国通信企业如何应对可能到来的复杂局面，下面提供几点启示。

1. 加强研发合作，共同突破关键技术

随着移动通信产业的发展，我国已经逐步建立了具有国际竞争力的移动通信产业链，尤其是华为、中兴、大唐等企业在移动通信系统设备、终端和芯片方面已进入世界前列。为了实现在5G技术上的引领，我国企业投入了大量的人力、物力和财力用于5G关键技术的研发。华为早已提出未来三年研发投入6亿美元。中兴也宣布，在5G技术方面未来将从三年投2亿欧元提高为3亿欧元。不仅如此，为了加强5G技术领域的基础创新突破，华为、中兴等正在全球设立研发中心。相较于日、韩、欧、美等国家/地区而言，我国的研发力量不够集中，研发水平仍有进一步提升的空间。

关于大规模天线技术，目前主要研究方向包括信道状态信息及其反馈、波束赋形以及导频设计。在该技术的标准提案方面，爱立信和华为的提案数量明显多于高通，而在专利申请方面，中国企业华为比较突出，可以看出华为在大规模天线技术上的研究处于较领先的地位。对于高频段通信技术，毫米波将会是5G技术实现高速传输的关键。对于新型多载波技术，尚处于百家争鸣状态，目前，高通、华为、爱立信、阿尔卡特朗讯、中兴、三星、法国电信、NTT DoCoMo涉及该技术的提案数量较多，国内的华为和中兴两家企业主导的技术不同，分别是F-OFDM和FB-OFDM。对于新型多址技术，较为引人关注的方案中，SCMA、MUSA和PDMA分别由华为、中兴和大唐研发和提出，这3家公司也提出了数十个相关技术的提案。由此可以看出，国内企业在5G关键技术上各有优势，都有自己倾向的技术，研究方向少有重合。

然而，通信标准在制定过程往往需要均衡各方的利益，从华为在5G短码标准上获得突破一事就能充分体现，这种选择明显是产业利益博弈的需要，一方面，避免高通一家独大，另一方面，如果美国企业将长码和短码一起收入囊中，那么我国将别无选择，凭借着国内庞大的市场和海量的用户，以及我们国家自主创新的意志和力度，肯定会选择其他技术另起炉灶。

为了能够让我国企业在5G技术标准的制定上占据优势，获得话语权，我国企业之间应当加强交流合作，共享研发资源。这样的企业合作在3G、4G时代就有先例，大唐代表中国推动TD-SCDMA和TD-LTE分别成为国际3G、4G技术标准立下汗马功劳，为了推动TD-SCDMA产业的发展，免费向国内企业共享了其拥有的TD-SCDMA专利，要推动TD-LTE继续演进到5G时代，大唐拥有的TD核心专利将发挥极其重要的作用。

企业间的合作可以从不同的角度对5G关键技术进行突破和完善，重点突破高频段通信中的毫米波技术以及密集组网中的低功耗技术；在新型多址技术上，加快推进我国所提出多址技术的标准化，避免落入高通所主推的RSMA技术的专利布局中；在新型多载波技术上，华为和中兴两家企业主导的技术不同，通过研发合作，进行技术上的突破和完善，提高我国企业所主导的技术被标准采纳的概率；在全双工技术上，如何解决自干扰问题，仍然需要突破。

通过研发合作，共同突破关键技术，同时提高我国企业的技术被通信标准采纳的概率，保持我国企业在国际舞台上的竞争能力。在加强国内企业间的交流和合作的同时，还要积极借鉴国际先进技术，避免形成自我封闭的技术体系,并继续发挥政府在重大科研项目中的牵引作用。

2. 开展专利布局,完善风险预案

2015年2月9日,国家发改委针对美国高通的垄断行为作出行政处罚,其核心问题涉及高通的专利收费问题。创纪录的60亿元罚单让中国通信产业对于无形专利的价值有了更加直接的感受。以前关注的是要做好技术、做好产品、做好市场营销,现在更要做好专利,这已经成为产业界整体的共识。

中国通信产业在未来的5G时代如何布局专利,LTE技术的发展历程可以提供参考和经验,LTE技术从立项到牌照发放经过了10年的时间,而早在2005年7月就有涉及LTE技术的中国专利申请出现,该专利由北京三星通信技术研究有限公司和三星电子株式会社联合申请,从如此快速的反应中可以看到,国外通信巨头通过专利抢占产业竞争制高点的竞争策略。

目前我国企业在大规模天线、新型多载波、新型多址和全双工领域都提交了大量专利申请。在5G技术开局的时候,国内通信企业已经充分重视,深度介入标准的制定和形成过程,并在提交标准提案的同时进行相关内容的专利申请,做好各个标准潜在技术的提前布局,在进行布局时尽可能做到全面,不留空白,例如,目前对UFMC和GFDM这两种候选新型多载波技术,国内企业尚未进行专利布局。另外,可通过加强知识产权国际布局,将5G技术优势最终转化成市场优势。

尽管我国企业在4G时代的专利申请量和标准必要专利占比都出现了明显提升,但是多数国内终端厂商的海外专利布局与国外通信企业相比还存在较大差距,这使得我国企业在开拓海外市场时仍面临较大的专利诉讼风险。通过借鉴4G时代的经验来开展建立5G时代的企业专利风险预案,笔者从专利情报分析的角度为我国企业提供几点启示。

(1) 关注移动通信领域活跃的专利持有公司的专利储备情况,包括Adaptix、Wi–LAN、Blue Spike、Inter digital、RPX和Unwired Planet等公司,跟踪这些公司最新专利储备情况。

(2) 关注重点通信企业的专利流向,包括爱立信、诺基亚、三星、高通等公司的专利权属转移信息,关注这些公司自身成立的专利授权管理公司以及合作的专利授权管理公司的知识产权状况。

(3) 分析重点企业在5G关键技术上的专利布局情况,重点企业在4G技术细分领域布局各有侧重,建议国内企业在各个细分领域开展技术研发和专利布局时针对竞争对手开展专利分析。

(4) 关注LTE – Avanced Pro关键技术,沿着4G演进路线提早布局专利,通信专利基础薄弱的企业可收购一批标准必要专利以增强专利防御力。

(5) 分析诉讼案件及风险专利,及时跟踪和分析在美国、欧洲、印度等国家/地区已发生或进行中的专利纠纷案件，及早关注涉案专利以及涉案专利在其他国家/地区的同族专利。

3. 借鉴4G技术标准经验，实现合作共赢

自5G技术诞生以来，关于5G技术究竟是一项革命性的工程，还是革新，一直都是"仁者见仁，智者见智"，产生这种现象的根本原因在于产业链中不同阶段对5G技术的需求不尽相同。有的企业仅仅用5G技术来实现回传功能，那么5G技术只需具备高吞吐率特征即可；有的运营商则要实现增强现实、超高清视频、车联网等应用场景，意味着5G技术不仅要有极低的延迟，还要具备高速率、多连接数等特征。特别是在标准未定之际，各个组织和各个设备商都在围绕自己的需求和理解进行产品的研发，难免会出现碎片化的现象。

中国要在5G技术标准制定中赢得优势，需要吸取4G标准制定中美国英特尔和高通之间相互竞争的教训，避免国内产业内耗，跟上欧洲的脚步，集合国内的通信产业力量，积极参与到5G技术标准制定中去。此外，国内企业应有针对性地与国外重点通信企业或研究机构加强合作，增强技术研发实力。通过合作，国内企业不仅可以加强自主创新和专利储备，还可以通过专利交叉许可和授权，增强进军全球市场的能力。比如，华为目前已经在全球多个国家设立了研发中心，并与当地研究机构开展合作，目的就是加强新兴技术的基础创新能力。通过合作还能够获得多方的支持，增加我国企业所主导的技术进入标准的可能性，实现合作共赢。

4

核电安全关键技术[1]

核电作为清洁、高效、优质的绿色能源，具有广阔的应用前景，其安全性也备受世界关注。2006年，我国确立积极发展核电能源战略，将"大型先进压水堆及高温气冷堆核电站"列入《国家中长期科学和技术发展规划纲要（2006—2020年）》十大重大专项之一，极大地促进了我国核电产业和核电市场的发展。我国是在建核电站最多的国家，核电市场发展迅速。

核燃料技术是实现核电安全性和经济性的关键技术，也是我国核电技术"走出去"的薄弱环节。近三十年来，高性能燃料组件的研制一直是全球压水堆燃料元件的研究重点；2011年福岛核事故以后，ATF事故容错燃料成为后福岛时代国际燃料界新的研究方向。整体上，我国面临高性能核燃料技术创新尚待进一步深化，新兴的ATF事故容错燃料技术的研发尚处于起步阶

---

[1] 本章节选自2016年度国家知识产权局专利分析和预警项目《核电安全关键技术——高效安全核燃料专利分析和预警研究报告》。
（1）项目课题组负责人：崔伯雄、陈燕。
（2）项目课题组组长：杜江峰、孙全亮。
（3）项目课题组副组长：刘庆琳。
（4）项目课题组成员：孙勐、彭齐治、张晶、王伟宁、支辛辛、王瑞阳。
（5）政策研究指导：孟海燕。
（6）研究组织与质量控制：崔伯雄、陈燕、杜江峰、孙全亮。
（7）项目研究报告主要撰稿人：杜江峰、孙勐、王伟宁、彭齐治、张晶、支辛辛、刘庆琳、王瑞阳。
（8）主要统稿人：杜江峰、彭齐治、刘庆琳。
（9）审稿人：崔伯雄、陈燕。
（10）课题秘书：刘庆琳。
（11）本章执笔人：杜江峰、刘庆琳。

段,产业发展有待进一步协调,海外专利布局亟须完善等制约了我国核电技术可持续发展和核电技术"走出去"的关键问题。

本章内容力求准确把握全球高性能核燃料创新全景、主要创新主体专利布局策略、海外专利布局策略比较、ATF事故容错燃料技术路线研究,深入分析高性能核燃料发展前景和国内高性能核燃料产业发展机会和风险(风险略),揭示和预测我国发展ATF事故容错燃料的研发方向,为进一步完善国内高效安全核燃料产业发展提供政策建议和参考。

4.1 核燃料技术成为核电安全技术的研发焦点

全球核燃料产业和核电市场发展迅速。20世纪80年代以来,世界主要核电大国及其主要核电企业一直致力于研究和发展满足美国用户要求文件(URD)或欧洲用户要求(EUR)的先进压水堆及其高性能燃料组件,以适应核电在经济性、安全性方面不断提出的更高要求。日本福岛核事故后,全世界更加关注核安全,对核电安全也提出了更高要求。

1. 高性能核燃料组件热度不减

压水堆是应用最广泛、发展最成熟的商业核电站堆型。压水堆使用的燃料在设计上经历了许多变化。从包壳材料来看,包括不锈钢包壳燃料、锆-4合金包壳燃料、锆铌合金包壳燃料;从核燃料性能来看,分为通用燃料元件、高性能燃料元件以及未来的ATF事故容错燃料等阶段。近三十年来,高性能燃料组件研制一直是全球压水堆核燃料元件的研究重点。

美国西屋是高性能核燃料研究的先行者。西屋压水堆燃料的演变进程如表4-1所示。在1980年之前,西屋已经开发了六代压水堆燃料组件,形成了17×17型SFA标准型燃料组件的主流标准产品。在此基础上,西屋又陆续开发了一系列新型燃料组件产品。法国在引进西屋压水堆和SFA燃料组件技术基础上,经过进一步技术改进和创新,形成了具有自身特色的核燃料体系。法国侧重于整体燃料循环技术发展,美国侧重于前端技术发展。

表4-1 美国西屋PWR燃料的演变

年份	型号	形式	特点	设计燃耗
1968	—	15×15	InconelZr-4包壳	33GW.d/tU
1973	SFA	17×17	标准燃料棒	33GW.d/tU
1977	OFA	17×17	优化燃料棒 Zr-4格架	36GW.d/tU
1983	Vantage 5	17×17	可拆上管座轴向分区 IFM、IFBA	45GW.d/tU
1987	Vantage 5H	17×17	低阻Zr-4格架 底部滤网	48GW.d/tU

续表

年份	型号	形式	特点	设计燃耗
1989	Vantage +	17×17	ZIRLO 组件改进 环形轴向再生段	50GW. d/tU
1992	Performance +	17×17	底部保护格架 棒端部镀层	55GW. d/tU
1997	Performance + 2	17×17	格架改进	60GW. d/tU
2001	Performance + 3 （ROBUST）	17×17	格架改进	60GW. d/tU

西屋、阿海珐是全球压水堆燃料元件研发的技术领先者，引领着燃料元件技术研发潮流和趋势。尽管我国在引进法国 EPR 和美国 AP1000 核电技术的基础上，经过创新形成具有自主知识产权的"华龙一号"核电品牌，努力以核电"走出去"支撑"一带一路"倡议的实施。但是整体上，我国高性能核燃料技术研发起步晚、市场需求大，海外专利布局尚待进一步完善和强化。

2. ATF 事故容错燃料技术竞争方兴未艾

2011 年 3 月的日本福岛核事故表明，轻水堆在全长断电等严重事故工况下，UO_2-Zr 体系的核燃料存在致命缺陷。福岛核事故后，如何提高核电站预防和缓解严重事故的能力，特别是提高核燃料元件在严重事故工况下的性能，有效降低事故后果，已成为美、法、日、韩等核电强国关注焦点。

在美国能源部和经合组织核能署联合推动下，目前，ATF 研究已成为后福岛时代国际燃料界新的研究方向，其主要目标是设计出在设计基准事故（DBA）和超设计基准事故（BDBA）工况下能够抵御高温、一定时间内可防止裂变气体释放、可燃气体产生量在容许范围内、保持堆芯可冷却能力的高性能燃料系统，从而减小反应堆发生放射性物质泄漏的概率、缓解严重事故后果、进一步提高反应堆的安全性。

4.2 高性能核燃料全球竞争专利格局

截至 2016 年 9 月 7 日，高性能核燃料全球专利申请为 11442 件（合计同族专利为 4179 项）。从高性能核燃料的全球专利申请状况分析（见表 4-2），日、美、俄、韩、法、中等国是全球高性能核燃料的重要市场（占 49.6%）和技术原创区域（占 89.8%）；高性能核燃料技术研发主要集中于芯块（20%）、格架（19%）、燃料组件整体（18%）等技术领域；由于高性能核燃料技术门槛高、技术集中程度高，核心专利技术主要集中于原子燃料工业株式会社（10.6%）、三菱（9.6%）、东芝（7.9%）、西屋（7.3%）、阿海珐（7.3%）等技术创新主体。尤其是日本公司，无论是从涉足高性能核燃料技术研发的企业数量，还是专利申请量来看，都占据较大的领先优势。

表4-2 高性能核燃料全球专利申请情况

总申请量	同族专利：4179 项　专利总量：11442 件	
时间范围	1985~2016 年	
申请量峰值	1985 年 [276 项]	
主要申请人	日本原子燃料工业 [444 项，10.6%] 三菱 [403 项，9.6%] 东芝 [329 项，7.9%] 西屋 [305 项，7.3%] 阿海珐 [304 项，7.3%]	
技术集中度	前 5 位申请人的申请量占总申请量的 42.71% 前 10 位申请人的申请量占总申请量的 70.71%	
主要国家/地区	重要市场 （按申请量计算）	技术来源地 （按优先权计算）
	日本 [2659 件，23.24%] 美国 [1125 件，9.83%] 欧洲 [804 件，7.03%] 德国 [660 件，5.77%] 韩国 [555 件，4.85%] 俄罗斯 [521 件，4.55%] 中国 [465 件，4.06%]	日本 [1938 项，46.37%] 美国 [644 项，15.41%] 俄罗斯 [436 项，10.43%] 韩国 [271 项，6.48%] 法国 [258 项，6.17%] 中国 [205 项，4.91%] 德国 [187 项，4.47%]

1. 高性能核燃料领域技术成熟、专利竞争激烈

自 1985 年以来，高性能核燃料领域专利申请总体保持稳定发展趋势。1985~1994 年，年专利申请量基本保持在 500 件左右；2000 年以后，由于主要技术成熟，技术研发不活跃，专利申请量在发展中有所下降。

专利申请的同族专利数量在某种程度上可以反映该项专利技术的市场和技术价值。2000 年之前，高性能核燃料技术领域的每项专利申请，其平均同族专利数量为 3 项左右，到了 2004 年以后则上升到 4.25 项，表明该领域专利技术竞争激烈，申请人重视全球专利布局。随着技术的成熟，该领域的专利价值越高、市场竞争会更加激烈，各主要核电大国的国际巨头比较注重相关专利的全球布局。同时，20 世纪末期世界各主要核电公司为了增强核电市场竞争力，进行了大规模的联盟重组，促进了全球核电事业的发展（见图 4-1）。

2. 美、法、日申请趋缓，俄、韩、中申请崛起

随着高性能核燃料产业技术的发展变化，2000 年前后，美、日两大技术

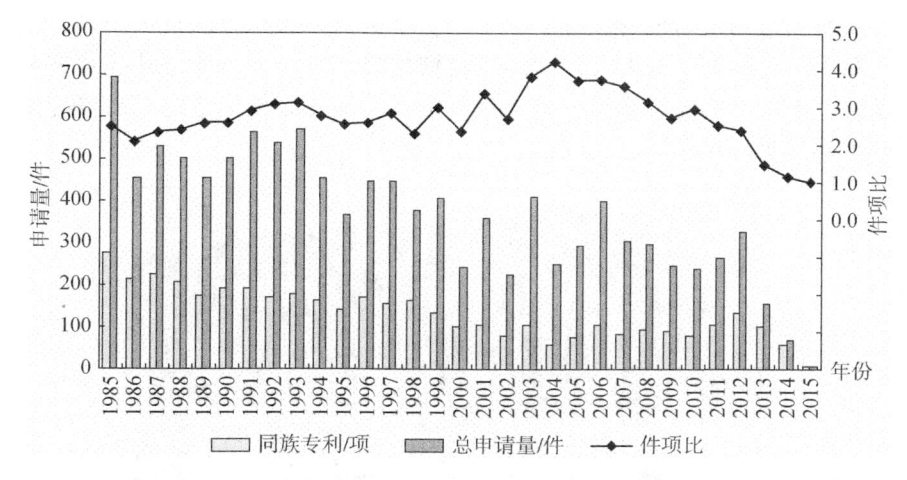

图 4-1　高性能核燃料领域全球专利申请量变化趋势及件项比

原创国的技术研发有所放缓、专利申请量快速萎缩，法国情况稍好，基本保持稳定持续的发展态势。

与此相反，在高性能核燃料领域中，技术研发薄弱的俄罗斯、韩国和中国的技术研发呈现加速态势。2005 年，这三个国家的申请量逐年递增，呈快速发展态势。尤其是韩国与我国技术创新主体形成比较明显的竞争态势，值得关注（见图 4-2）。

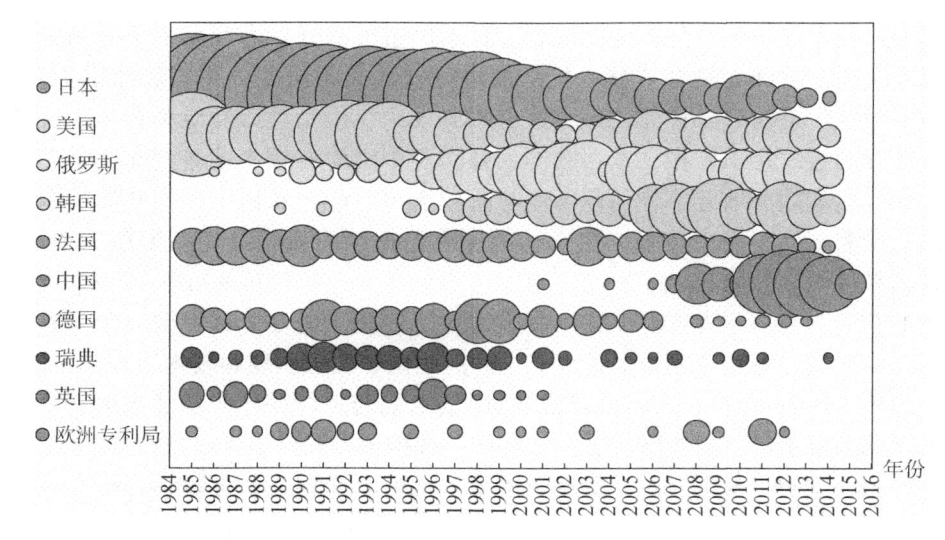

图 4-2　高性能核燃料技术全球技术来源地专利申请量变化趋势

注：图中圆圈大小表示申请量多少。

从专利市场布局来看，日本、美国、欧洲是全球主要的目标市场，尤其日本和美国是各国申请人密切关注的目标市场。近年来，随着核燃料产业快速发展，中国市场地位增强，日本、美国、欧洲地区比重下降，市场控制力逐渐削弱（见图4-3）。

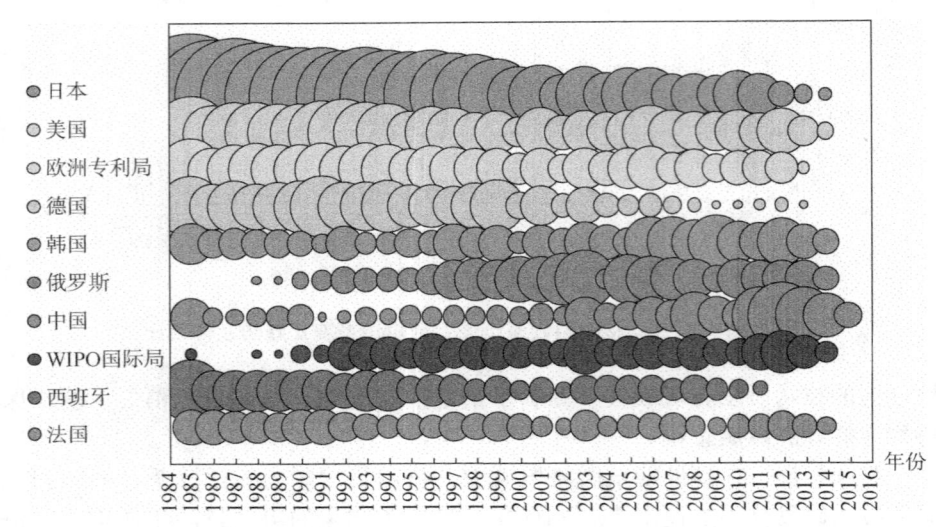

图4-3 高性能核燃料技术全球主要目标市场专利申请量变化趋势

注：图中圆圈大小表示申请量多少。

从技术来源地的分布情况来看，日本侧重于防守，专利集中于本国国内以及美国、欧洲等具有核技术优势的地区，欧洲布局尤以德国和法国为主；美国侧重于进攻，尽管美国专利数量相对较少，但是其海外专利布局明显具有较强的进攻意识，在日本、欧洲、韩国及中国均有较多的专利布局，尤其是在日本和欧洲地区，专利竞争优势比较突出；法国和德国作为欧洲核电大国，专利布局意识比较强，在全球范围内均比较注重相关专利申请的布局；韩国是核电领域后起之秀，除注重本国申请外，还比较注重在美国和中国市场的布局，也一定程度上反映出其发展核燃料技术的实力；中国专利基本上在国内申请，海外专利布局较少。这固然是由于我国核燃料技术研究起步晚、关键技术研发有待突破，也体现出我国技术创新主体海外专利意识薄弱、专利布局经验不足。亟须借鉴美国、法国、韩国等专利申请和海外布局的经验，在美国、欧洲、韩国等几大重点技术来源地及未来潜在目标市场进行专利布局（见表4-3）。

表 4-3 高性能核燃料技术全球技术来源地的分布情况　　单位：件

布局 来源	日本	美国	欧洲 专利局	德国	韩国	俄罗斯	中国	西班牙	法国
日本	1930	109	54	51	8	2	10	4	35
美国	399	592	347	189	156	15	64	219	22
法国	152	175	168	130	65	51	108	97	252
德国	51	49	66	173	22	10	15	41	2
瑞典	43	56	55	57	10	1	1	34	7
英国	30	28	31	17	9	2	5	12	4
欧洲 专利局	26	26	45	25	10	3	14	23	2
韩国	18	68	10	7	268	0	29	0	20
俄罗斯	4	7	15	3	3	427	11	2	0

3. 各技术分支分布比较均衡，结构设计受到重视

高性能核燃料技术的包壳、芯块、燃料棒整体、格架、管座、燃料组件整体等技术分支专利申请相对均衡。其中，芯块（835 项，20%）、格架（811 项，19%）、燃料组件整体（771 项，18%）分居前 3 位。与高性能核燃料技术的结构设计相关的燃料棒整体、格架、管座、燃料组件整体（2572 项，61%），受到各个技术创新主体的充分重视（见图 4-4）。

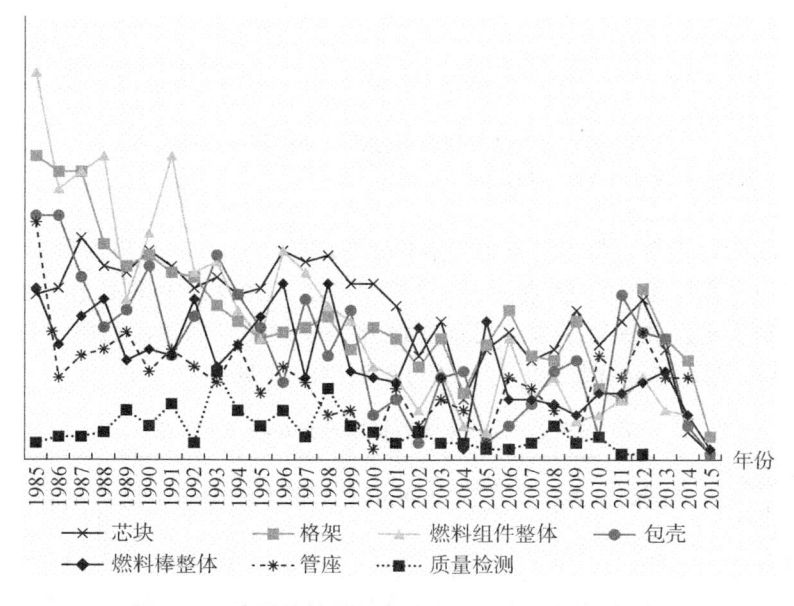

图 4-4　高性能核燃料各技术分支专利申请量分布

从趋势可以看出，芯块和格架技术分支一直是高性能核燃料的主要研究方向，仍处在技术成长阶段；燃料组件整体、包壳、燃料棒整体和管座研究最活跃的时期基本是在 2000 年之前，之后波动非常大，这些技术分支可能存在技术瓶颈，每一次技术上的突破都会带动申请量的提高。

4. 日本、美国、欧洲控制高性能核燃料领域各技术分支的专利布局

日本、美国、欧洲在高性能核燃料领域所有技术分支的专利申请数量均占绝对主导地位，控制了该领域专利布局的格局，主导未来的发展方向，后进入者要警惕先行企业已经构建的专利壁垒。虽然中国申请整体数量不占优势，但是在格架、包壳和管座技术分支的申请数量已经可以排在世界前列，在芯块和燃料组件整体技术分支的研究水平和发达国家仍有一定差距，表明中国在相关技术领域专利布局仍需加强（见图 4-5）。

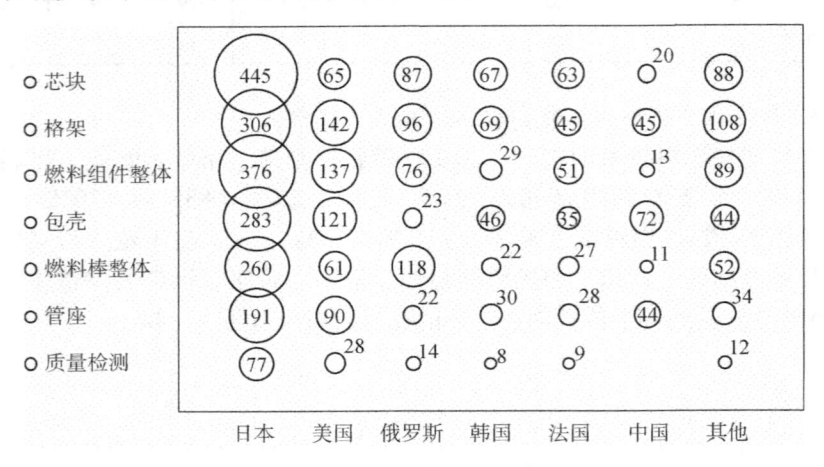

图 4-5　高性能核燃料各技术分支来源地申请分布

注：圈内数字表示申请量，单位为件。

高性能核燃料各技术分支的专利申请在日本、美国的布局数量都非常大。相对来说，在中国进行专利布局的数量少得多，这也给中国本土企业的高性能核燃料技术发展保留了很多可能。此外，在欧洲专利局、德国和俄罗斯等国家/地区的专利布局数量仍有大量可拓展空间（见表 4-4）。

表 4-4　高性能核燃料技术分支专利布局区域　　单位：件

布局国家 技术主题	日本	美国	欧洲专利局	德国	韩国	俄罗斯	中国	西班牙	法国
格架	456	267	182	172	147	105	112	113	69
芯块	557	155	129	95	99	127	65	45	81

续表

布局国家 技术主题	日本	美国	欧洲专利局	德国	韩国	俄罗斯	中国	西班牙	法国
燃料组件整体	500	211	130	131	74	83	52	87	74
包壳	424	198	148	116	114	36	118	63	45
管座	281	148	101	71	64	28	80	77	32
燃料棒整体	332	105	83	57	41	126	34	40	34
质量检测	109	41	31	18	16	16	4	14	11
总计	2659	1125	804	660	555	521	465	439	346

5. 日本企业整体研发实力强，近年韩国原子力研发活跃

对各技术创新主体从全球排名、阶段变化、目标区域、技术倾向等角度进行分析，日本公司无论是企业数量还是申请量都排在前列，原子燃料工业株式会社、三菱和东芝分别以444项、403项和329项专利申请占据前3位。西屋、阿海珐以300余项专利技术紧随其后。中广核集团、中核集团仅有70余项专利申请，专利申请量少，与全球老牌核电跨国企业相比尚有差距（见图4-6）。

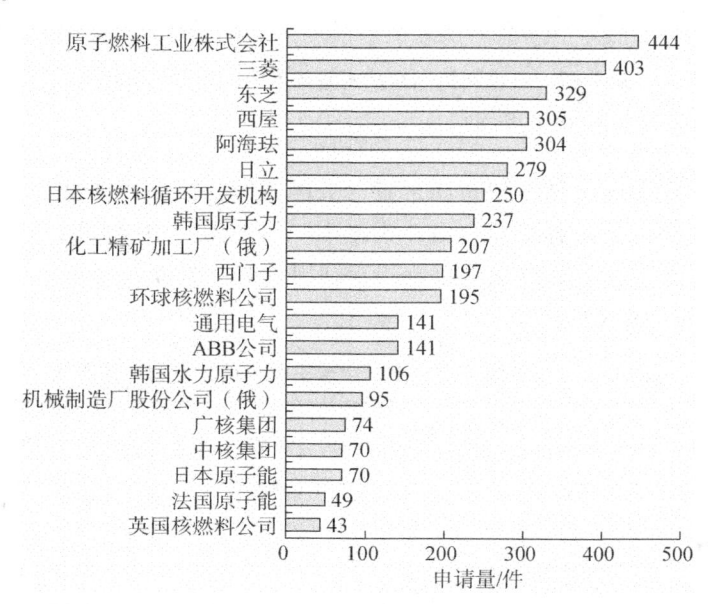

申请人	申请量/件
原子燃料工业株式会社	444
三菱	403
东芝	329
西屋	305
阿海珐	304
日立	279
日本核燃料循环开发机构	250
韩国原子力	237
化工精矿加工厂（俄）	207
西门子	197
环球核燃料公司	195
通用电气	141
ABB公司	141
韩国水力原子力	106
机械制造厂股份公司（俄）	95
广核集团	74
中核集团	70
日本原子能	70
法国原子能	49
英国核燃料公司	43

图4-6 高性能核燃料技术全球范围前20位专利申请人排名

从阶段性变化角度来看，日本公司的专利技术主要形成于20世纪90年

代。2000年以后，日本企业研发投入不足、技术研发不活跃；美国西屋、法国阿海珐申请量相对而言比较稳定，在高性能核燃料领域占据主导地位，是我国企业亟待突破的竞争对手；韩国原子力专利申请持续增长，技术研发活跃，是不容忽视的后起之秀，其发展模式和成功经验非常值得我国企业借鉴（见图4-7）。

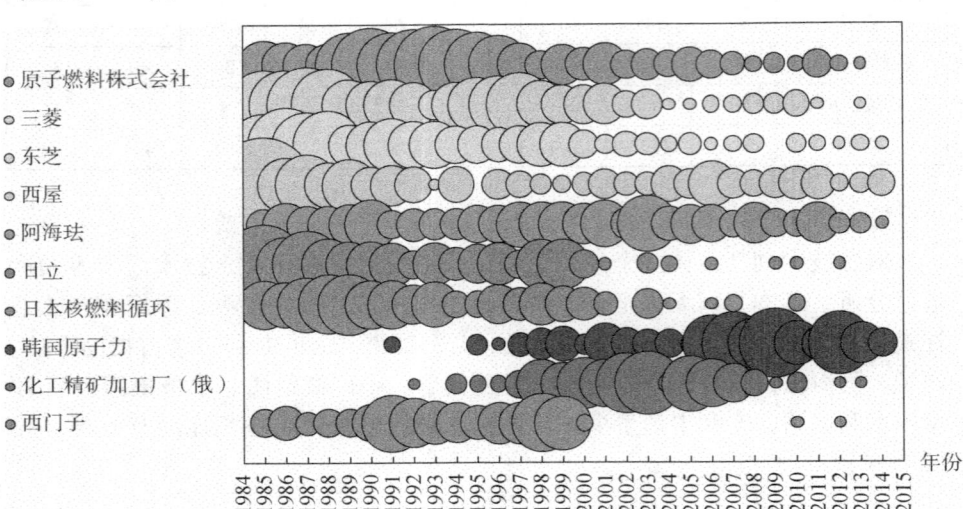

图4-7 高性能核燃料技术重要申请人专利申请趋势

注：图中圆圈大小表示申请量多少。

从核电企业的全球专利布局来看，美国西屋、法国阿海珐、韩国原子力在全球各目标市场专利布局全面；我国中广核集团、中核集团海外专利布局有待加强，亟须借鉴跨国核电企业的专利申请和海外布局经验，为核电"走出去"保驾护航（见表4-5）。

表4-5 高性能核燃料技术全球主要申请人专利申请布局 单位：件

申请人	日本	美国	欧洲专利局	德国	韩国	俄罗斯	中国	西班牙	法国	合计*
原子燃料工业株式会社	440	4	4	0	1	0	1	0	2	444
三菱	397	62	30	26	7	1	9	4	24	403
东芝	329	19	3	8	0	0	0	0	5	329
西屋	226	279	179	108	90	13	47	152	23	305
阿海珐	182	215	212	176	101	48	130	135	203	304

续表

申请人	日本	美国	欧洲专利局	德国	韩国	俄罗斯	中国	西班牙	法国	合计*
日立	278	18	11	9	1	0	1	0	1	279
韩国原子力	17	67	9	7	232	1	27	0	20	237
西门子	86	79	96	162	40	10	2	56	1	197
通用电气	113	126	85	55	3	2	1	50	0	141
ABB公司	30	102	58	58	31	0	1	28	7	141
中广核集团	0	2	1	0	0	0	74	0	2	74
中核集团	0	2	1	0	0	0	70	0	1	70
法国原子能	30	25	28	21	6	11	10	8	47	49

* 合计项专利数量按同族专利统计，单位为项。

4.3 高性能核燃料中国专利竞争格局

1. 国内高性能核燃料技术研发快速增强

2007年之前，高性能核燃料以国外来华专利申请为主，国内核电企业技术创新能力、专利意识明显不足；2008年以后，国内高性能核燃料研究态势活跃，专利申请快速增长；国外来华专利申请发展缓慢，其专利申请量明显少于国内申请，以防御性专利布局为主（见图4-8）。

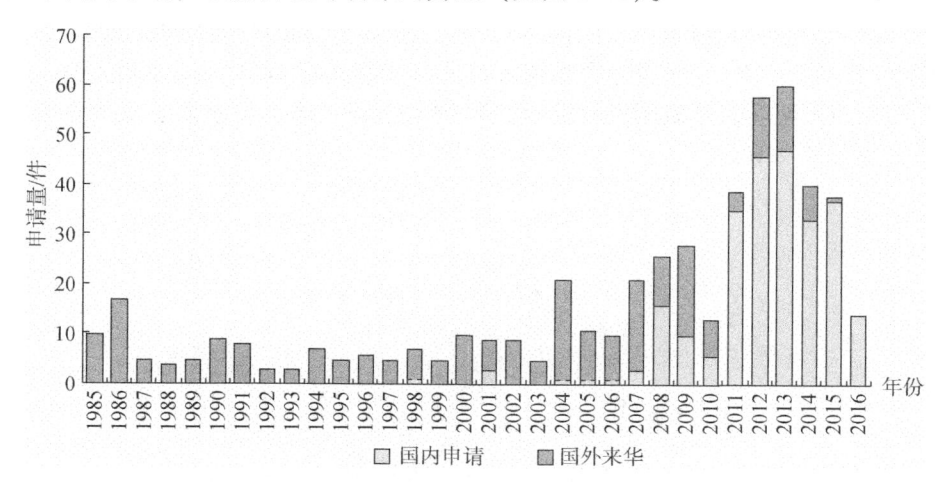

图4-8 高性能核燃料技术国内和国外来华专利申请变化

国外来华专利申请数量少、质量高、专利布局意图明显。国外来华专利申请257件，其中，发明专利申请为136件和国际PCT申请为120件，尤其是 2000 年以后，国外来华专利申请全部是以 PCT 国际申请的方式进入中国，说明国外核电企业具有较强的专利布局意识和能力。在 254 件国内专利申请中，相对来说，创造性较低的实用新型专利有 74 件；在创造性较高的 178 件发明专利申请中，有相当数量的专利属于非核心的辅助性技术（见图 4-9）。

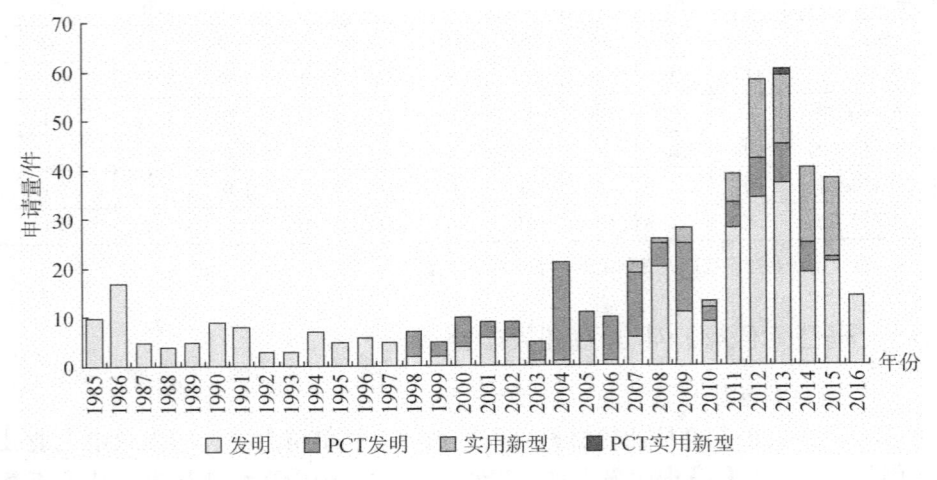

图 4-9 高性能核燃料技术中国专利申请类型趋势

2. 法国占据国外来华申请半壁江山

国外来华专利申请中，法国（119 件，46%）、美国（59 件，23%）、韩国（29 件，11%）。三国专利总和占国外来华总量的 80%，技术实力强、专利布局意图明显，是我国高性能核燃料技术创新主体必须重点防范的竞争对手（见图 4-10）。

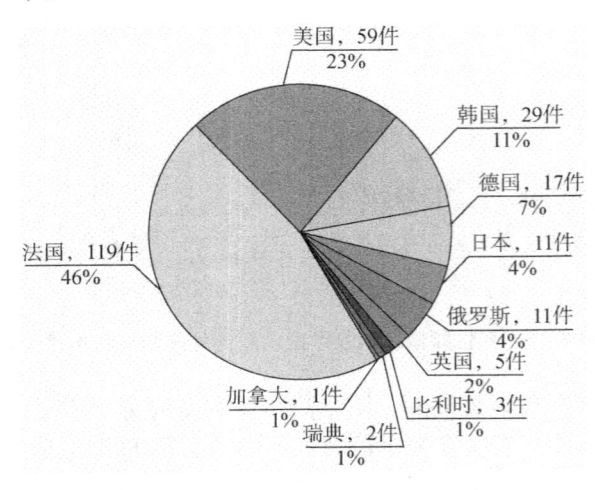

图 4-10 高性能核燃料国外来华专利申请分布

3. 专利布局集中于包壳和格架

从中国专利申请涉及的技术领域来看，包壳专利申请（137件，占27%）、格架专利申请（118件，占23%）、管座专利申请（86件，占17%）和芯块专利申请（81件，占16%）是各技术创新主体重点关注的技术。从中国专利申请与全球专利申请的技术分支比较中不难发现，中国专利申请中，涉及包壳、管座的比例偏高；燃料组件整体、芯块比例偏低。在一定程度上表明了我国创新主体基于技术研发实力，目前还是以改进型专利技术为主，国外企业重视对中国企业技术研发的专利设置壁垒，重点围绕国内企业研发活跃的包壳等技术进行专利布局，值得国内企业关注和重视（见图4-11）。

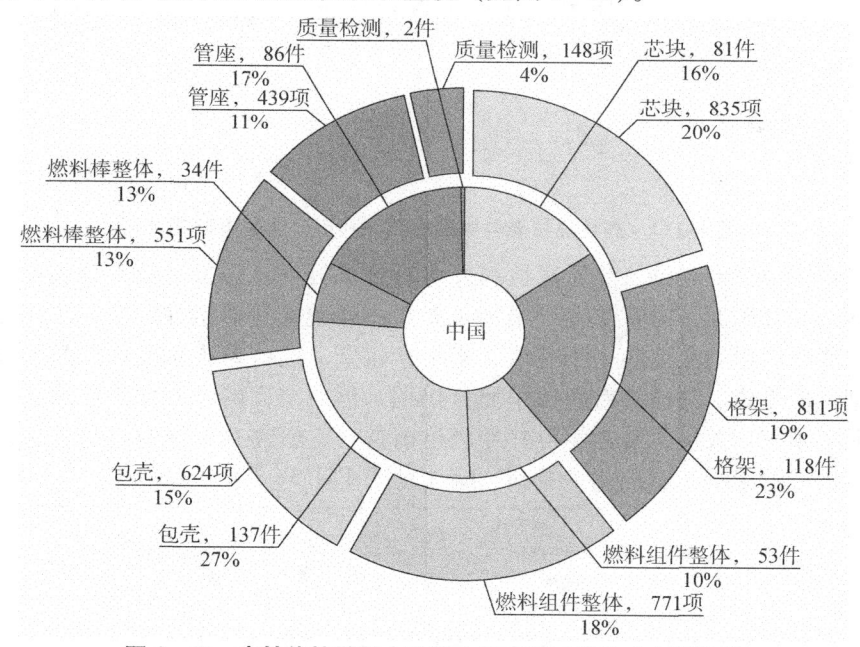

图4-11 高性能核燃料全球和中国专利申请技术主题比较

注：内圈环表示中国技术分布，外环表示全球技术分布。

4. 专利集中度高，阿海珐优势突出

从中国专利申请的主要申请人排名来看，法国阿海珐有125件、中核集团有103件、中广核集团有77件、美国西屋有48件、国家核电有33件，前5位申请人的申请量之和占75.5%。此外，韩国原子力（28件）、上海大学（20件）、法国原子能（13件）等公司和科研机构紧随其后。阿海珐以125件（占24.5%）的优势，在中国高性能核燃料市场占据领先位置（见图4-12）。

在中国具有专利影响力的外国企业是法国阿海珐、美国西屋、韩国原子力和法国原子能4家企业。法国阿海珐在华各技术分支专利申请都稳居第一；

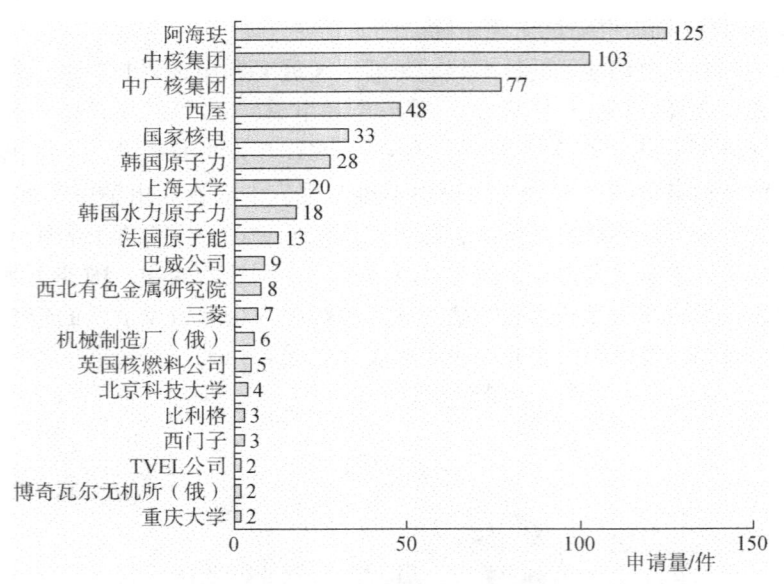

前沿技术领域专利竞争格局与趋势（Ⅳ）

申请人	申请量/件
阿海珐	125
中核集团	103
中广核集团	77
西屋	48
国家核电	33
韩国原子力	28
上海大学	20
韩国水力原子力	18
法国原子能	13
巴威公司	9
西北有色金属研究院	8
三菱	7
机械制造厂（俄）	6
英国核燃料公司	5
北京科技大学	4
比利格	3
西门子	3
TVEL公司	2
博奇瓦尔无机所（俄）	2
重庆大学	2

图 4-12　高性能核燃料中国主要专利申请人的申请量排名

西屋在华申请专利涉及除质量检测外所有技术分支，且每个技术分支专利布局均匀；韩国原子力在华专利申请主要集中在包壳、格架和芯块；法国原子能在华专利申请主要集中于芯块、格架和包壳。这些跨国企业最擅长通过逐级细化的方式对自己的专利技术充分挖掘，形成全面的专利保护网络。中国企业必须密切关注，努力学习其专利申请技巧，研究其布局对自身运营发展可能构成的影响，防控相关专利风险（见图 4-13）。

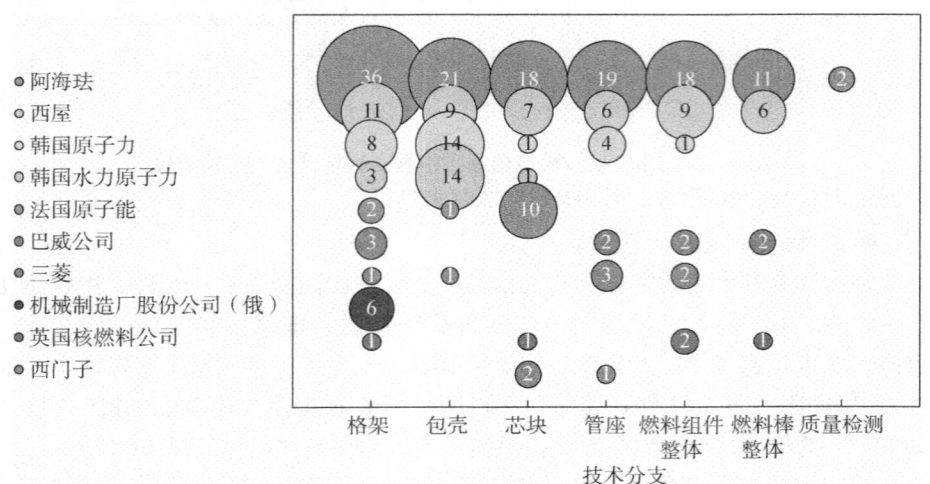

图 4-13　高性能核燃料国外主要申请人在华申请技术分支分布

注：圈内数字表示申请量，单位为件。

中核集团注重包壳、管座、格架技术领域的专利申请；中广核集团主要集中于格架和包壳技术分支；国家核电关注管座和格架技术分支的专利申请；上海大学在包壳技术领域专利申请较多。我国企业和科研院所需要进一步保持自己的专利优势，不断对自己的核心技术进行挖掘，不断提出针对现有技术中存在问题的改进方案。以形成专利组合，并基于"专利组合"规模优势和多样化优势，实现专利整体价值和竞争力的显著提升。

4.4 高性能核燃料主要技术体系专利布局策略比较

西屋和阿海珐作为全球最主要的高性能核燃料供应商，既是市场竞争的能手，也是专利布局的高手。

1. 西屋——高性能核燃料组件研究的先行者

核燃料组件的技术研发具有鲜明的渐进式发展特征，而包壳技术是其关键技术，核燃料相关的芯块、管座、格架等技术都是围绕现有的包壳技术进行配套研发，同时，包壳技术本身也在不断发展，使得追求核电更高的经济性、安全性成为可能。

西屋作为高性能核燃料组件研究的先行者，在围绕"包壳材料的研制和进化"这一高性能核燃料组件技术发展主线展开技术研发、不断优化锆合金性能的同时，着眼于国际竞争进行专利布局。一是完善制备技术布局，着眼应用技术布局；二是在成熟技术的基础上创新产品；三是持续改进核心成分配比，发掘更好的包壳材料技术路线，从而利用较小的专利成本获得全方位的保护（见图4-14）。

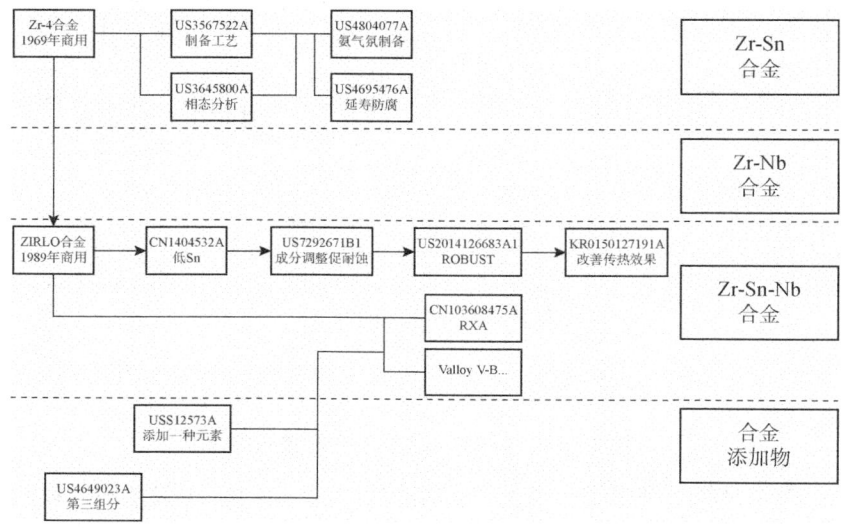

图4-14 西屋包壳材料专利技术路线

2. 阿海珐——后来居上的跟随者

阿海珐作为一个从西屋引进技术、技术上长期处于追赶状态的跟随者，经过长期的消化、吸收和技术创新，现在已经成为高性能核燃料领域后来居上的领导者，是西屋强大的竞争对手。

早期推出的 AFA 核燃料由于技术积累原因，包壳材料采用了由有近20年成熟商用经验的 Zr-4 合金。在此基础上，法国积极开展技术研发，通过优化 Zr-4 合金成分和制备工艺，研制出低锡 Zr-4 合金，成功应用于 AFA-2G 燃料组件；阿海珐跟随西屋研究方向，开展 Zr-Sn-Nb 合金研发，在西屋获得 Zirlo 合金系列专利的情况下，通过规避设计，研发了比 Zirlo 合金的锡、铌成分更低的合金类型，开发出 M5 合金应用于 AFA-3G 燃料组件，获得巨大的商业成功。阿海珐在技术创新过程中采取了非常有效的专利布局策略。一是规避设计；二是集成创新；三是协同研究；四是自成体系（见图4-15）。

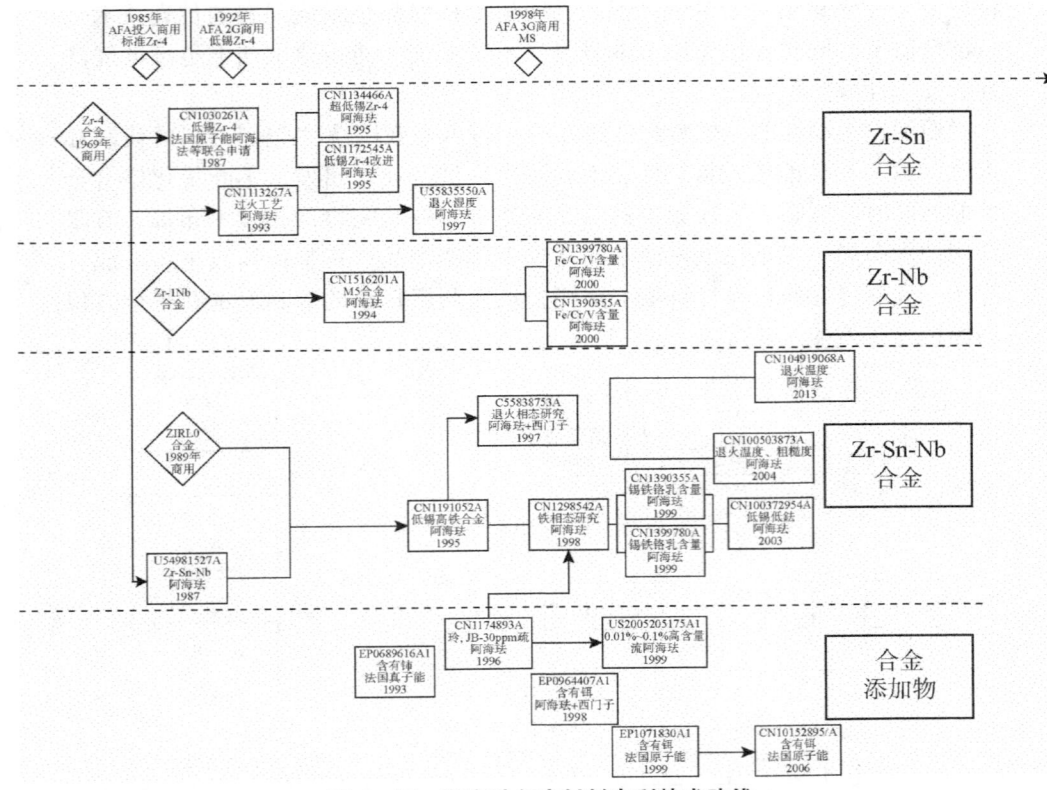

图4-15 阿海珐包壳材料专利技术路线

在包壳材料专利申请布局与燃料组件投入商用的时间关系中，体现了阿海珐的"专利先行"策略。应用低锡 Zr-4 合金的 AFA-2G 燃料组件于

1992 年投入使用，应用 M5 合金的 AFA – 3G 燃料组件于 1998 年投入使用，而阿海珐分别于 1987 年、1994 年提交了专利申请。这样在新的燃料组件产品上市之前，提前 4~5 年就申请包壳材料专利，以确保新产品上市时包壳材料相关专利已经获得授权，从而得到更完善的专利保护，这也体现出包壳材料技术研发在燃料组件技术中的突出地位。每一种代表性的燃料组件，总是以一种代表性的包壳材料为起点。国内研发人员应当重视包壳材料技术研发在整个燃料组件技术研发的基础性作用。

3. 西屋与阿海珐海外专利布局策略比较

南非作为非洲唯一拥有核电站的国家，已经成为西屋、阿海珐等跨国核电企业重点关注的核电市场之一。阿海珐作为南非唯一核电站——koeberg 核电站的供应商，在南非核电市场具有重大商业利益；西屋作为南非核电项目投标方，具有潜在的商业利益。2008 年，阿海珐和西屋分别向南非电力公司 Eskom 提交了在南非建设新核电厂的项目建议书，两者都对这一市场势在必得（见图 4 – 16）。

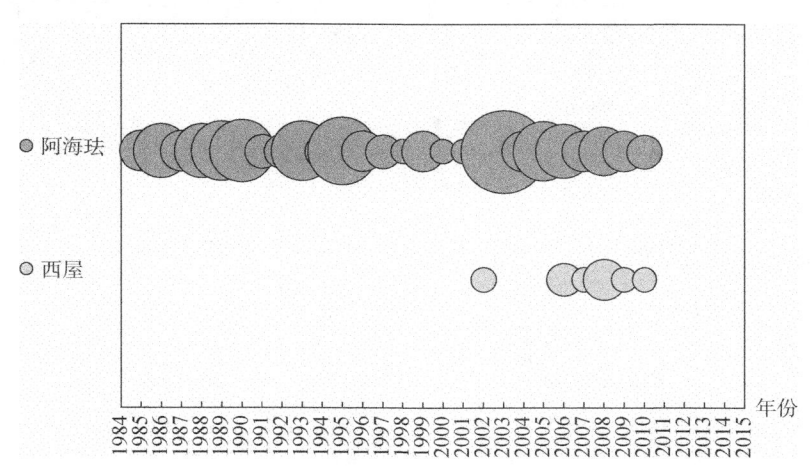

图 4 – 16　阿海珐和西屋在南非关于核电的专利申请

注：圆圈大小表示申请量多少。

以南非市场分析西屋、阿海珐高性能燃料组件海外专利布局的策略为例，西屋与阿海珐专利布局策略可为我国核电"走出去"进程中如何在目标市场开展专利布局提供借鉴和参考。

从西屋与阿海珐在南非专利申请情况来看，西屋于 2002 年才开始在南非进行燃料组件专利布局。这是因为南非早期仅有一个核电项目，后来又长期考虑发展高温气冷堆项目。西屋是以压水堆为主的公司，因此并没有太早进入南非市场。当 2008 年南非将发展重点转向压水堆项目后，西屋开始积极在南非进行专利布局。西屋在南非市场专利布局具有明显的针对性。而阿海珐为了维持在南非核电市场的长期商业利益，在南非进行了长期的专利布局。

从西屋在南非的专利布局来看，其专利组合的技术主题呈散点状分布，不是集中分布于一个技术主题。由于专利数量较少，西屋更强调点的布局，在各个重要技术分支进行专利布局，以关键节点作为控制核心，各项专利之间技术关联度低。此外，我们发现，这些在南非申请的专利同时在6个以上国家/地区进行专利申请，说明对西屋来说，这些都是专利价值较高的专利。由于进入南非时间较晚，短期内难以建立起覆盖全面的专利保护网，所以西屋采取了关键点的专利布局策略。另外，西屋在燃料组件方面以设计见长，先申请一些较为重要专利，通过跑马圈地、节点布局，一旦市场成熟、经济利益变化，再将离散的点相互连接，就可以织成严密的专利保护网（见图4-17）。

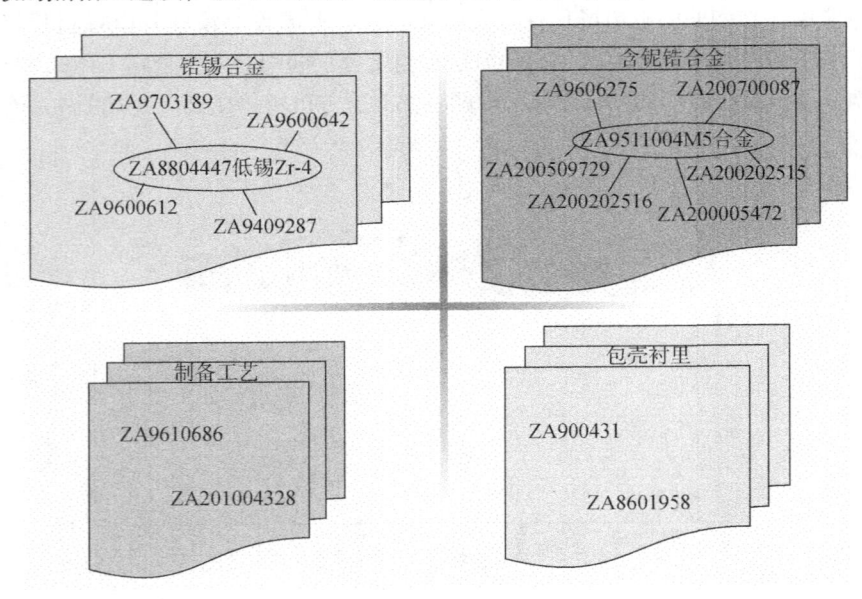

图4-17 阿海珐在南非的燃料包壳技术专利组合

与西屋的专利布局策略不同，阿海珐进入南非核电市场时间早，在南非专利布局也早，其专利申请量保持稳定态势，在重要技术分支上以核心专利为中心，布局多项外围专利，形成专利组合。

阿海珐在南非的专利申请集中于格架和燃料组件整体领域；在技术核心的包壳、芯块方面也有较多的专利布局，化点为网，形成较为细密的布局方式。阿海珐燃料包壳技术在南非的专利布局中，阿海珐包壳技术专利涉及锆锡合金、含铌锆合金、包壳衬里及制备工艺四个方面，并且侧重于锆锡合金、含铌锆合金的专利申请。其中，低锡Zr-4合金应用于阿海珐的AFA-2G燃料组件，M5 合金应用于 AFA-3G 燃料组件，是阿海珐我国燃料组件的核心专利。阿海珐围绕上述专利，在外围进行了多项专利布局，对核心专利形成一定保护。

4.5 我国高性能核燃料重点技术专利布局机会

我们对我国高性能核燃料重点技术专利布局重点、热点、机会与风险进行全面梳理和差距对比（见表 4-6），帮助我国核电研发主体明确专利布局的优势和劣势，把握专利布局的机遇、防范产业化专利风险，提供了清晰路径指引。

表 4-6 我国高性能核燃料重点技术概况❶

重点技术概况				主要申请人		重点技术分析		
技术领域	申请量/件			活跃程度	主要技术领域	重点技术	研发热点/研发方向	国内与国外技术实力对比
	全球	中国	国外来华					
				技术集中度				
芯块	835	81	45	0.68	原子燃料工业 ↓↓	UO_2 芯块	UO_2 芯块	制备工艺、烧结装置	申请量较少，有一定研究基础
					西屋 ↓	可燃毒物芯块	可燃毒物芯块	表面涂层、成分比例	申请量较少，有一定研究基础
					阿海珐 ↓	UO_2 芯块、MOX 燃料芯块	MOX 燃料芯块	制备工艺	专利申请较少
					中核集团 ↑	UO_2 芯块、可燃毒物芯块			

❶ 说明：技术集中程度 = 申请量前 10 位申请人的总和 ÷ 总申请量 研发活跃度 = 近 5 年（2010~2014 年）年均申请量 ÷ 往年年均申请量 研发活跃度与箭头表示的函数关系如下：

↓↓↓	↓↓	↓	—	↑	↑↑	↑↑↑
0~0.1	0.1~0.5	0.5~0.9	0.9~1.1	1.1~1.5	1.5~2	2~∞

有竞争优势的技术领域：格架结构、防异物下管座

有一定基础的技术领域：燃料组件结构、燃料棒组装、锆锡铌合金包壳材料、管座结构

有待提高的技术领域：UO_2 芯块、可燃毒物芯块、格架制备工艺、燃料组件组装工具、包壳制备工艺、燃料棒端塞、燃料棒放射性气体控制、MOX 燃料芯块、格架材料

续表

技术领域	重点技术概况			技术集中度	主要申请人		重点技术分析		
	申请量/件				活跃程度	主要技术领域	重点技术	研发热点/研发方向	国内与国外技术实力对比
	全球	中国	国外来华						
格架	811	118	69	0.76	三菱 ↓↓↓	格架结构	格架结构	格架弹簧、刚凸、搅混结构	申请量多、研究基础好
					阿海珐 ↓↓	格架结构	制备工艺	焊接装置及工艺	申请量较少，研究基础薄弱
					西屋 ↓	格架结构			
					中核集团 ↑↑↑	格架结构	格架材料	Zr-Sn-Nb合金，先进陶瓷	专利申请较少
					中广核集团 ↑↑	格架结构			
燃料组件整体	771	53	35	0.78	三菱 ↓↓↓	组装工具、组件结构	组件结构	压紧部件	申请量较多，有一定研究基础
					西屋 ↓↓	组装工具、组件结构			
					阿海珐 ↓↓	组装工具、组件结构	组装工具	快速化、自动化	申请量较少，有一定研究基础
					中广核集团 —	组件结构			
包壳	624	137	49	0.63	日本核燃料循环开发机构 ↓↓↓	锆锡合金、衬里、制备工艺	锆铌合金	Zr-Sn-Nb合金成分	申请量较多，有一定研究基础
					西屋 ↓↓	锆铌合金、制备工艺			
					阿海珐 ↓↓	锆铌合金、制备工艺			
					中核集团 ↑↑	锆铌合金	制备工艺	退火，相态控制	申请量较少，有一定研究基础
					中广核集团 ↑↑↑	锆铌合金			

续表

技术领域	重点技术概况				主要申请人		重点技术分析		
	申请量/件			技术集中度	活跃程度	主要技术领域	重点技术	研发热点/研发方向	国内与国外技术实力对比
	全球	中国	国外来华						
燃料棒整体	551	34	21	0.65	化工精矿加工厂↓	燃料棒组装	燃料棒组装	组装工艺	申请量较多，有一定研究基础
					原子燃料工业↓↓	燃料棒组装	端塞	焊接工艺	申请量较少，有一定研究基础
					阿海珐↓↓↓	燃料棒组装、弹簧	放射性气体控制	放射性气体排放及吸收	申请量较少，有一定研究基础
					中核集团↑	燃料棒组装			
					中广核集团—	燃料棒组装			
管座	439	86	36	0.73	原子燃料工业↓↓↓	管座结构	管座结构	快速拆卸管座	申请量较多，有一定研究基础
					西屋↓↓	管座结构、防异物			
					阿海珐↓	管座结构、防异物			
					中核集团↑	管座结构、防异物	防异物	曲片过滤板结构	申请量多、研究基础好
					中广核集团	管座结构、防异物			

4.6 高效安全核燃料产业发展启示和应对措施

（1）抓住高效安全核燃料产业发展机遇期，加大核燃料产业研发力度，突破核心技术瓶颈、攻克关键技术壁垒，以形成能够支撑核电"走出去"的有效专利布局。

从国内外高效安全核燃料产业专利技术发展的整体态势看，全球高性能核燃料领域专利申请相对稳定、市场竞争日趋激烈。美、日两国研发放缓、专利申请快速下降，法国稳定持续发展。俄、韩、中呈现申请量逐年递增趋势。近年来，随着核燃料产业快速发展，中国市场地位增强，美、日、欧比重下降，市场控制力逐渐削弱。2011年福岛核事故后，全球ATF事故容错燃料专利申请开始明显增长。国内外事故容错燃料技术研发基本处于同一起跑线上，尚未形成系统的专利保护网，国内技术创新主体有较大的发展空间。因此，抓住国内外高效安全核燃料产业发展机遇期，加大核燃料产业研发力度，突破Zr-Sn-Nb合金、先进陶瓷格架材料、MOX芯块等技术瓶颈，攻克曲片过滤板结构的防异物管座等技术壁垒，以形成能够支撑核电"走出去"的有效专利布局。

（2）加强高性能核燃料结构设计能力建设，进一步重视格架、组件整体、棒整体技术分支的研发，促进我国高性能核燃料组件整体性能的提升。

燃料组件整体性能的提升，除了受包壳、芯块等基础核材料影响以外，燃料棒整体、格架、管座、燃料组件整体等结构设计的技术研发水平，直接决定燃料组件整体性能。从中核集团、中广核集团等国内核电企业的技术研发侧重点来看，在与核燃料材料设计相关的领域，我国技术研发投入较多，已经取得一定的发明专利成果，例如包壳发明专利申请量88件（占50%），已经超过国外来华专利申请49件；与燃料组件结构设计相关的格架专利申请26件、组件整体专利申请5件、棒整体专利申请6件等，其申请量分别为国外来华的38%、14%、29%，发明专利申请与国外同行相比差距较大。因此，应进一步加强高性能核燃料结构设计能力建设，重视格架、组件整体、棒整体技术分支的技术研发，促进我国高性能核燃料组件整体性能的提升。

（3）我国核电企业要加强高性能核燃料组件专利风险防范意识，亟须开展针对性研究，制定海外专利风险规避预案，加紧在潜在目标市场形成专利布局。

经过多年的研发和产业化，我国高性能核燃料组件领域已经取得长足发展，在含铌锆合金包壳材料、搅混格架、防异物下管座等重点技术上取得关键性突破。当然，在看到国内研发企业的技术进展时，也要防范专利风险。例如，阿海珐开发的AFA-2G、AFA-3G系列燃料组件，以及西屋开发的Performance+和robust系列燃料组件已经有20余年的时间，积累了丰富的研发经验和专利布局实务经验。以包壳材料为例，早先以ZIRLO合金为代表的锆合金材料专利已经失效的情况下，西屋针对我国研发的以低锡高铁为代表的Zr-Sn-Nb系合金（如N18、N36），抢先在专利CN01805237中对锡和铁的比例含量进行了专利保护，从而对我国自主研发的所有同类型锆合金材料构成了巨大的压力，需要得到国内研发企业的重视。

特别是，我国燃料组件出口方面专利保驾护航的能力偏弱，亟须开展针对性研究，制定专利风险规避预案，加紧在潜在目标市场制定专利布局，建立起保护范围广、覆盖面大，在各个技术分支及其关键技术采取多角度、分层次、有节奏的专利申请策略，既侧重各领域核心技术的保护又不轻易放弃对外围技术的专利保护，构筑点面结合、高低搭配、经济实用的专利保护网。

5

高端医用机器人[1]

随着全球经济的发展，人们对于生活品质的追求逐渐提高，作为最基本的民生之需，医疗、康复、护理等健康方面的需求更是与日俱增。医疗卫生消费正在全球居民生活消费中占据着不可或缺的持续性发展地位，近年来，全球医疗器械市场规模持续快速增长，市场潜力巨大。医用机器人将工程领域的最新技术成果与医学、生物学相结合，催生了多种临床应用理念，是目前最先进的医疗器械产品。

5.1 高端医用机器人产业概况

截至2016年1月，全球医用机器人行业每年营收达到74.7亿美元，预计未来5年年复合增长率能稳定在15.4%，到2020年，全球医用机器人规模

---

[1] 本章节选自2016年度国家知识产权局专利分析和预警项目《高端医用机器人关键技术专利分析和预警研究报告》。
  (1) 项目课题组负责人：白光清、陈燕。
  (2) 项目课题组组长：田虹、孙全亮、杨兴。
  (3) 项目课题组副组长：杨玲、李岩。
  (4) 项目课题组成员：董妍、范伟、於锦、李文斐、温博、谢楠、王玮、李瑞丰、寿晶晶。
  (5) 政策研究指导：沙开清、马宁。
  (6) 研究组织与质量控制：白光清、陈燕、田虹、孙全亮、杨兴。
  (7) 项目研究报告主要撰稿人：董妍、温博、谢楠、王玮、范伟、李文斐、於锦、李瑞丰。
  (8) 主要统稿人：董妍、田虹、李瑞丰。
  (9) 审稿人：白光清、陈燕。
  (10) 课题秘书：李瑞丰。
  (11) 本章执笔人：李瑞丰、董妍、李文斐。

有望达到 114 亿美元。美国、欧洲、日本等发达国家/地区分别颁布了多项相关措施，将医用机器人的发展置于国家战略的层面，由此推动了医用机器人的快速发展。相比其他种类而言，手术机器人和康复机器人属于典型的高端医用机器人，在疾病治疗、健康服务方面有着自身独特的优势，技术复杂度远高于其他医用机器人，其发展对整个医疗行业有着深远的影响。

无论研发起步还是产业化应用，手术机器人皆走在医用机器人的前列。2000 年，美国直觉外科手术公司的达芬奇机器人获得了美国 FDA 和欧盟 CE 认证，由此开启了手术机器人一家独大的风云时代。随着技术的发展，全球其他企业也在不断崛起，其中，美国 TransEnterix 公司的腹腔镜机器人，美国史塞克公司、以色列马佐尔公司的骨科机器人都具有较强的竞争力。

尽管手术机器人率先成功实现了商业化，但是全球残障数量增加、老龄化加速、慢性病蔓延、护理人才缺乏所引发的庞大的康复医疗需求，也为康复机器人带来了施展的空间。最早的康复机器人是英国研制的末端牵引机器人，经过十多年的发展，逐渐由悬挂、支架等单一机械结构过渡到智能化控制操作。近年来兴起的外骨骼机器人在患者的后期康复和残疾人辅助方面效果更加卓越，充分考虑了人体运动机理和患者本体特征，不仅适合康复中心等机构用户，而且在个人用户普及方面显示出巨大潜力。商业化较为成功的企业包括以色列 Rewalk 公司、日本 CyberDyne 公司、美国 Ekso 公司、新西兰 Rex Bionics 公司等。

我国高端医用机器人产业处于萌芽阶段，创新主体集中于高校、研究机构以及初创企业，大多数仍处于样机研发和临床试验阶段，成熟产品较少，且尚未投入大批量生产和使用。与国外进口设备相比，国产设备市场竞争力较差，有待进一步加强关键技术研发、推进研究成果转移转化，打破国外专利垄断。

本章力求准确把握高端医用机器人全球专利态势，深入分析关键技术发展路线，为国内产业指引技术创新发展方向；全面解读全球产业竞争格局，明确中国产业所处位置，以推进国内产学研联动发展为突破口，加快国内优势技术转移转化；深入挖掘龙头企业专利布局和运营策略，指导国内企业提升专利综合管理水平，从而加速我国高端医用机器人产业化发展进程。

5.2 手术机器人产业专利竞争格局

5.2.1 手术机器人全球和中国专利申请态势

1. 手术机器人全球专利申请态势

截至 2016 年 9 月，全球手术机器人相关专利申请共 6841 项，处于快速增长期。美国技术优势明显，创新能力全球领先，同时美国也是最主要的目标申请国家。操作及定位机器人为两大热点研究方向，腹外科和骨科是两大重要应用领域。在重要申请人中，美国企业占主导地位，中国 4 所高校申请量跻身领先行列（见表 5-1）。

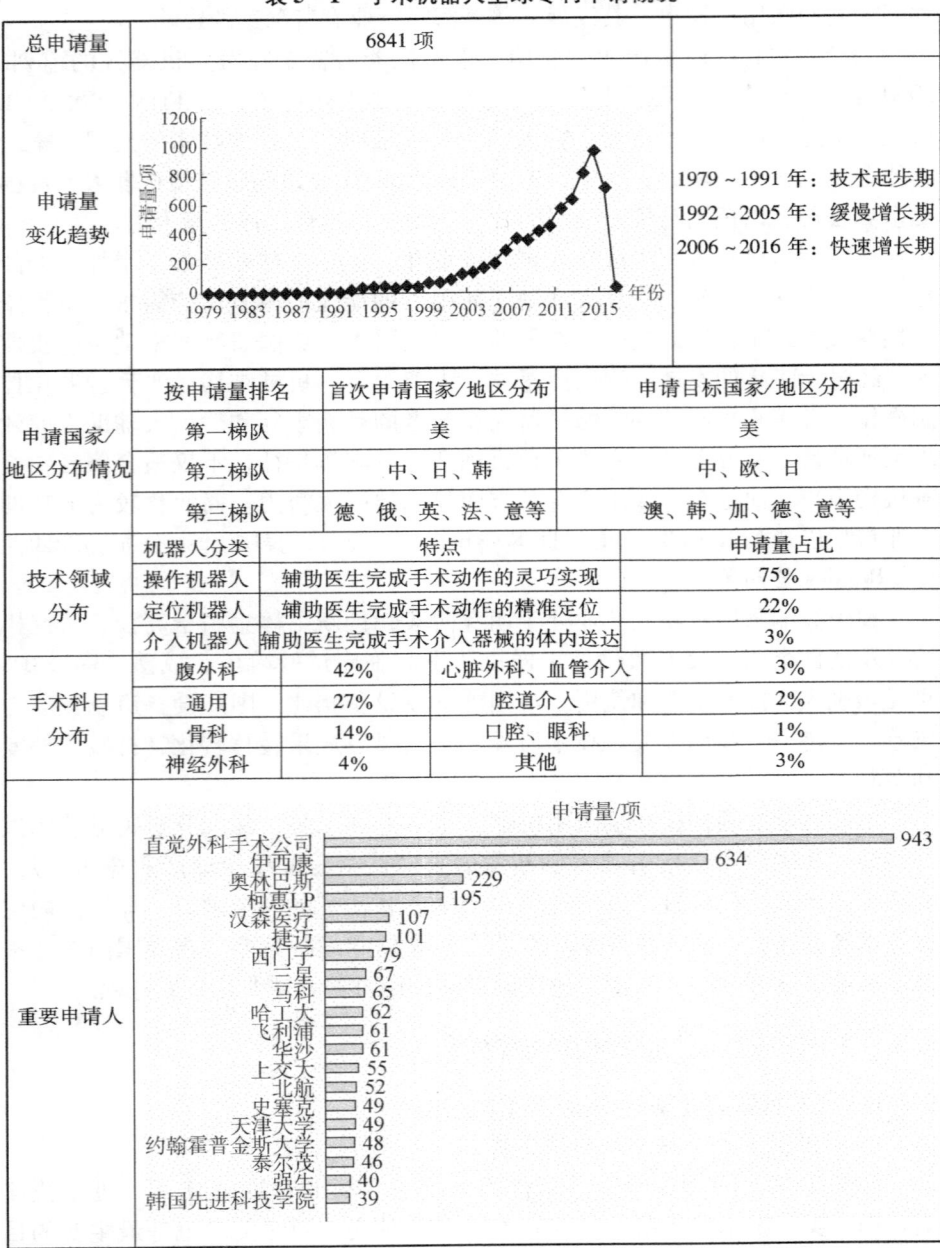

表 5-1 手术机器人全球专利申请概况

总申请量	6841 项			
申请量变化趋势			1979~1991 年：技术起步期 1992~2005 年：缓慢增长期 2006~2016 年：快速增长期	
申请国家/地区分布情况	按申请量排名	首次申请国家/地区分布	申请目标国家/地区分布	
	第一梯队	美	美	
	第二梯队	中、日、韩	中、欧、日	
	第三梯队	德、俄、英、法、意等	澳、韩、加、德、意等	
技术领域分布	机器人分类	特点	申请量占比	
	操作机器人	辅助医生完成手术动作的灵巧实现	75%	
	定位机器人	辅助医生完成手术动作的精准定位	22%	
	介入机器人	辅助医生完成手术介入器械的体内送达	3%	
手术科目分布	腹外科	42%	心脏外科、血管介入	3%
	通用	27%	腔道介入	2%
	骨科	14%	口腔、眼科	1%
	神经外科	4%	其他	3%
重要申请人	直觉外科手术公司 943 伊西康 634 奥林巴斯 229 柯惠LP 195 汉森医疗 107 捷迈子 101 西门 79 三星 67 马科 65 哈工大浦 62 飞利沙 61 华大 61 上交 55 北航 52 史赛克大学 49 天津大学 49 约翰霍普金斯大学茂 48 泰尔 46 强生 40 韩国先进科技学院 39			

84

2. 手术机器人中国专利申请态势

截至2016年9月,中国手术机器人相关专利申请共2349件,处于快速增长期,国外来华申请量略高于国内申请量。操作及定位机器人为两大热点研究方向,末端操作系统和定位导航是两大热点技术。国内申请人在骨科领域布局量相较于国外申请人稍具优势。排名前3位的重要申请人均为国外申请人(见表5-2)。

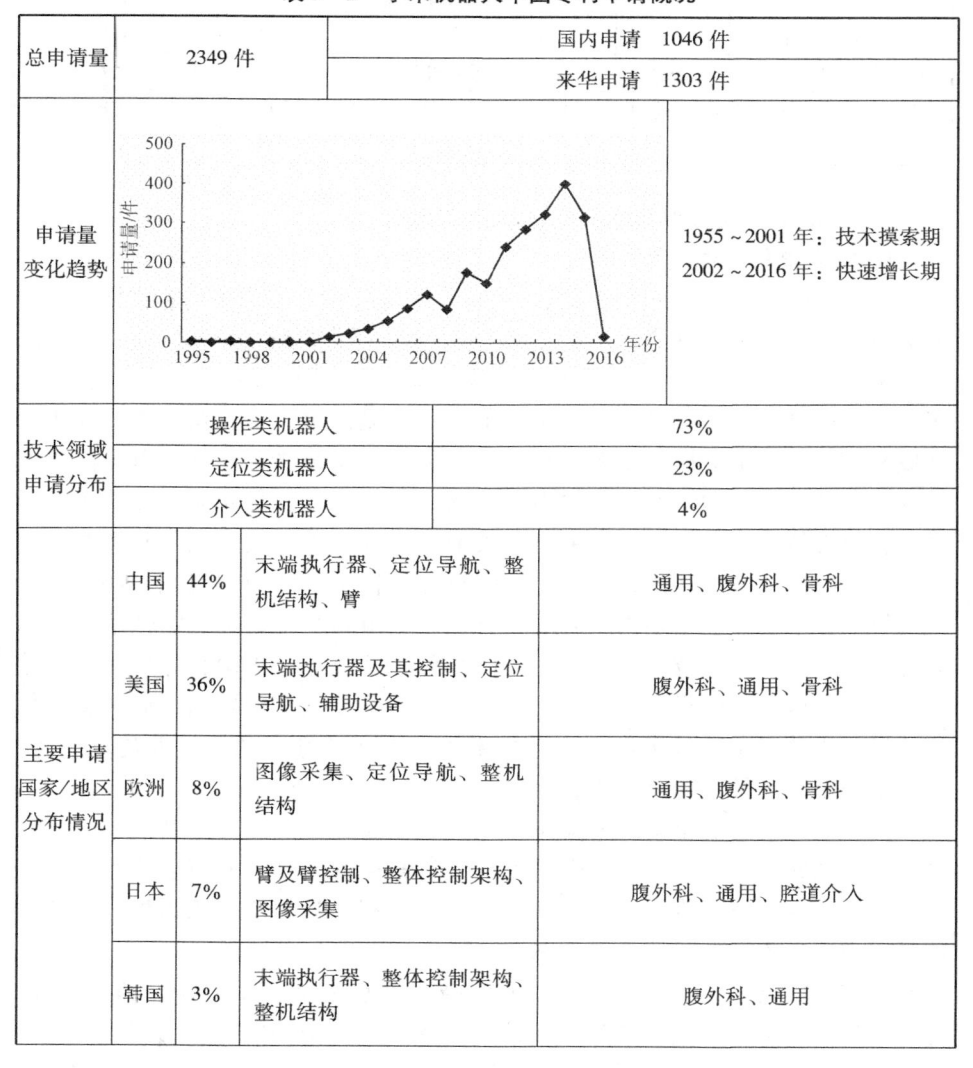

表5-2 手术机器人中国专利申请概况

总申请量	2349件			国内申请 1046件
				来华申请 1303件
申请量变化趋势				1955~2001年:技术摸索期 2002~2016年:快速增长期
技术领域申请分布	操作类机器人			73%
	定位类机器人			23%
	介入类机器人			4%
主要申请国家/地区分布情况	中国	44%	末端执行器、定位导航、整机结构、臂	通用、腹外科、骨科
	美国	36%	末端执行器及其控制、定位导航、辅助设备	腹外科、通用、骨科
	欧洲	8%	图像采集、定位导航、整机结构	通用、腹外科、骨科
	日本	7%	臂及臂控制、整体控制架构、图像采集	腹外科、通用、腔道介入
	韩国	3%	末端执行器、整体控制架构、整机结构	腹外科、通用

续表

	国外申请人	申请量/件	占比/%	国内申请人	申请量/件	占比/%
重要申请人	直觉外科手术	169	7.2	哈尔滨工业大学	62	2.6
	伊西康	128	5	上海交通大学	55	2.3
	奥林巴斯	113	4.8	北京航空航天大学	52	2.2
	皇家飞利浦	50	2.1	天津大学	49	2.1
	柯惠LP公司	48	2	深圳先进技术研究院	34	1.5
	西门子	26	1.1	昆山工业技术研究院	27	1.2
	马科	24	1	天津工业大学	27	1.2
	安科锐	19	0.8	苏州点合	23	1
	德普伊	18	0.8	哈尔滨工程大学	18	0.8
	史塞克	16	0.7	华南理工大学	17	0.7

5.2.2 手术机器人关键技术布局的机会与风险

1. 末端操作系统技术

末端操作系统技术是操作机器人的核心关键技术，专利申请量占操作机器人申请量的32%，重点技术分支包括末端本体、操作控制、感知反馈三方面。

末端本体依据构型主要分为多臂式、单孔式、单位置式、柔性机器人。多臂式是基础性的、也是研究集中度最高的主流技术，重点技术主要在于微器械和腕关节。微器械例如单极剪、双极夹钳、血管吻合器等，以美国直觉外科手术公司、美国伊西康公司为代表的企业进行了大量布局；在腕关节方面，直觉外科手术公司的四自由度腕关节可能成为难以绕开的专利壁垒。单孔式是新的研究方向，研究者少，美国直觉外科手术公司的末端最小侵入系统最早，技术要点在于多构型末端工具和多关节式腕部结构。柔性手术机器人近年热度高，但是技术难度大。美国汉森医疗公司、美国直觉外科手术公司、美国卡内基·梅隆大学等发明主体均进行了一定量的申请，尚无明显优势的发明主体和主流技术结构，其技术重点在于柔性臂的构型及传动结构，专利申请水平还处于初级阶段。

操作控制的专利申请与末端本体结构直接相关，其解决的共性关键问题主要有主从转换、力控制和震颤滤除。主从转换的关键技术有以雅克比逆变换为核心的主从异构算法，力控制的关键技术有通过扭矩传感器模块、末端器械压力实现末端器械的力度控制。

感知反馈技术是目前的研究热点，技术要点主要在于力检测和力反馈。力检测技术水平不成熟，较为突出的有以德国宇航中心的六自由度力—矩阵传感器为代表，力反馈主要存在触觉反馈和以美国直觉外科手术公司的力可视化为代表的感知替代两种方向。

在末端操作系统中，操作控制和感知反馈与末端本体申请量的比值反映了末端操作系统整体技术的成熟度。美国直觉外科手术公司的上述比值随着企业发展而升高，而操作机器人领域的整体比值则较低，说明大多发明主体的研发水平依然停留在初期阶段。

我国以哈尔滨工业大学和天津大学为代表的高校作为主要研究力量，在多臂式手术机器人方面进入领域时间晚，技术尚属于对于主流构型的跟随阶段。近年来，我国申请人在柔性机器人、感知反馈两个技术热点方向也进行了初步探索（见图 5-1）。

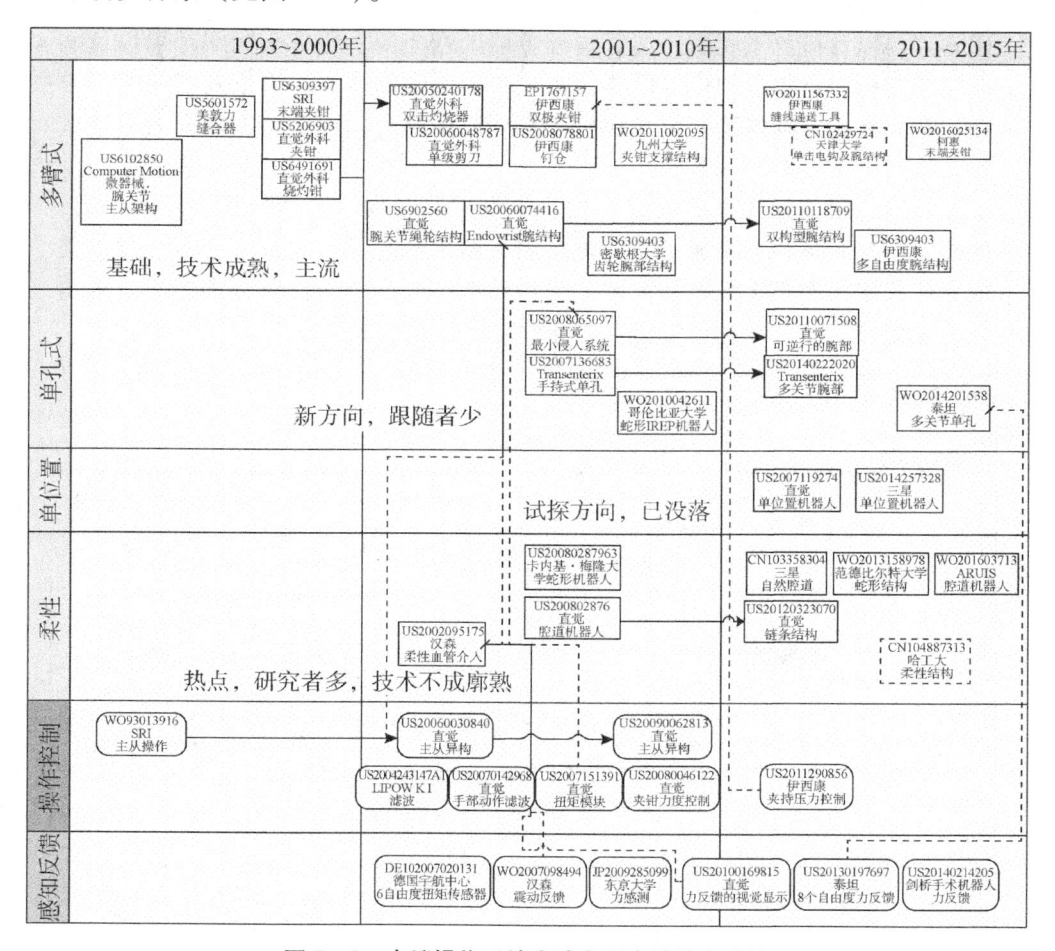

图 5-1 末端操作系统全球专利申请技术路线

2. 定位导航技术

定位导航技术是定位机器人的核心技术，其分类方式有很多种，在综合手术定位方法、导航系统构成、导航系统操作过程等分类方式以及专利申请的撰写特点之后，本节将定位导航技术分为定位方式和导航系统构成与操控。

定位方式可分为三代技术：第一代为机械式定位；第二代为光学定位和电磁定位；第三代为超声定位、触觉定位、电刺激定位以及集成定位。

第一代机械式定位，由于其操作复杂，无实时引导信息，已在定位技术发展中被逐渐淘汰。

第二代定位方式中，光学定位是主流方式，国内外申请人均进行大量专利布局。针对光学定位易受外界环境干扰的缺点，美国史塞克公司、美国施乐辉公司以及荷兰飞利浦公司等国外申请人在光源、摄像头、跟踪器以及病人组织的标记点数量和位置设置，相关的参考坐标体系建立以及目标配准方面均有大量的专利申请，技术水平和专利质量高，国内申请人的专利申请撰写笼统，技术方案不深入。

第三代定位方式中的集成定位是未来发展方向。国内外均有专利申请，国外申请如光学和电磁或触觉或电刺激、超声和触觉的集成组合等。国内集成定位技术在如光学或磁和超声、接触感应和光学等方面已逐渐赶上。国内外有关集成定位的专利申请呈百花齐放之势（见图5-2）。

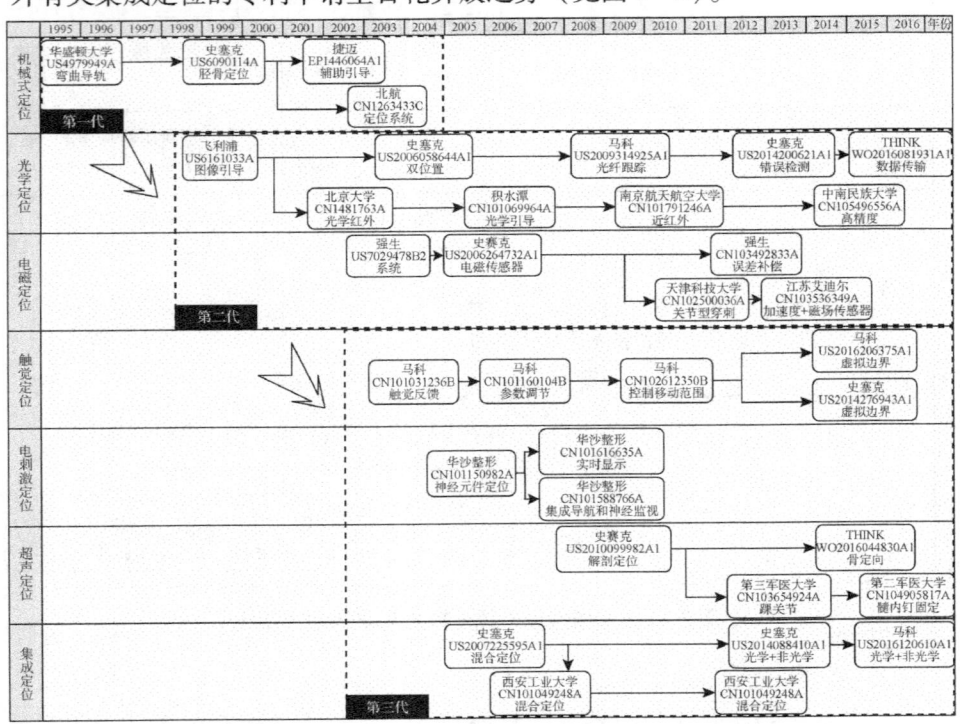

图5-2 定位方式全球专利申请技术路线

导航系统构成与操控可以分为硬件部分和软硬结合部分,其中硬件部分主要涉及定位机构和标记点/跟踪器设置,软硬结合部分主要涉及术前规划、目标配准、术中二维图像引导、术中三维图像引导以及系统设备校准。

硬件部分是发展定位导航技术的基础部分,针对不同的手术部位和导航方式,国内外申请人均给出各具特色的定位机构和标记点/跟踪器设计,目的是提高定位精度、扩大位移和角度范围以及避免与其他设备发生干涉,国内外技术并无明显的优劣之分。

软硬结合部分,关于术中二维/三维图像引导,术中二维图像引导的优势是实时性好、缺陷是与术前图像配准校正补偿,术中三维图像引导的优势是与术前图像配准无需校正补偿、缺陷是计算量大导致实时性差。国内外申请人术中,二维/三维图像引导均有大量的专利申请,主要涉及 X 射线(荧光)、CT、MR、光学传感器、三维运动传感器、三维表面扫描仪、结构光扫描仪、超声设备等方面,其中,X 射线(荧光)引导是目前主流的术中引导方式,针对 X 射线(荧光)引导的缺陷,国外申请人给出多种改进方式,涉及单 X 射线设备可旋转、设置靶向装置或校准环,双 X 射线设备成角度或面对面设置等方面,而国内申请人专利申请在该方面撰写较笼统、技术方案不深入(见图 5-3)。

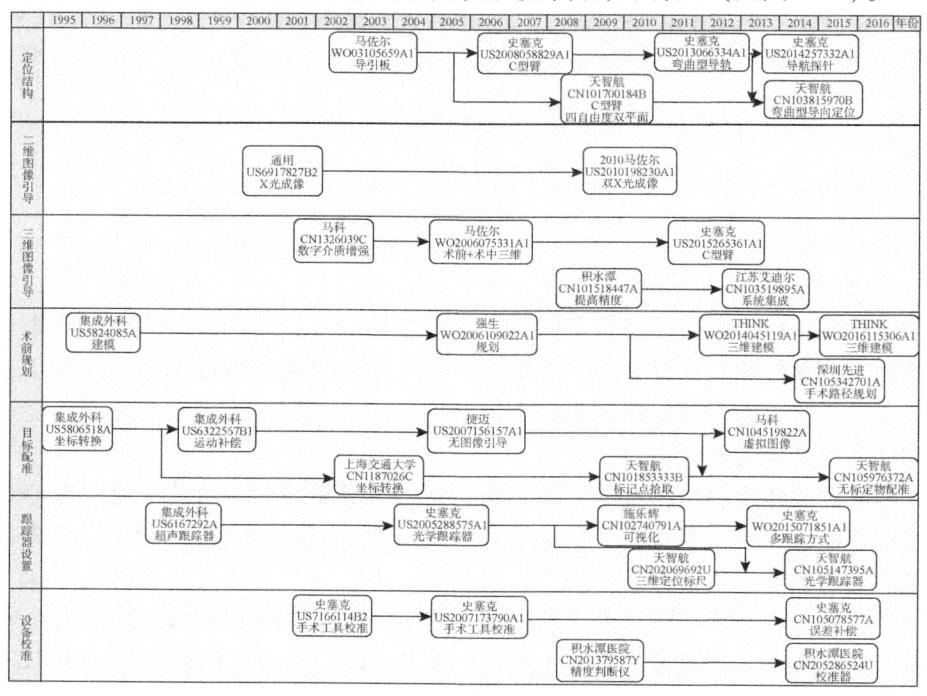

图 5-3 导航系统构成与操控全球专利申请技术路线

总体而言，我国在定位导航技术上已具备相当技术规模，但是在光学定位方式改进、集成定位方式发展、术中 X 射线引导改进方面仍存在提升空间。

5.2.3 手术机器人产业巨头——直觉外科手术公司专利运营策略

美国直觉外科手术公司是目前全球商业化最成功的手术机器人企业，市值超过 200 亿美元，占据全球手术机器人主要份额，具有一家独大的市场地位，目前已推出四代多臂式腹腔镜机器人。截至 2016 年 9 月，其全球专利申请量达到 943 项，并且仍在保持快速增长。专利申请策略以在美国为主，也注重以欧洲、中国、日本为主的海外布局。直觉外科手术公司经过多年的专利储备，在全球范围内已形成了强大的专利壁垒（见图 5-4）。

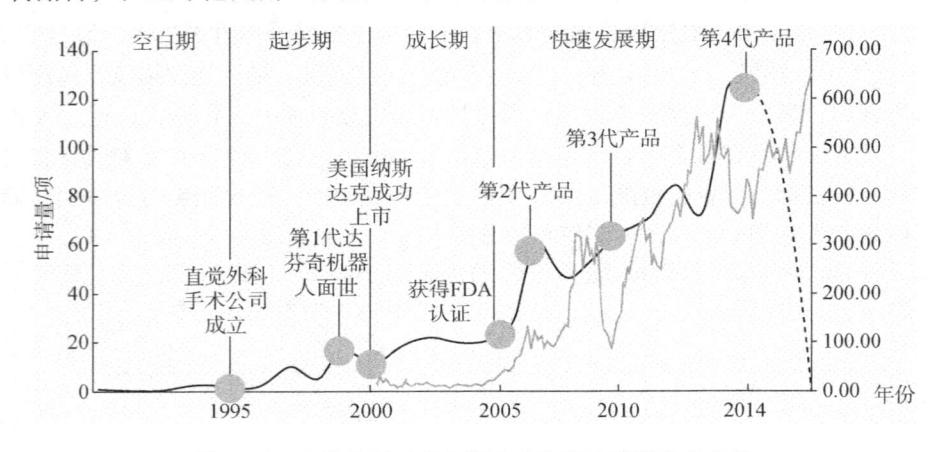

图 5-4 直觉外科手术公司全球专利申请量变化趋势

1. 技术路线解析和未来发展方向预测

直觉外科手术公司拥有全面发展的技术路线。其专利申请主要覆盖本体结构、运动控制、人机交互、视觉感知各个技术方面，各技术分支专利申请自成体系。早期专利申请侧重在本体结构和运动控制方面，而近年来视觉感知和人机交互是研究重点。

从产品角度分析，直觉外科手术公司的专利申请可以分为：优势核心技术的不断优化和外围布局、在目前多臂式机器人产品中出现代际更迭现象的技术、未出现于目前产品中的全新领域技术。

优势核心技术关键技术不断优化。例如多种末端操作系统、多自由度 endowrist 腕关节、快速适配器、主从异构控制方法、力转矩控制、3D 成像技术与图像融合等。直觉外科手术公司垄断了主从多臂式腹腔机器人领域的关键技术。

部分技术呈现明显代际更迭特点，其技术储备时间具备如下规律：系统性的技术创新需要 7~10 年以上的技术储备；现有核心架构上的新功能需储备 5 年左右，对于技术优化或外围附件最短在申请专利 1~2 年后发布产品（见表 5-3）。

表 5-3　直觉外科手术公司上市产品对应专利储备时间表

技术	产品及上市时间/年	专利公开号	申请时间/年	时间差
SRI 基础专利	Standard　1999	WO93013916A1	1993	7 年
快换件的无菌袋	Standard　1999	WO9825666A1	1997	2 年
主从操作控制台系统	S　2006	US6364888A	1999	7 年
主从结构末端夹持	S　2006	US20030195664A1	2002	4 年
双极生成技术	S　2006	US20050240178A1	2001	5 年
双控制台主从控制	Si　2009	US20030013949A1	1999	10 年
快速适配器	Si　2009	US2007119274A1	2006	3 年
单位置手术弯曲管	Sigle-site　2011	US20110071542A1	2010	1 年
3D 高清显示	Xi　2014	US20100164950A1	2009	5 年
荧光技术	Xi　2014	US20090268015A1	2008	6 年
激光定位	Xi　2014	US2009248041A1	2008	6 年
适配器归一化	Xi　2014	US20120239060A1	2011	3 年
臂系统优化	Xi　2014	US2014052154A1	2013	1 年

直觉外科手术公司的研发方向和未来产品主导着全球手术机器人产业的格局和发展方向。根据上述规律，推测直觉外科手术公司未来新产品上市时间和技术发展方向为：

下一代主从多臂式机器人可能增加的功能：2010 年后布局的图像增强技术，如出血位置的图像识别、颜色分量图像增强等新功能。

全新系统单孔机器人：在 2006~2008 年，围绕其技术核心最小入侵结构进行多方位专利布局，其技术领域涵盖本体架构、运动控制、人机交互、图像处理，系统技术储备完整，预计 2017~2018 年上市。

全新系统柔性机器人：2012 年后，在收购 VOYAGE 公司的十余项专利的基础上进行布局，主要技术以带罩的组织即时成像的图像采集机构为主，其光学采集装置的专利申请已成体系，但相适配的运动控制、人机交互等还未布局，预计 2023 年后面世。

新领域骨科机器人：2015 年开始有少量应用于骨科机器人的专利申请，可能在未来开拓骨科机器人疆土（见图 5-5）。

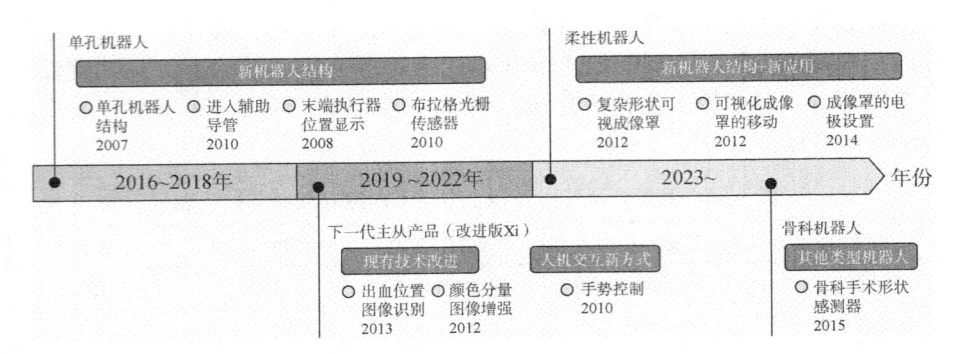

单孔机器人
新机器人结构
- 单孔机器人结构 2007
- 进入辅助导管 2010
- 末端执行器位置显示 2008
- 布拉格光栅传感器 2010

柔性机器人
新机器人结构+新应用
- 复杂形状可视化成像罩 2012
- 可视化成像罩的移动 2012
- 成像罩的电极设置

2016~2018年 | 2019~2022年 | 2023~ → 年份

下一代主从产品（改进版Xi）
- 现有技术改进
  - 出血位置图像识别 2013
  - 颜色分量图像增强 2012
- 人机交互新方式
  - 手势控制 2010

骨科机器人
其他类型机器人
- 骨科手术形状感测器 2015

图5-5　直觉外科手术公司新产品预测

2. 专利运营策略

直觉外科手术公司最初依靠美国斯坦福大学的手术机器人专利实现技术起步，收购已通过美国FDA手术机器人产品认证的美国Computer Motion公司，将其42项相关专利收入囊中，在上述核心技术基础上完成了腹腔镜手术操作机器人系统。

直觉外科手术公司重视协同创新，拥有多件与其他高校/研究机构合作申请的专利。为了弥补自身内窥镜技术和光学应用的短板，收购了Neoguide Systems、Luna等公司，并通过购买等方式获得多项内容涉及光学部件、数据通信、内窥镜等方面的专利，通过弥补短板完善产业链，规避专利诉讼风险。直觉外科手术公司通过企业并购、专利转让、合作申请、授权许可等多种方式，合理布局，扬长补短，充分利用专利战略提升企业的核心竞争力（见图5-6）。

5.2.4　手术机器人全球企业竞争态势

在手术机器人领域，全球80%以上的专利申请集中在前5%的发明主体手中，其技术特点决定了产业上极高的集中度。以直觉外科手术公司为首，少数企业和高校/研究机构主导了全球手术机器人的技术发展和产业生态。

（1）技术竞争策略：面对直觉外科手术公司凭借达芬奇手术机器人一家独大的局面，全球有竞争力的企业主要采取三大策略：竞品追随式、跨领域避让式和前沿技术突破式。竞品追随式如美国TransEnterix公司和韩国Eterne公司，凭借操作器械和内窥镜的优势进入领域的美国伊西康公司和日本奥林巴斯公司，均开发了类似达芬奇架构的腹腔镜主从式机器人；跨领域避让式如专注于骨科机器人的美国史塞克公司、以色列马佐尔公司、利用磁共振系统对神经外科手术的美国IMRIS公司；前沿技术突破式如美国Medrobotics公司和美国Auris公司推出的柔性机器人进行口腔介入手术，由美国谷歌公司和美国强生公司联手创办的Verb公司开发结合大数据和机器学习的下一代手

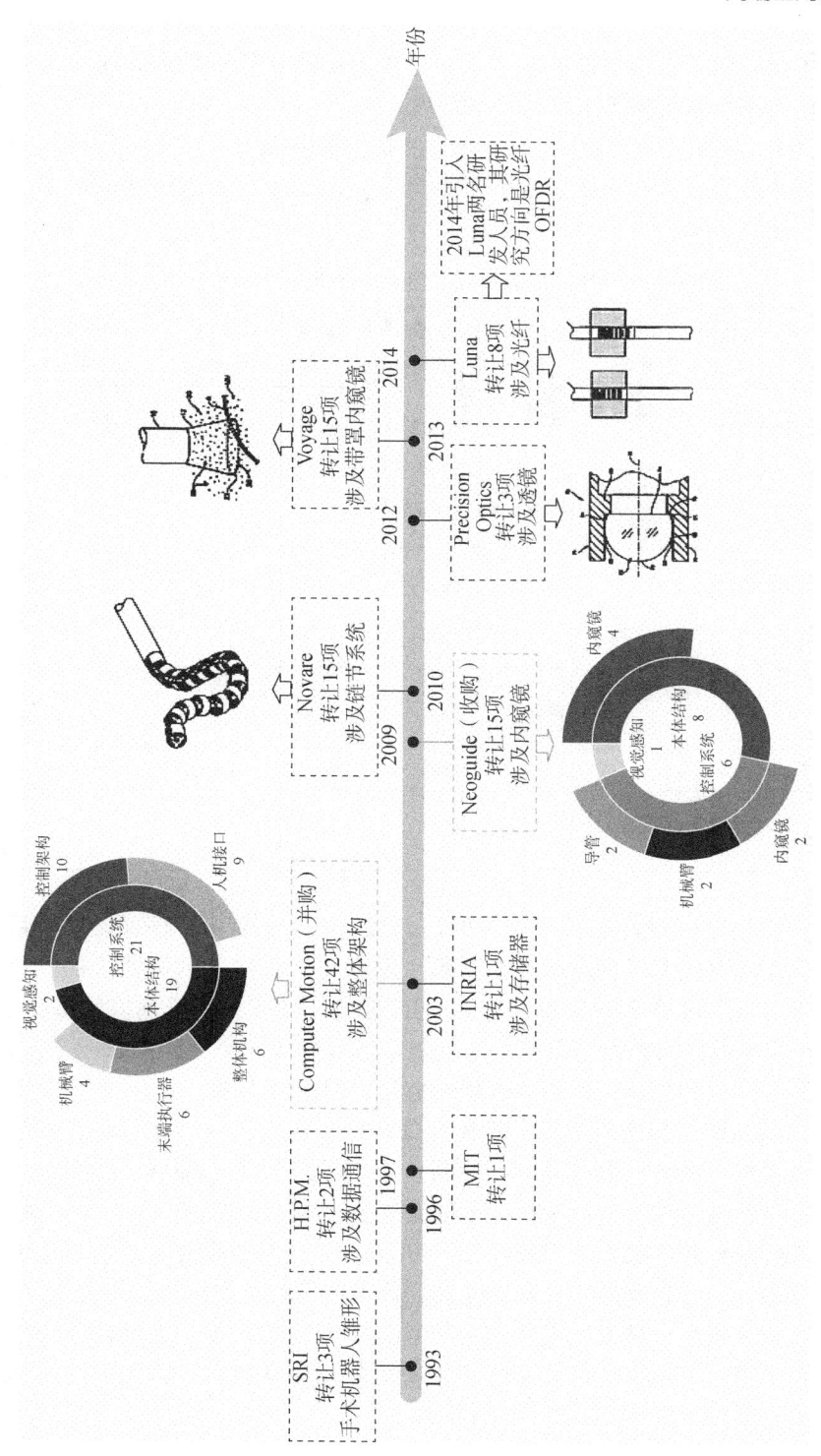

图 5-6 直觉外科手术公司专利运营策略

术机器人平台。各个企业分别采取了不同策略对抗直觉外科手术公司的垄断地位,以期占据手术机器人未来市场的一席之地。

(2) 运营发展策略:参与产业竞争的企业包括两类:专注手术机器人的中小型原创企业,强势进入本领域的巨头企业,两者各自采取不同的运营发展策略(见表5-4)。

表5-4 手术机器人领域初创企业产研发展情况

企业	国家	创立年份	初始技术来源	技术转化路径	风投融资(美元)	IPO投资回报(倍)	专利年均申请量	专利申请量/件
直觉外科手术公司	美国	1994	斯坦福大学 MIT	专利许可 核心人才	500万	563	39.2	943
马佐尔	以色列	2001	以色列理工学院	核心人才	700万	114	1.7	25
马科公司	美国	2004	MIT及 K-MAT公司	核心人才	3000万	192	5.8	70
Aruis	美国	2003	—	—	4900万	—	—	15
Medrobotics	美国	2005	卡内基·梅隆大学	核心人才	7800万	—	—	14
Transenterix	美国	2006	—	—	2000万	37	1.4	13
剑桥医疗机器人	英国	2013	—	—	2000万	—	—	7

(3) 中小型原创企业运营发展策略:高校/研究机构最初通过政府项目进入该产业并实现技术起步,技术积累到一定程度后成立手术机器人初创企业,前期通过引入风险投资支持研发,后期通过二级市场融资而发展壮大。其中,高校技术的转移过程主要依靠专利许可以及核心研究团队的深度介入,企业的知识产权实力是其能否获得市场资金认可的重要因素。

(4) 巨头企业运营发展策略:依托自身资金和传统技术领域优势,在进行自主研发之外,更多地通过收购行为强势进入手术机器人领域。如美国美敦力公司收购美国马佐尔公司股权、美国捷迈公司收购法国 Medtech 公司等。以骨科医疗器械企业巨头美国史塞克公司以16.5亿美元收购骨科手术机器人美国马科公司为例,收购前,史塞克公司的优势在于相关定位机械结构设计,而导航方式是其短板,马科公司的定位导航技术则实力雄厚,尤其触觉导航方向是核心优势。上述收购行为实现了史塞克公司在骨科医疗技术的全领域布局。

5.2.5 手术机器人中国重点企业竞争格局

我国手术机器人产业发展起步较晚,目前具有一定数量的专利申请,并处于快速增长的趋势中,但是其技术水平较发达国家相对落后。直觉外科手术公司、史塞克公司等国外企业大量的在华专利布局对我国产业发展形成了技术壁垒。

我国专利申请多集中在哈尔滨工业大学、北京航空航天大学、天津大学等高校/研究机构手中,高校申请人占比为62.8%,相较于16%的全球平均值,产业化进程远远落后。近年来,随着各种政策驱动以及国家重大项目支撑,一批初创企业以高校为依托孕育而出,逐步将研发成果推向产业应用。其中,哈尔滨思哲睿公司和北京天智航公司分别为中国腹腔镜手术机器人和骨科机器人处于领先位置的代表企业。

(1)哈尔滨思哲睿智能医疗设备有限公司。

哈尔滨工业大学从2007年开始从事微创外科手术机器人的研究,承担多个国家"863"项目,并于2013年成立了哈尔滨思哲睿智能医疗设备有限公司(简称"思哲睿公司")。其主要研究两款产品:主从一体系列化小型智能手术器械和主从遥操作多臂式腹腔镜手术机器人。

哈尔滨工业大学与思哲睿公司合计申请61件专利,2014~2015年出现跳跃式增长,各技术领域均有分布,其中,末端操作系统申请量最高,占全部申请的38%。在专利布局中,外围技术较多,核心技术专利布局较少,对于远心点运动学的研究,其专利申请时间也晚于非专利论文成果的发表,撰写质量较低,对于基础核心技术保护力度不足。对于力反馈、柔性机器人等前沿技术有所涉及,在时间维度中并未明显落后于国际研究。以公司作为申请人对其手持式主从一体原创性产品的保护最为充分。

哈尔滨工业大学在研究过程中较早地通过成立企业实现高校技术产业化,并且通过博实股份对思哲睿公司进行股权投资,以支持企业的早期研发。哈尔滨工业大学在我国手术机器人产业化和借助社会资本的探索道路上迈出了成功的一步。

(2)北京天智航医疗科技股份有限公司。

北京天智航医疗科技股份有限公司(简称"天智航公司")是科技部、北京市政府和中国科学院联合认定的中关村国家自主创新示范区百家创新型试点企业,其研发始于北京航空航天大学承担的国家"863"项目成果,依托北京航空航天大学的人才资源,于2005年成立,专业从事骨科手术机器人产业化,是国内第一家获得手术机器人产品注册许可证的企业。天智航公司目前已研发出三代骨科机器人系统,其中,第一代和第二代均为骨科机器人导航定位系统,第三代骨科机器人"天玑"系统为整机系统,"天玑"系统定位精度达到 0.8mm，与国际同类产品相比处于领先地位。

在产品研发的同时，天智航公司围绕每代产品均进行了专利布局，充分注重专利对产品的保护，近三年专利申请量持续大幅增长。从技术分布来看，呈现以定位导航为主导、以末端操作系统、机械臂以及辅助设备等技术分支为辅的布局方式。通过与学校/研究机构以及医院进行合作研发，提升手术机器人产品性能。目前已提交 2 件 PCT 申请，可见其在海外市场拓展方面也有所准备。

以哈尔滨思哲睿公司和北京天智航公司为代表的中国企业正在探索一条由高校建立技术型初创企业，通过专利运营和核心发明团队实现技术转移而进行初步产业化的发展路径。但是，在努力把握未来发展机遇的同时，我国手术机器人产业的技术研发水平、产业化程度、专利意识和运营能力仍整体处于起步阶段，面对国外企业的同类产品在技术上仍属于劣势，在未来发展中可能面临专利壁垒。

5.3 康复机器人产业专利竞争格局

5.3.1 康复机器人全球和中国专利申请态势

1. 康复机器人全球专利申请态势

截至 2016 年 9 月，全球康复机器人相关专利申请共 3414 项，已进入快速增长期。中国首次申请总量和增幅占优，但是美国、日本和欧洲在康复机器人技术创新中占有先机并处于主导地位。外骨骼机器人已成为康复机器人重点技术领域和未来研发方向。排名前 3 位的重要申请人均为日本企业，中国有 6 所高校进入全球前 10 名（见表 5-5）。

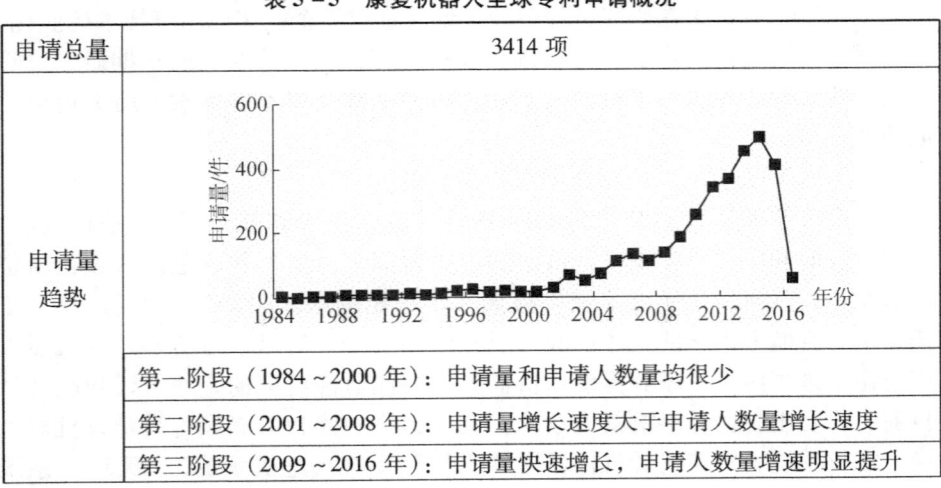

表 5-5 康复机器人全球专利申请概况

申请总量	3414 项
申请量趋势	（申请量趋势图：1984—2016年，峰值约500件于2014年附近）
	第一阶段（1984~2000 年）：申请量和申请人数量均很少
	第二阶段（2001~2008 年）：申请量增长速度大于申请人数量增长速度
	第三阶段（2009~2016 年）：申请量快速增长，申请人数量增速明显提升

续表

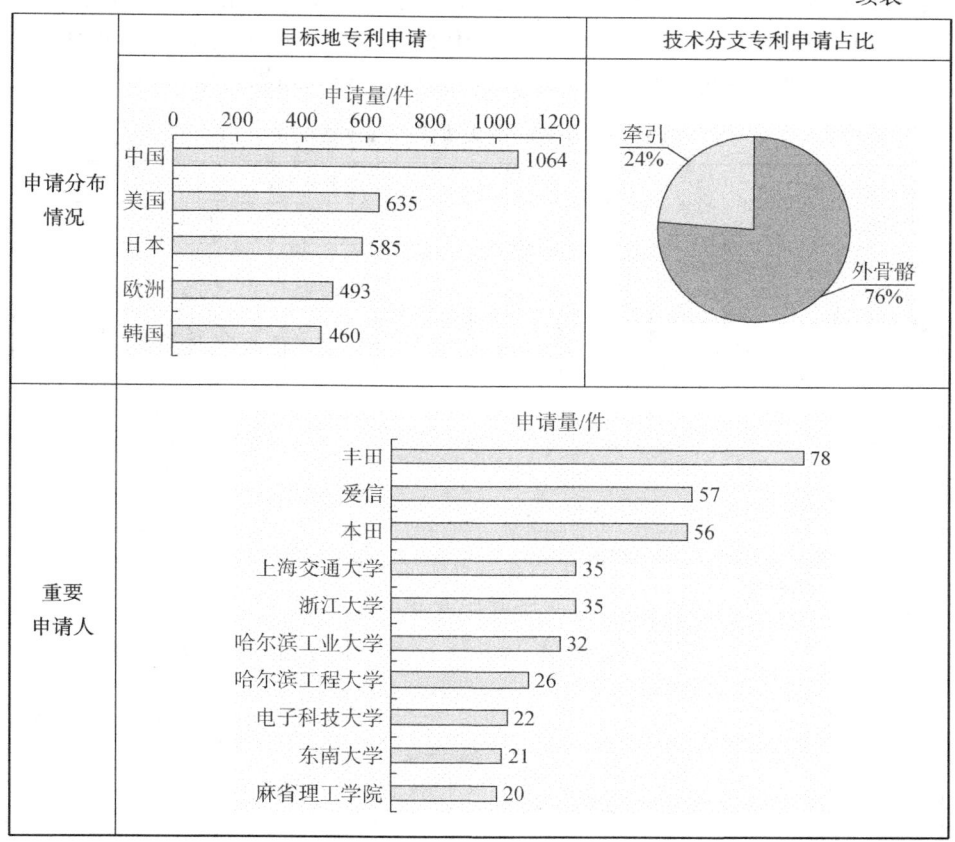

	目标地专利申请	技术分支专利申请占比
申请分布情况	申请量/件 中国 1064 美国 635 日本 585 欧洲 493 韩国 460	牵引 24% 外骨骼 76%
重要申请人	申请量/件 丰田 78 爱信 57 本田 56 上海交通大学 35 浙江大学 35 哈尔滨工业大学 32 哈尔滨工程大学 26 电子科技大学 22 东南大学 21 麻省理工学院 20	

2. 康复机器人中国专利申请态势

截至2016年9月，中国康复机器人相关专利申请共1064件。国内技术起步较晚，但近年来申请量迅速提升。外骨骼机器人为中国康复机器人研究热点。国外来华申请人数量和申请总量较低，技术壁垒尚未形成。国外申请人以企业为主，国内申请人以高校和研究机构为主，主要分布在经济发达地区和基础研究优势地区。

5.3.2 生物信号识别关键技术布局的机会与风险

外骨骼机器人由于其在患者后期康复和残疾人辅助方面的卓越性能，近年成为康复机器人的研发重点，而感知技术作为决定人机协同效果的关键环节，是外骨骼机器人的核心技术。在外骨骼感知技术的两大分支中，与传统技术相比，运动体态识别技术具有成本低、算法直接、结构相对简单等优点，在早期的外骨骼设备中得到广泛运用。随着科技进步以及业界对于产品性能要求的不断提升，其判断精度低和响应时间长等不足也日渐显现。相比于传统运动体态识别技术，近年逐渐崭露头角的生物信号识别技术具有灵敏度更高、响应速度更快等显著优点，成为目前研发的热点前沿技术（见表5-6）。

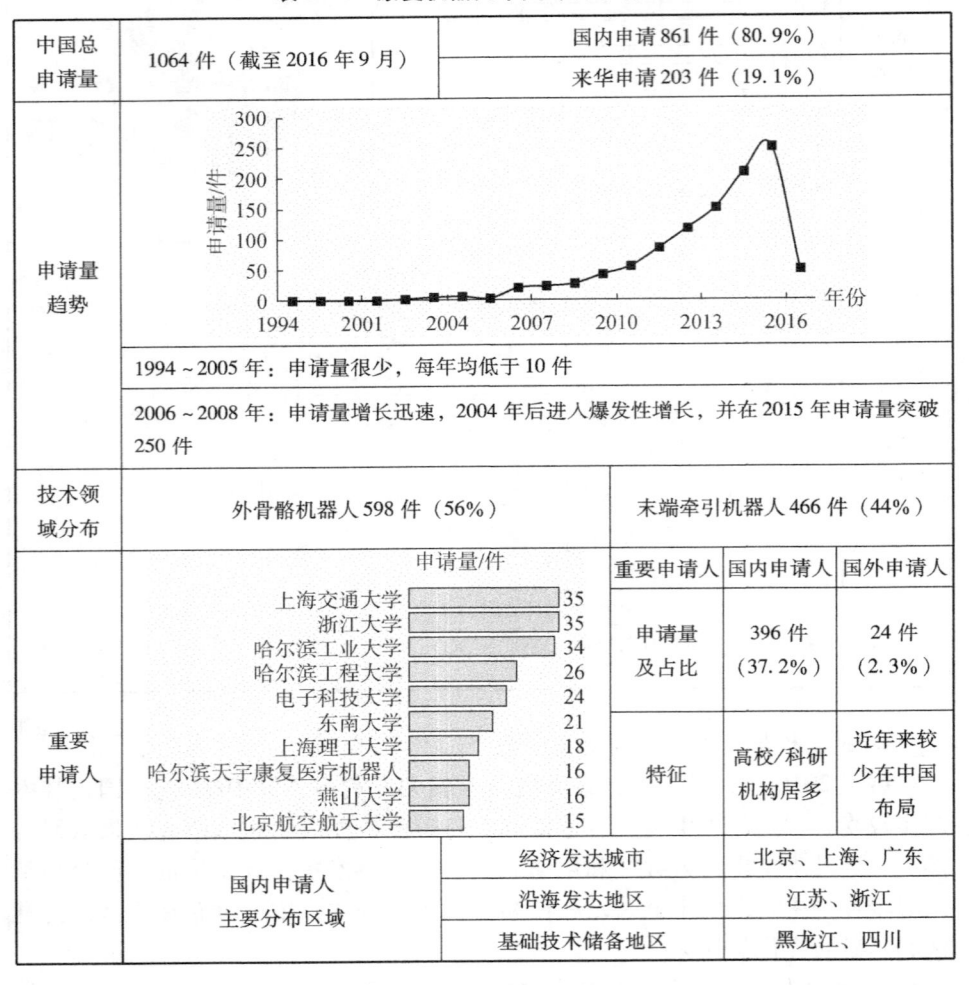

表5-6 康复机器人中国专利申请概况

中国总申请量	1064件（截至2016年9月）	国内申请861件（80.9%）	
		来华申请203件（19.1%）	
申请量趋势	\[折线图：1994~2016年申请量趋势，2015年突破250件，2016年回落\]		
	1994~2005年：申请量很少，每年均低于10件		
	2006~2008年：申请量增长迅速，2004年后进入爆发性增长，并在2015年申请量突破250件		
技术领域分布	外骨骼机器人598件（56%）	末端牵引机器人466件（44%）	
重要申请人	上海交通大学 35 浙江大学 35 哈尔滨工业大学 34 哈尔滨工程大学 26 电子科技大学 24 东南大学 21 上海理工大学 18 哈尔滨天宇康复医疗机器人 16 燕山大学 16 北京航空航天大学 15	重要申请人	国内申请人	国外申请人
		申请量及占比	396件（37.2%）	24件（2.3%）
		特征	高校/科研机构居多	近年来较少在中国布局
国内申请人主要分布区域		经济发达城市	北京、上海、广东
		沿海发达地区	江苏、浙江
		基础技术储备地区	黑龙江、四川

生物信号识别技术包含三个技术分支，如图5-7所示，分别为信号采集技术、信号处理技术和结果应用技术，由于三者在技术实施上具有明确的依存关系，其在技术路线中也相应地呈现出明显的时间代际关系。信号采集技术是三个分支中的基础技术，研究最早，持续时间最长。信号处理技术是研发的热点和难点，研究者众多，研究尚不充分。结果应用技术是最新研究方向，进入者较少，布局不充分。

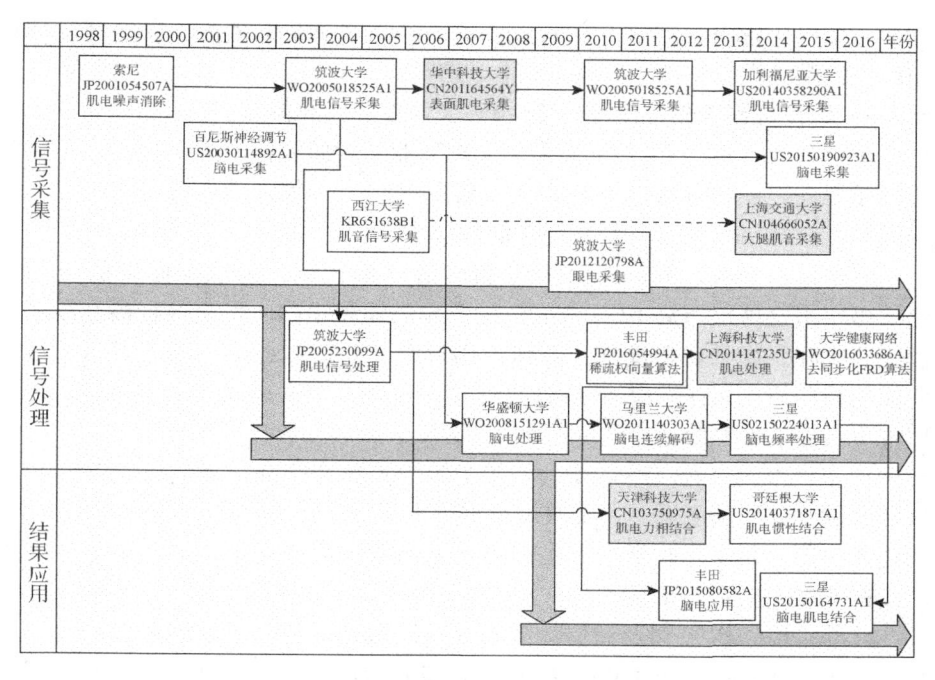

图 5-7 生物信号识别专利申请技术路线

总体而言，从研发和布局方向来看，国内研发团队与国外相比还存在较为明显的差距。

（1）信号采集方面：国内创新高度偏低，主要集中在电极制备工艺、采集部位和通道数设计等方面的基础研究范畴，而国外研发团队对于上述基础类研究已相对成熟，逐渐向提升采集精度的附加手段等方向过渡，例如筑波大学的 JP2014161587A 着眼于干扰信号的消除方式。

（2）信号处理方面：美国和日本已经有越来越多的研发团队转入提取部位更接近信号源的脑电信号处理领域，且对特征值提取技术取得一定研究成果，例如华盛顿大学的脑电处理技术通过提取事件相关电位和宽带频谱变化两个特征量，已经使结果判断准确率达到 95%。国内的研究主要还是围绕存在处理难度大、精度不足等固有缺陷的肌电信号处理来进行，技术差距明显。

（3）结果应用方面：相关研究还比较少，专利布局也较为薄弱，初步表现出两个主要研究方向，即将生物信号和运动体态信号相结合，以及不同生物信号之间的结合。前者是目前的主要改进方向，国内已经有部分高校涉猎，后者技术门槛较高，目前只有三星等少数企业在进行尝试。此外，燕山大学等国内高校将肌电信号处理结果作为虚拟现实场景控制信号，该应用方式实际上对结果应用技术给出了一种新思路，即合理开发生物信号在识别运动意图以外的其他潜在功能，一举多得。

5.3.3 康复机器人先行者——Rewalk 公司专利布局策略

以色列 Rewalk 公司是全球最早实现商业化的康复机器人企业，除了康复版产品之外，还拥有通过美国 FDA 认证的唯一个人版外骨骼机器人产品，在美国乃至全球市场都占有举足轻重的地位。

从申请量来看，Rewalk 公司专利申请总量较低，采取少而精的申请策略。多年来全球仅布局 12 项专利，但是申请质量很高。发明内容核心技术从倾斜式感知系统到安全机制，再到各代新产品的本体结构，涵盖了公司每个阶段的核心研发成果。从颇高的施引频率来看，其技术方案广受业界认可，体现出极高的专利价值。

从布局方向来看，Rewalk 公司最为重视美国和欧洲市场。通过美国 FDA 认证和欧盟 CE 认证后，主要在欧美进行专利布局，该公司仅有 4 件专利申请进入中国，且多在收到第一次审查意见通知书后即视为撤回，可见中国现阶段并非其主要目标市场。

此外，Rewalk 公司还凭借优质的专利技术储备获取了欧洲最大的专业金融服务机构 Kreos Capital V 高达 2000 万美元的信贷投资，并通过与哈佛大学等高校进行技术及专利合作，提前布局柔性外骨骼机器人，保持自身在前沿技术研发方面的领先优势。

5.3.4 康复机器人优势国家布局策略分析

为了研究全球各个国家/地区创新主体在市场化和技术创新竞争格局中所处的位置，本章引入了多项专利统计数据，分别对市场化程度和技术创新程度两个指标进行量化分析。

市场化程度选取高校科研院所申请人所占总申请人的比重、专利许可和转让的数量占总数量的比重、发生多次许可和转让的专利数量、发生多次许可和转让的专利申请人数量、专利引用非专利文献的数量以及近 5 年领域新进入者与退出者比例六个影响因子进行衡量。技术创新程度选取年均施引专利数量、年均施引专利权人数量、DWPI 同族专利成员数量、权利要求项数四个影响因子进行表征。

在确定了市场化程度和技术创新程度的影响因子及其权重后，以各个国家/地区为单位，对其专利申请分别按照两项指标进行二维计算和排序，并以散点图的形式对各个国家/地区所处的位置进行了展示，如图 5-8 所示，其中横坐标数值越大代表市场化程度越高，纵坐标数值越大代表技术创新程度越高（圆形面积代表国家/地区申请量的大小，与市场化程度和技术创新程度无必然联系，仅作为参考信息）。

5 高端医用机器人

从图5-8可以看出,美国、日本的市场化程度和技术创新度呈现双高态势,专利申请量分别居全球第二位和第三位,中国技术创新程度与发达国家相比存在较大差距,市场化程度也远远不足,但专利申请总量远超其他国家,位列第一。本章基于专利大数据,分别对美国和日本康复机器人产业发展模式进行深入的分析研究,从而指导中国康复机器人产业创新发展路线。

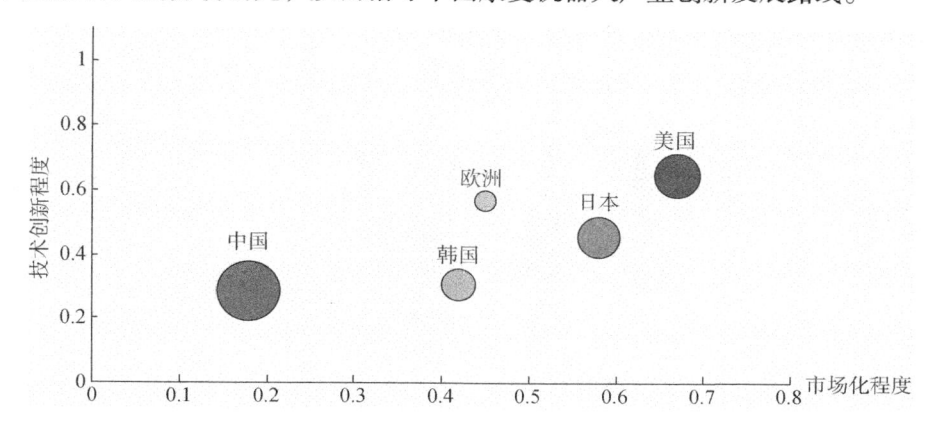

图5-8 康复机器人各国家/地区的市场化程度和技术创新程度

1. 美 国

(1) 美国国防部高级研究计划局(DARPA)推动外骨骼机器人产业起步。

美国国防部高级研究计划局(DARPA)是美国国防部重大科技攻关项目的组织和管理机构,先后主导了阿帕网、语音识别以及无人机等多项高新技术研发项目。早在1958年,DARPA就启动了军用外骨骼发展研究计划,并资助加州大学、麻省理工学院、Ekso公司、雷神公司等多家研究机构和企业为美军进行相关设备的研发。在以DARPA为首的美国军方的主导和大力推动下,美国外骨骼机器人产业得以快速起步。

(2) 军用技术向民用转化,外骨骼康复机器人产业蓬勃发展。

随着研究的不断深入,越来越多的科研团队发现外骨骼机器人技术的适用范围远远不只军用领域,在民用领域如康复医疗领域亦有用武之地,随即开始将科研方向由外骨骼军用机器人向外骨骼康复机器人的转化之路,基于此前良好的技术积累和军方充足的资金支持,技术转型一路顺畅。由于摆脱了军用技术研发的多种限制,越来越多的创新主体踊跃加入外骨骼康复机器人的研发浪潮中,美国外骨骼康复机器人产业开始蓬勃发展。

(3) 军用转民用关键技术领域探索。

从目前的美国外骨骼康复机器人专利申请人申请量排名来看,排名靠前的多为加州大学、麻省理工学院等具有早期军用外骨骼机器人科研背景的研发团队,可见军用技术积累对其民用技术开发带来极大的优势。据此,课题组利用高可用度专利统计模型,对具有军用技术研发背景的申请人所掌握的专利申请进行筛选,得到了最为业界认可的若干专利技术,即生物信号识别、运动体态识别、关节控制以及动力系统技术,这些技术具有显著的通用性,是军用转向民用的关键技术领域(见图5-9)。

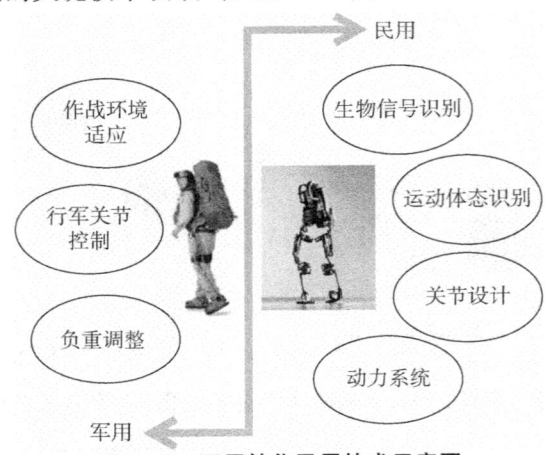

图5-9 军用转化民用技术示意图

2. 日 本

日本康复机器人发展源于老龄化所导致的社会需求,巨大的护理人才缺口为日本外骨骼就机器人发展带来无限商机。

(1)依托传统工业基础,产研合作态势良好。

日本重点专利申请人主要分布在经济相对发达的东南部沿海地区,横贯日本中京、京滨、阪神及北九州四大工业区,可见雄厚的机械工业基础是外骨骼机器人赖以发展的重要因素。日本外骨骼机器人领域共有16所高校参与研发,60%以上均与企业进行了产研合作,可见在外骨骼机器人领域,日本正处于产研合作的活跃期。

(2)行业巨头跨界聚集,医疗工业并重。

在日本企业类型的专利申请人中,跨行业进入的企业群体占比高达86%,主营领域分布广泛,均为日本制造业的优势集中领域。除了助老助残的医疗应用之外,许多企业在申请医疗康复专利的同时还把目光投向了工业应用,双栖发展策略极大地提高了研发效率。

(3)专利布局透析:三分天下,产业初成。

基于日本外骨骼机器人领域专利申请人的排名,课题组绘制了前20位企业申请人共同构成的产业专利布局路线(见图5-10)。

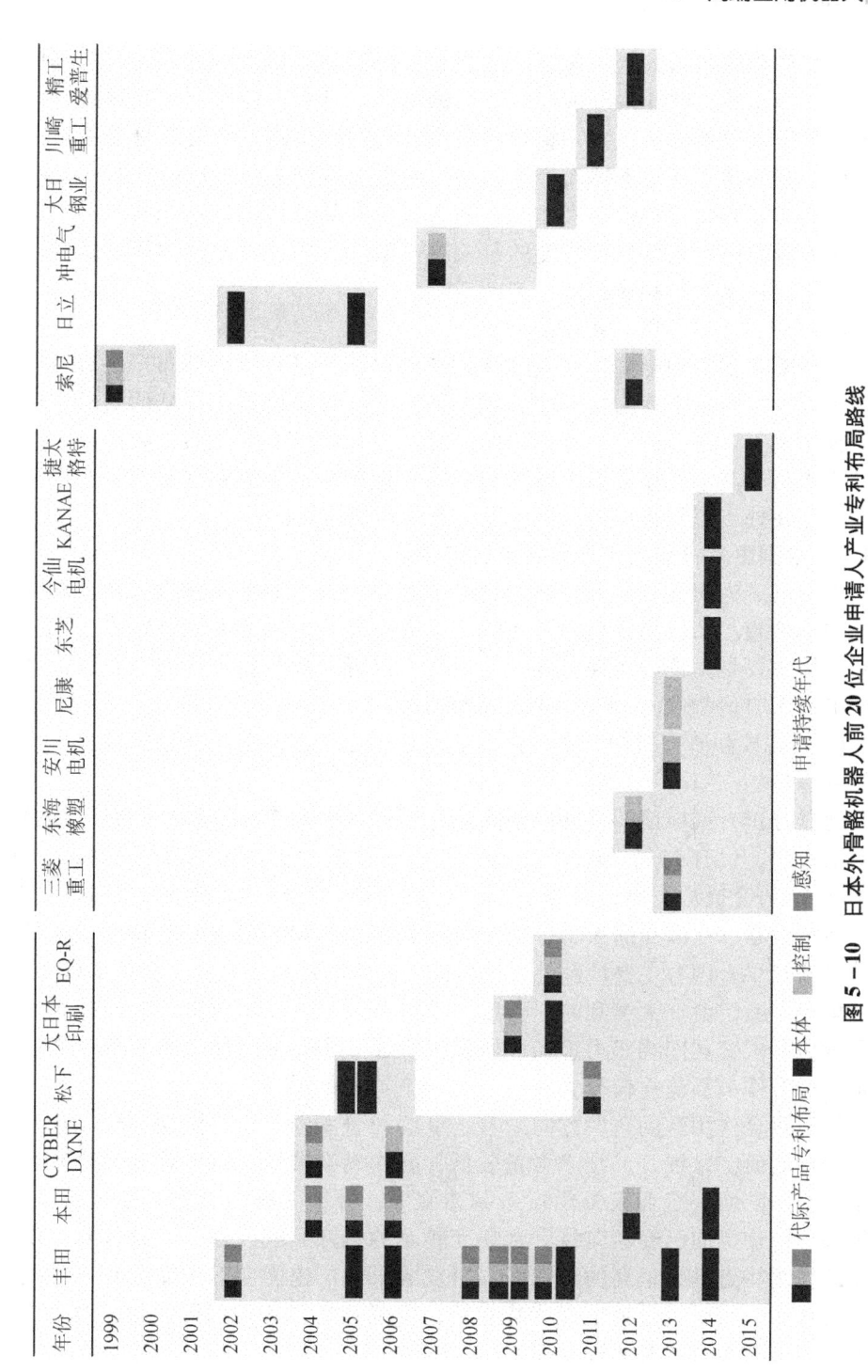

图 5-10 日本外骨骼机器人前 20 位企业申请人产业专利布局路线

日本外骨骼机器人企业包括三大类型：稳健发展型、新进入型、布局中断型，三类企业在产业内呈现三分天下的局面。日本产业专利布局路线整体技术发展秉承着本体—控制—感知的路线而行进。本体是构成外骨骼机器人的基础；控制技术基于本体而产生，用于对组成本体的各个部分进行运动控制；最终体现外骨骼穿戴在人体之上的人机协同效果的则是感知技术，它也是决定外骨骼机器人用户体验度的最关键因素。三项技术的整体研发程度决定了企业的技术水平和成熟度。

（4）保持主场优势，把握海外机遇。

在全部日本专利申请人中，仅有19%的申请人进行了海外布局。日本现阶段仍以本国专利申请为主，即多数申请人在外骨骼机器人领域的目标市场限于日本本土。在占据着先天优势的同时，少数申请人也开始走向海外市场的扩张之路，其中，在美国、欧洲和中国三地布局最为集中，目前各个申请人整体上还处于海外布局的初期阶段，布局专利数量有限。

5.3.5 中国康复机器人产学研结合亟待强化

中国已成为康复机器人领域专利申请第一大国，但是科技成果转移转化情况并不理想。从目前康复机器人的主流形态外骨骼机器人领域来看，国内创新主体主要是高校和研究机构，申请量占到近八成且仍在快速增长，而企业型申请人申请量仅占11%，增长态势平缓。

（1）高校和研究机构产研合作力度不足，合作方向近年开始向高技术含量领域迈进。

通过分析专利申请的共同申请人信息可知，中国79个高校/研究机构类型申请人中，仅有11个与企业进行产研合作申请，所占比例仅为14%，与日本高校/研究机构类申请人高达62.5%的产研合作申请比率相去甚远。其中，浙江大学、上海交通大学、电子科技大学和西安交通大学与相关企业的合作申请较早，内容主要涉及外骨骼机器人的气动控制、电源、自锁部件等，随后均告中断，浙江大学和电子科技大学又分别与上海申磬产业有限公司和迪马股份有限公司围绕压力感知等研发内容建立了新的合作关系，其余高校与企业的合作关系建立较晚。

从产研合作团队的研发方向来看，早期的研发内容主要围绕整机结构和相关配件的研制来展开，技术含量较低，合作周期较短，技术几乎完全来自高校和科研院所，企业仅提供设备制造服务，分工明确但合作紧密度不高；近年来，合作方向已经转向技术密集度较高的感知系统改进上，合作双方所擅长的技术特点具有很高的契合度，研发成果的产生需要双方充分深入的技术交流合作，从而更好地实现优势互补，将现有资源的利用最大化，对合作双方的科研实力和产业化视野都能有效提高。

（2）企业主要为机器人和医疗设备类型初创企业，技术储备体系不完善。

中国从事外骨骼机器人研发的企业多为初创企业，专利申请均较少，且研发持续时间往往只有1年左右，持续性较差，普遍面临着技术和资金门槛较高、盈利较慢的困境，多数企业在3年左右的时间内便逐步退出该领域，整体上呈现出技术积累不足和资金匮乏的特点。

从研发和布局方向来看，机器人企业主要集中在感知系统和控制系统领域，如北京微迈森公司、南京升泰元公司等主要研究通过肌电和力对人体动作的感知技术；青岛思威公司、常州汉迪公司等则关注机器人体位变换、站姿恢复等控制技术。该类企业往往具有一定的机器人研发经验，对关键技术发展方向有着较为敏锐的洞察力。但是，这类企业对于设备本体结构等基础研究范畴较为忽视，相应的研发和专利布局力度较为薄弱，未来容易在基础环节受制于人。相反，医疗设备类企业则大多注重本体结构领域，如芜湖天人智能机械有限公司、苏州苏比特医疗科技有限公司等分别对下肢和手部康复机器人的整机构型进行设计和研发，该类企业从事的研究还处于机型设计、配件加工等较为基础的范畴，具备了较为扎实的科研基础，急需感知技术、控制技术等高技术含量研发内容为其注入更多的活力，从而在日新月异的机器人技术发展潮流中站稳脚跟。

5.4 我国高端医用机器人行业的创新启示

1. 手术机器人

（1）企业基于自身优势技术积累进行定位机器人模块化专利布局，逐步实施整机系统各个分支完善发展。

定位机器人整机系统研发成本较高、产品架构层级复杂，技术上难于一蹴而就。我国处于研发起步阶段，有必要引入模块化发展模式，从而降低自主创新难度和研发成本。定位导航是定位机器人核心技术，也是我国相对于国外的技术优势所在，因此完善定位导航优势技术，创新发展定位导航核心模块，以此带动定位机器人整机研发，是我国企业发展定位机器人的有效路径。

目前，我国在定位方式以及导航系统构成与操控两方面均有较好的专利积累。关于定位方式，我国研发机构一方面需对自身已有的光学定位系统各方面诸如光源、摄像头、跟踪器/标记点设置以及配准算法等进行技术优化，另一方面利用不同定位方式的优势发展集成定位方式；对于导航系统构成与操控，融合手术器械相关技术改进定位机构设计，借鉴医疗影像技术改进术中二维/三维引导技术。我国企业在完善自身定位导航技术的同时，也为创新发展定位导航核心模块打下坚实的基础。

在完善定位导航模块的基础之上，我国企业可以通过与医疗影像设备研发单位合作发展定位机器人成像设备和图形工作站，与手术器械企业和医护人员合作研发定位机器人末端操作系统和机械臂系统，即以拥有定位导航模块的企业作为核心，通过不断叠加外围模块，实施定位机器人整机研发，并逐步完成专利整体布局。

北京天智航公司研发的三代定位机器人系统均已通过 CFDA 认证，其中前两代为定位导航模块，第三代为手术机器人整机系统。相应的专利布局方式以定位导航技术为主，以末端操作系统、机械臂以及辅助设备等技术为辅。定位导航技术是天智航公司的自主核心技术，其由定位导航模块技术起步，并通过与中国科学院遥感应用研究机构合作研发图像配准技术、与北京航空航天大学合作研发机械臂系统，与中国人民解放军总医院合作研发末端操作系统技术而逐步扩展外围专利布局，从而最终完成整机系统架构。

（2）加大企业基础核心技术研发力度，积极进行外围专利布局，化解操作机器人国外巨头专利垄断。

由于技术门槛较高，以腹腔镜机器人为代表的操作机器人需要经历漫长的技术积累才能完成整个系统研发。尽管我国手术机器人技术有多年研究基础，但是距离世界领先水平仍存在较大差距。以直觉外科手术公司为首的国外龙头企业在核心技术上的布局已形成难以规避的专利壁垒。

以多臂式末端操作系统技术为例，全球企业针对直觉外科手术公司的专利壁垒采取了外围布局的应对策略。美国伊西康公司、美国柯惠公司均依托自身在外科器械上的技术实力，研发了单极剪、烧灼器、双极夹钳等大量替代技术，以及缝线递送工具等新技术。我国哈尔滨思哲睿公司、天津大学亦有实力在微器械、传动结构、主从控制算法等容易避让的方向进行自主研发和专利保护，通过核心器件附属结构方面的外围布局，为日后的许可谈判获得更多筹码。

此外，采用高可用度专利分析方法能够使我国企业及时掌握最新可利用资源体系，充分加强现有技术利用，借鉴国外最新研发成果进行自主技术的研发和改进，缩短与国外先进技术水平的差距。针对操作机器人，我国应持续关注微器械、腕关节传动装置、运动学研究等细分领域的最新技术发展动向，加大研发力度，及早形成自主知识产权。

（3）企业关注和预测国外巨头研发动向和市场行为，围绕技术发展最新方向进行前瞻式专利布局，掌握未来发展主动权。

应充分关注国外龙头企业的研发方向，及时了解前沿热点技术发展态势，特别是在国外尚未形成技术垄断和专利壁垒的领域内积极投入研发力量、大胆创新，通过技术突破占领前沿阵地。

通过分析直觉外科手术公司研发态势和专利转让情况发现，其已对单孔机器人技术进行了全面的专利布局，因此，我国在单孔机器人的研发立项过程中应考虑直觉外科手术公司的技术优势和专利储备，针对性地制定研发策略。直觉外科手术公司对柔性机器人也进行了初期布局，并且近年来连续收购了数件应用于柔性机器人上的图像采集装置的相关专利，预测相应产品将于 7~10 年后推出。我国可围绕其尚未充分布局的柔性机器人操作系统、人机交互方面进行前瞻式研发和布局，亦可在我国图像采集算法优势技术上采取延续性布局，以掌握未来发展的主动权。此外，建议我国企业投入更多研发力量进行跨领域发展，大力发展尚未形成技术壁垒的骨科机器人、神经外科机器人等。

2. 康复机器人

（1）通过海外专利收储加强企业外骨骼机器人基础布局、弥补技术短板，为海外市场拓展提供切入点。

通过对日本产业专利布局路线分析发现，部分布局中断型企业拥有多国授权的基础核心专利。其中，索尼公司的 1 项专利在美国、欧洲、中国进行了布局，川崎重工业公司有 1 项专利在美国、中国进行了布局，上述两项专利均已在中国获得授权。由于这两家企业在外骨骼机器人方面的研发均已中断 4 年以上，由此判断外骨骼机器人并未包含在其目前的战略发展计划中，中国企业可考虑通过专利收储的形式购入上述在华授权专利及其海外同族专利。此外，日本科学技术振兴机构以及名古屋工业大学各有 1 项在华授权核心权利，均有海外同族专利，上述高校/研究机构的研发成果并未进入产业化进程，承载着核心技术方案的专利文献目前处于搁置状态，对于中国企业来说也有潜在的转让可能。上述 4 件专利均涉及主流的下肢外骨骼技术，具体分支包括本体结构和感知技术，中国企业可以根据自己的技术储备情况，购买上述专利以加强基础布局、弥补技术短板。同时，通过购买上述在华授权专利的海外同族专利，在辅助中国企业进行技术研发的同时，也为未来的海外市场拓展提供了切入点，可谓一举两得。

（2）围绕核心关键技术进行全面专利保护，专利布局与申请质量并重。

截至 2016 年 9 月，中国康复机器人领域专利申请总量已居全球首位，但是专利申请所覆盖的技术体系尚不完整，无法对相应产品的各项核心技术形成全面有效的保护，我国专利整体质量仍有较大提升空间。比较而言，国外企业的专利质量整体较高，以外骨骼机器人领域商业化最早的 Rewalk 公司为例，全球仅 12 项专利申请，但是保护的范围从感知系统到安全机制，再到每代产品的机型，几乎涵盖了公司每一个时期的核心研发成果，撰写质量精良，被业内同行频繁施引,专利价值得到广泛认可。国内优势创新主体如电子科技大学、浙江大学、上海交通大学等应在申请数量保持领先的基础上,进一步做好专利布局规划,提升专利质量,实现从本体结构到控制架构再到感知技术的全方位布局,对研发中涉及的每一项核心技术进行有效保护,提高撰写水平,量质并举,提高专利控制力。

6

家用服务机器人关键技术[1]

服务机器人是一种半自主或全自主工作的机器人，它能完成有益于人类的服务工作，但不包括从事生产的设备。从广义上说，服务机器人是指除工业机器人之外的各种机器人，主要应用于服务业，按应用领域可划分为专业服务机器人和个人/家用服务机器人两类。

目前，对于家用智能服务机器人并没有权威的定义，为此，课题组对其给出了自己的定义。家用智能服务机器人，就是应用于家庭，能协助人类处理家庭各项事务的具有自主处理事务能力的机器人，进一步讲，未来的家用智能服务机器人则是应用于家庭的能自适应环境实现自主移动的、能自适应交流对象与家庭成员进行人机交互的机器人。

服务机器人的发展是与人工智能技术所取得的进展是息息相关的，服务

---

[1] 本章节选自2016年度国家知识产权局专利分析和预警项目《家用智能服务机器人关键技术专利分析和预警课题研究报告》。
（1）项目课题组负责人：白光清、陈燕。
（2）项目课题组组长：田虹、孙全亮。
（3）项目课题组副组长：杨玲、李岩。
（4）项目课题组成员：蓝娟、王雷、陆然、王晶、张乾桢、孙国辉、李铎、赵洋。
（5）政策研究指导：沙开清、马宁。
（6）研究组织与质量控制：白光清、陈燕、杨玲、孙全亮。
（7）项目研究报告主要撰稿人：杨玲、王雷、蓝娟、陆然、王晶、张乾桢、孙国辉、李铎。
（8）主要统稿人：杨玲、蓝娟、王雷。
（9）审稿人：白光清、陈燕。
（10）课题秘书：王雷。
（11）本章执笔人：蓝娟、王雷、孙国辉、张乾桢。

机器人作为产品进入市场却遇到很多困难。近年来，随着人工智能的蓬勃发展，服务机器人再度进入高速发展的轨道，2015年更是被定义为服务机器人元年。

目前，我国出台的多项政策都将智能服务机器人列为重点发展方向。整个家用智能服务机器人产业都处于蓬勃发展的初级阶段，政策环境和市场环境都非常利好。

6.1 家用智能服务机器人产业现状

全球个人/家用机器人的市场规模由2009年的870万台，增加到2013年的1140万台；服务机器人的产值将由2010年的约171亿美元，增加到2025年的517亿美元。

目前家用服务机器人90%以上的市场份额是低级形态的家用智能电器类产品，而高级形态的交互陪伴型机器人刚刚兴起。家用智能服务机器人产业发展遇到的主要问题有：①用户需求未爆发，主要原因在于价格偏贵、用户体验差、交互不自然；②企业商业模式不清晰；③行业标准尚未建立；④服务机器人智能有限。

概括来说，该产业最核心的两个问题是：一是不智能，基础技术缺乏融合渗透；二是价格高，核心零部件被国外垄断。

本章将围绕解决上述产业核心问题展开。一方面考虑如何通过专利分析有效融合现有的体现机器人智能性的各类基础技术，提升家用机器人的智能性；另一方面考虑如何从专利分析的角度为降低成本提供支撑，从而突破技术难点，打破国外垄断。

6.2 家用智能服务机器人专利现状

根据产业调研的核心问题和初期的研究，确定了其技术分解如图6-1所示。

检索工作基于专利检索与服务系统（Patent Search and Service System）中的多个数据库展开，包括CNABS、CPRSABS和DWPI等数据库，检索日期截至2016年9月13日。表6-1中列出了各技术分支的专利申请情况。

表6-1 家用智能服务机器人领域主要技术方向专利申请量

主要技术分支	中国/件	全球/项
硬件结构	15472	34300
控制系统	2164	4451
自主移动	19120	49247

续表

主要技术分支	中国/件	全球/项
人机交互	31475	126087
应 用	7686	16325
合 计	71621	214544

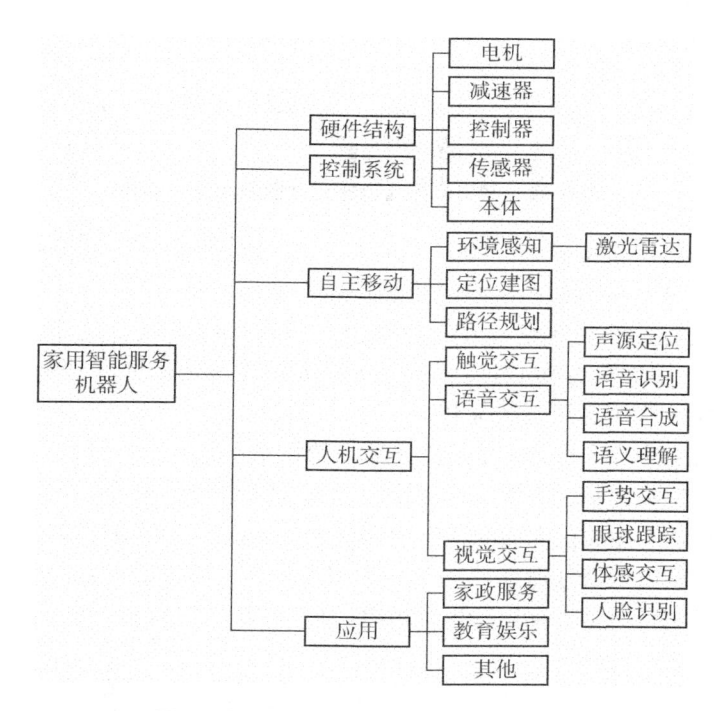

```
家用智能服务机器人
├── 硬件结构
│   ├── 电机
│   ├── 减速器
│   ├── 控制器
│   ├── 传感器
│   └── 本体
├── 控制系统
├── 自主移动
│   ├── 环境感知 ── 激光雷达
│   ├── 定位建图
│   └── 路径规划
├── 人机交互
│   ├── 触觉交互
│   ├── 语音交互
│   │   ├── 声源定位
│   │   ├── 语音识别
│   │   ├── 语音合成
│   │   └── 语义理解
│   └── 视觉交互
│       ├── 手势交互
│       ├── 眼球跟踪
│       ├── 体感交互
│       └── 人脸识别
└── 应用
    ├── 家政服务
    ├── 教育娱乐
    └── 其他
```

图 6-1 家用智能服务机器人技术分解

6.2.1 自主移动和人机交互技术专利占比高

课题组从硬件结构、控制系统、自主移动、人机交互和应用五部分对家用智能服务机器人专利状况进行整体分析。

1. 家用机器人全球产销地集中，专利大国占据主导地位

家用服务机器人全球专利申请数量在 2010 年后再次进入明显增长期，中国专利申请数量持续增长，家用智能服务机器人技术发展基础扎实。

如图 6-2 所示，从全球专利申请量趋势来看，家用智能服务机器人相关技术起步于 1965 年，在 1996~2001 年发展十分迅速，在 2002~2009 年波动上涨，2010 年后，增长率明显有所提升，2013 年专利申请量达到顶峰，全球申请量已经超过 16500 项。

在家用智能服务机器人相关技术的中国专利申请分布中，20 世纪 80 年

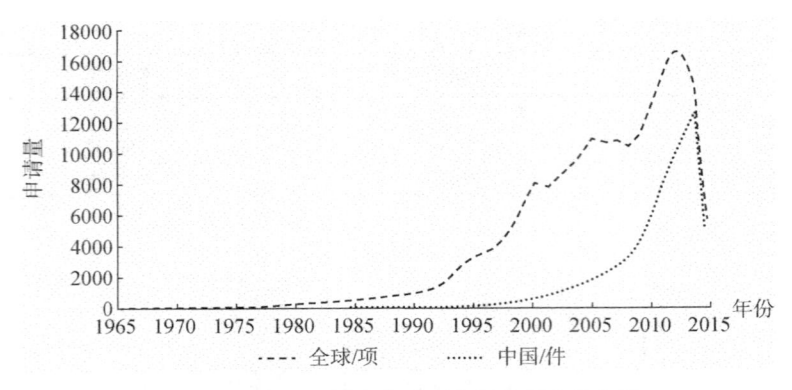

图 6-2 家用机器人全球和中国专利申请趋势

代中期开始出现相关专利，2003～2010 年，年均增长量呈现快速增长势头，2011～2015 年，专利数量呈现出更加快速上涨的趋势。

服务机器人的发展是与人工智能技术所取得的进展息息相关。近年来，随着人工智能的再次蓬勃发展，服务机器人再度进入高速发展的轨道，2015 年更是被定义为服务机器人元年。

人机交互和自主移动是申请占比最大的技术主题，其次是硬件结构、应用和控制系统技术主题。如图 6-3 所示，从技术主题分布来看，全球和中国关于智能服务机器人相关技术的专利申请多集中在人机交互和自主移动，其中，人机交互技术的申请量分别有 126087 件和 31475 件，占比为 55% 和 42%；自主移动技术的专利申请量有 49247 件和 19103 件，占比为 21% 和 25%。

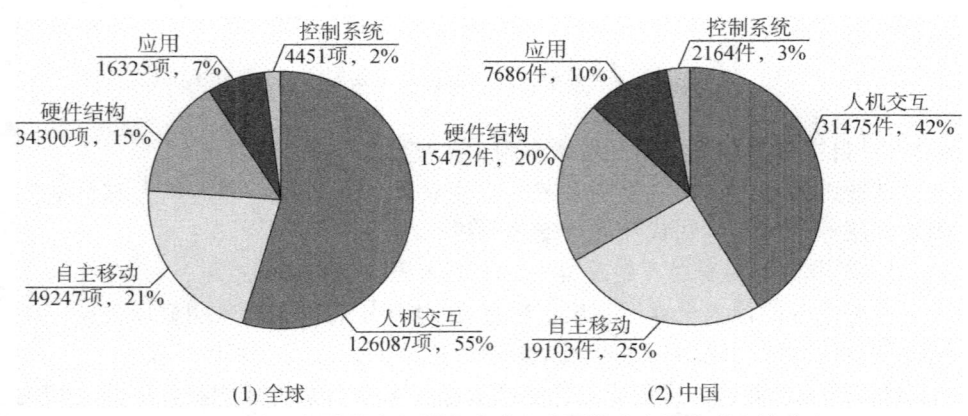

图 6-3 家用智能服务机器人全球和中国技术主题专利申请分布

家用智能服务机器人是服务机器人领域的一个重要分支，其是集多学科于一体的综合性很强的新技术，精密电机和执行机构等硬件结构申请量分别有 34300 件和 15472 件，分别仅占到 15% 和 20%。

6 家用服务机器人关键技术

日本、美国、中国、韩国、德国和欧洲家用智能服务机器人相关技术的首次专利申请占到申请总量的 90%，特别是日本、美国、中国的首次专利申请之和占到了申请总量的 74%。其中，日本的首次申请居第一位，这与日本机器人市场成熟，本土企业的国际竞争力强有关。

同时，申请人在美国、日本、中国、欧洲、韩国和德国在家用智能服务机器人相关技术领域的专利或申请占到全球总申请量的 78%，其中，美国、日本和中国是排名前 3 位的目标市场国，分别占据 21%、19% 和 19% 的市场份额。

全球主要申请人主要集中在日美等发达国家，中国尚无龙头企业入围。目前，全球申请量排名前 20 位的申请人主要来自日本、美国、韩国和欧洲，其中，日本有 11 个，美国有 5 个，韩国和欧洲各有 2 个。中国企业尚无缘前 20 位。

如图 6-4 所示，从入围企业可看出，涉及的企业类型各异，包括电子产品和半导体制造商、通信技术类公司、大型跨国集团、极具创新意识和研发能力的科技公司。而专门进行机器人研发的企业由于申请量较少并没上榜，从中也可以看出家用智能服务机器人领域的进步取决于计算机、信息处理、传感器和驱动器、通信和网络等其他领域的发展。

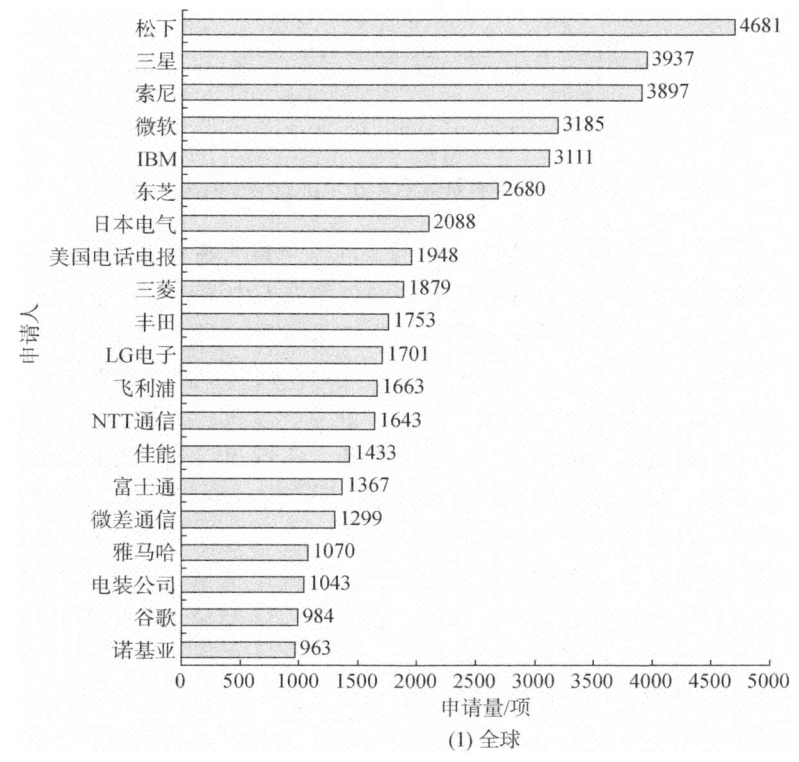

申请人	申请量/项
松下	4681
三星	3937
索尼	3897
微软	3185
IBM	3111
东芝	2680
日本电气	2088
美国电话电报	1948
三菱	1879
丰田	1753
LG电子	1701
飞利浦	1663
NTT通信	1643
佳能	1433
富士通	1367
微差通信	1299
雅马哈	1070
电装公司	1043
谷歌	984
诺基亚	963

(1) 全球

图 6-4 家用智能服务机器人全球和中国重要申请人排名

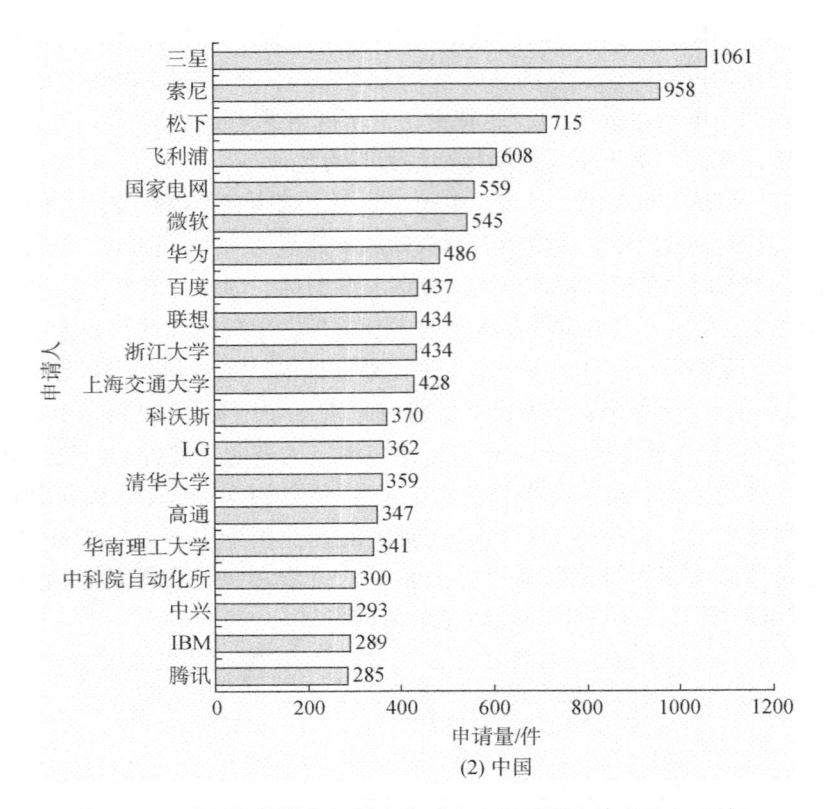

前沿技术领域专利竞争格局与趋势（Ⅳ）

申请人	申请量/件
三星	1061
索尼	958
松下	715
飞利浦	608
国家电网	559
微软	545
华为	486
百度	437
联想	434
浙江大学	434
上海交通大学	428
科沃斯	370
LG	362
清华大学	359
高通	347
华南理工大学	341
中科院自动化所	300
中兴	293
IBM	289
腾讯	285

(2) 中国

图 6-4　家用智能服务机器人全球和中国重要申请人排名（续）

2. 美、日、韩等跨国企业来华布局，在华申请人高校占近半

国内竞争形势严峻，日韩美均有跨国企业进入中国。在华申请量前20名申请人中，日本、韩国、美国和荷兰均有企业入围。这些申请人都是重视中国市场的跨国龙头企业。中国主要申请人集中在知名企业和重点高校。

从全国各省市专利申请来看，广东、北京、江苏、上海、浙江的申请量占据了全国申请量前5位，其专利申请总和占将近60%，广东的申请量主要集中在以华为、中兴和腾讯为代表的知名互联网企业；北京的申请量主要集中在以联想、百度和国家电网为代表的企业，以及以清华大学、中国科学院自动化研究所为代表的高校和科研院所；江苏的申请量主要集中在东南大学等高校以及科沃斯等新兴企业。这些申请人的申请领域主要集中在人机交互领域、自主移动领域和硬件结构领域。

在华申请量前20名申请人中，中国占12个，其中高校和科研院所近50%，企业虽然有7家，但申请量最大的企业国家电网的申请量与排名第一位的三星相比，申请量也仅占其1/2；国家电网在工业机器人方面，尤其在变电站智能巡检机器人方面拥有诸多专利；而诸如变电站智能巡检机器人方面所涉及的硬件、控制系统和自主移动等技术可以应用到家用智能服务机器人领域，而华为、百度和联想等则在人机交互的技术主题上拥有诸多专利，排名也比较靠前；浙江大学、上海交通大学、清华大学、华南理工大学和中国科学院自动化研究所都榜上有名，这充分说明了智能服务机器人在多个技术层面都处于研发活跃阶段，有待研发突破。

3. 机器人与人类同环境共协作，智能技术成就未来发展

全球关于智能服务机器人相关技术的专利申请多集中在人机交互和自主移动，其中人机交互的申请占比最大，达到55%，其次是自主移动，占比21%，硬件结构，占比15%，在中国申请量数据中，人机交互和自主移动同样是专利布局热点，分别占比42%和25%，由此可见，人机交互和自主移动已是目前技术发展的主要着眼点。

6.2.2 自主移动技术专利申请侧重环境感知

自主移动技术分为环境感知、定位建图、路径规划三个分支，其中定位建图和路径规划属于后端计算环节，专利申请如表6-2所示。

表6-2 环境感知、定位建图和路径规划专利态势基本状况

项目		环境感知	定位建图	路径规划
申请量	全球/项	37392	3476	4656
	中国/件	12957	1612	2448
首次申请国	全球/项	日本（14301） 中国（10553） 美国（4618） 德国（3210） 韩国（1595）	美国（1450） 中国（1095） 韩国（245） 日本（200） WO（133）	中国（2114） 日本（968） 美国（713） 韩国（321） 德国（189）
目标市场国	全球/项	日本（15327） 中国（12957） 美国（9299） 欧洲（4804） 德国（5324）	美国（1778） 中国（1525） WO（870） 欧洲（645） 日本（524）	中国（2419） 美国（1210） 日本（1146） 欧洲（509） 韩国（457）

续表

项目		环境感知	定位建图	路径规划
主要申请人	全球/项	电装公司（1043） 丰田（1019） 日产汽车（929） 三菱（792） 罗伯特·博世（685）	三星（98） 微软（86） 诺基亚（76） IBM（72） 谷歌（72）	丰田（123） 松下（120） 三星（93） 国家电网（74） ABB（70）
	中国/件	罗伯特·博世（184） 电装公司（128） 中科院上海光学精密机械所（93） 哈尔滨工业大学（83） 北京航空航天大学（73）	高通（42） 国家电网（37） 联想（34） 东南大学（21） 通腾（20）	国家电网（74） 科沃斯（43） 东南大学（36） 北京工业大学（33） 中科院自动化所（33）

1. 日本、中国、美国为主要原创国，目标市场中国备受关注

日本、美国、中国是自主移动技术的首次申请国，中国首次专利申请量已超过美国，自主移动专利布局技术主题构成偏重环境感知。如图6-5所示，全球自主移动技术专利申请量为42723项。日本、中国和美国排名前3位。从申请趋势来看，日本于20世纪90年代初进入明显增长期，此后波动上升。美国则在2010年前缓慢增长，之后上升趋势明显。中国相关专利申请趋势具有起步晚，增速快的特点。1990年之后出现零星专利申请，之后缓慢增长，2006年开始出现比较快速的增长，2012年后增速进一步提高。从专利申请的技术主题来看，日本、中国和美国环境感知技术主题占比分别达到93%、74%和68%；相比日本，美国和中国在路径规划和定位建图技术主题申请量上相对较高。

如图6-6所示，日本、美国、中国是自主移动技术的主要目标市场国，中国市场专利布局关注度逐渐增加。

日本、中国和美国是自主移动技术排名前3位的目标市场国。以美国、日本和欧洲为目标市场地专利申请量在2012年达到峰值后，从2013年开始逐渐下降。而以中国和韩国为目标市场国的专利申请量一直缓慢上升。在自主移动技术的目标市场国中，美国、日本和欧洲的关注程度逐渐降低，对中国和韩国的关注程度逐渐增加。

在各国的技术主题占比方面，以美国、日本、欧洲为目标市场地的专利申请中，环境感知技术占比最高，其次是路径规划，定位建图分支的占比最

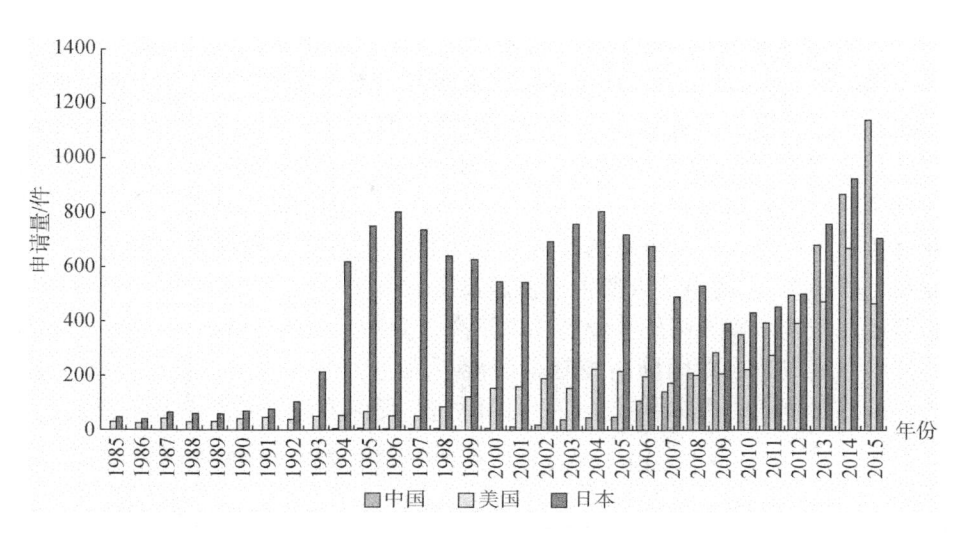

图 6-5 家用智能服务机器人日本、美国、中国自主移动技术主题首次申请趋势

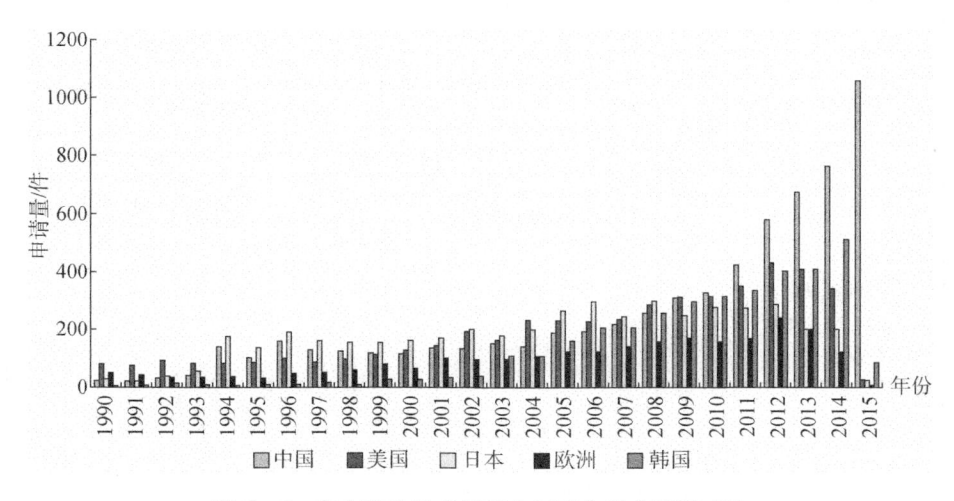

图 6-6 自主移动技术目标市场国专利申请量对比

低。可见，在美国、日本、欧洲市场布局的自主移动技术专利构成上偏重于环境感知技术。以中国为目标市场国的专利申请中，环境感知技术专利申请占比为 38%，路径规划技术专利申请占比为 37%，定位建图技术专利申请占比为 25%；在中国市场布局的自主移动技术专利构成上偏重于路径规划技术。以韩国为目标市场的专利申请中，环境感知技术占比为 34%，定位建图技术占比为 37%，路径规划技术占比为 29%；在韩国市场布局的自主移动技术专利构成上比较偏重于定位建图技术。

2. 在华申请人以高校和科研院所为主，跨国企业进入中国布局

通过表6-3可知，在环境感知技术领域，国内高校申请人有9个，国外企业有8个，国内企业有2个，国内研究所有1个；在定位建图技术领域，国外企业有11个，国内高校有7个，国内企业和国内研究所各1个；在路径规划领域，国内高校有13个，国内企业有3个，国内研究所有2个，国外企业有2个。在进入中国市场的国外企业方面，仅有定位建图技术分支国外企业在排名前20位的申请人所占比例较高，共有11个，占比55%，环境感知和路径规划技术领域国外企业占比均不高，分别为40%和10%。在华自主移动技术专利申请人以国内高校和科研院所为主。进入中国市场的国外企业，包括传感器企业、汽车制造企业、计算机软/硬件公司、电子设备制造企业。

表6-3 自主移动技术各分支技术在华申请前20位申请人　单位：件

排名	环境感知			定位建图			路径规划		
	申请人名称	类型	申请量	申请人名称	类型	申请量	申请人名称	类型	申请量
1	罗伯特·博世	国外企业	184	高通股份有限公司	国外企业	42	国家电网	国外企业	74
2	电装公司	国外企业	128	国家电网公司	国内企业	37	科沃斯	国内企业	43
3	中国科学院上海光学精密机械研究所	国内科研机构	93	联想（北京）有限公司	国内企业	34	东南大学	国内高校	36
4	哈尔滨工业大学	国内高校	83	东南大学	国内高校	21	北京工业大学	国内高校	33
5	北京航空航天大学	国内高校	73	通腾科技股份有限公司	国外企业	20	中科院自动化研究所	国内科研机构	33
6	丰田汽车株式会社	国外企业	73	三星电子株式会社	国外企业	20	北京理工大学	国内高校	31
7	浙江吉利集团	国内企业	70	微软公司	国外企业	17	上海交通大学	国内高校	31

续表

排名	环境感知			定位建图			路径规划		
	申请人名称	类型	申请量	申请人名称	类型	申请量	申请人名称	类型	申请量
8	浙江大学	国内高校	70	北京工业大学	国内高校	16	山东鲁能智能技术有限公司	国外企业	30
9	成都万先自动化科技有限责任公司	国内企业	62	上海交通大学	国内高校	16	哈尔滨工程大学	国内高校	30
10	南京信息工程大学	国内高校	59	深圳先进技术研究院	国内科研机构	15	中国科学院沈阳自动化研究所	国内科研机构	29
11	北京理工大学	国内高校	57	北京航空航天大学	国内高校	15	浙江大学	国内高校	27
12	莱卡地球系统公开股份有限公司	国外企业	55	谷歌公司	国外企业	13	北京航空航天大学	国内高校	27
13	东南大学	国内高校	53	清华大学	国内高校	13	ABB技术有限公司	国外企业	24
14	通用	国外企业	53	国际商业机器公司	国外企业	13	华南理工大学	国内高校	22
15	武汉大学	国内高校	51	高德软件有限公司	国外企业	11	浙江工业大学	国内高校	21
16	三菱电器公司	国外企业	49	苹果公司	国外企业	11	哈尔滨工业大学	国内高校	20
17	上海交通大学	国内高校	48	诺基亚公司	国外企业	10	清华大学	国内高校	19
18	现代汽车有限公司	国外企业	48	英特尔公司	国外企业	10	三星电子株式会社	国外企业	19

续表

排名	环境感知			定位建图			路径规划		
	申请人名称	类型	申请量	申请人名称	类型	申请量	申请人名称	类型	申请量
19	北京工业大学	国内高校	44	浙江大学	国内高校	10	上海大学	国内高校	18
20	法罗科技有限公司	国外企业	44	三菱电机株式会社	国外企业	9	苏州工业园区职业技术学院	国内高校	17

3. 环境感知方向的传感部件受制国外，需寻求突破

自主移动领域环境感知方向的传感部件受制于国外企业。环境感知领域全球专利申请量排名前20位的申请人全部来自国外企业，目前，自主移动环境感知部件依然受制于国外企业。这些国外企业主要来自日本、德国（见表6-4）。

表6-4 环境感知技术分支主要外国企业专利申请

排名	环境感知		
	申请人名称	类型	申请量/件
1	电装公司	外国企业	1043
2	丰田	外国企业	1019
3	日产汽车	外国企业	929
4	三菱	外国企业	792
5	罗伯特·博世	外国企业	685
6	松下	外国企业	645
7	本田	外国企业	624
8	日立	外国企业	363
9	东芝	外国企业	288
10	西门子	外国企业	246
11	马自达	外国企业	222
12	戴姆勒克莱斯勒	外国企业	220
13	欧姆龙	外国企业	219
14	现代汽车	外国企业	213
15	住友电器	外国企业	195
16	日本爱信精机	外国企业	175
17	三洋电器	外国企业	170
18	法雷奥公司	外国企业	170
19	富士重工	外国企业	164
20	西克公司	外国企业	153

日本在申请人数量方面具有明显的优势。在企业类型方面，涉及传统传感器企业、与机器人自主移动技术可通用的汽车制造企业、电子电器设备制造企业、军工背景企业。在排名前20位的主要申请人中并没有出现中国企业，相较于中国在技术输出国排名第二位的情况，中国在环境感知领域没有形成龙头企业，单个企业的专利申请数量不多。

激光雷达传感器低成本化技术主要掌握于日本北阳电机、德国西克、罗伯特·博世、威力登公司；涉及扫描系统、光学系统和信号处理方面的改进。如图6-7所示，对激光雷达传感器低成本化的重点专利进行分析和梳理，目前，低成本化的途径主要通过对扫描系统、光学系统和信号处理系统方面进行改进。这部分技术主要掌握在日本北阳电机、德国西克、罗伯特·博世、威力登公司手中。在技术方面，通过简化随电机部件、采用MEMS微镜扫描系统或采用光学相控阵固态激光雷达来对旋转扫描部件的相关结构进行改进、光路系统改进、改进感光元件及相关电路和信号处理。

4. 后端计算布局国内外差距小，专利布局留白多

中国的路径规划技术申请量已经超过日本和美国，定位建图技术申请量仅次于美国。如图6-8所示，在环境感知领域，中国首次申请的专利申请虽然超过了美国、欧洲和韩国，但是与日本还有一定差距。在定位建图领域，以中国为首次申请国的专利申请总量已经超越了日本和韩国，但和美国还有一些差距。在路径规划领域，以中国为首次申请国的专利申请量排名全球第一。说明我国在自主移动技术的后端计算环节的专利布局中，路径规划技术分支已经超过日本、美国，地图定位技术分支也仅次于美国。

如图6-9所示，环境感知、定位建图和路径规划三个技术分支前50名创新主体中，国外企业申请人数量依次减少，国内高校和科研院所申请人数量依次递增。

环境感知、定位建图和路径规划三个分支前50创新主体，国外企业申请人数量依次减少，国内高校和科研院所申请人数量依次递增。

在自主移动领域申请人中，企业类型包括：传感器公司、机器人产品及配件制造商、计算机软/硬件公司、可转用自主移动技术的汽车制造企业、电子设备制造商。

定位建图和路径规划专利布局起步相对较晚，数量不多，存在专利布局空间。如图6-10和图6-11所示，在全球专利布局方面，环境感知专利布局于1967年开始，截至2016年9月，该领域总申请量达到45524项。定位建图和路径规划技术分支专利布局分别始于1984年和1972年，总申请量分别达到3476项和4656项。

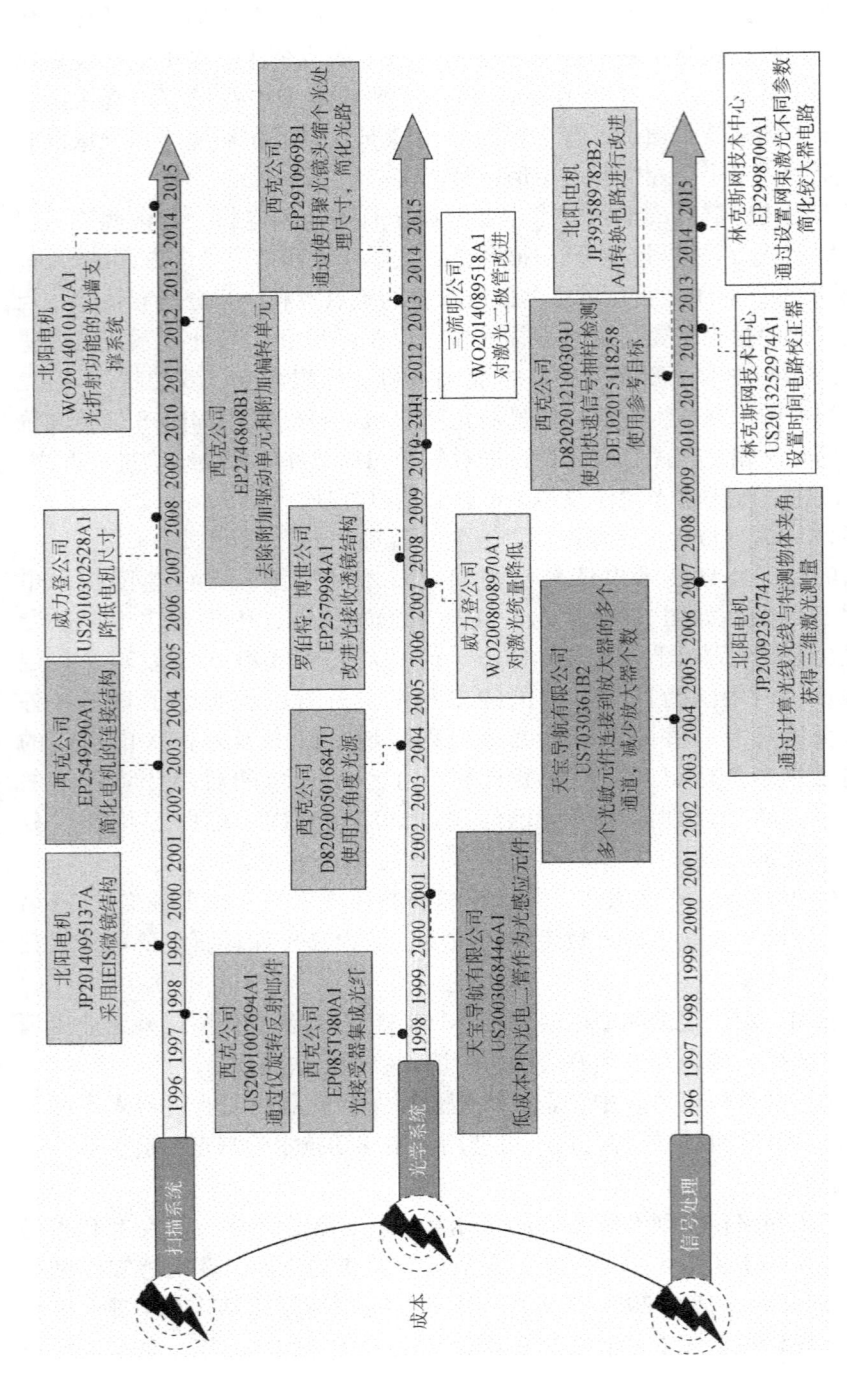

图 6-7 激光雷达传感器低成本技术改进主要申请人发展路线

6 家用服务机器人关键技术

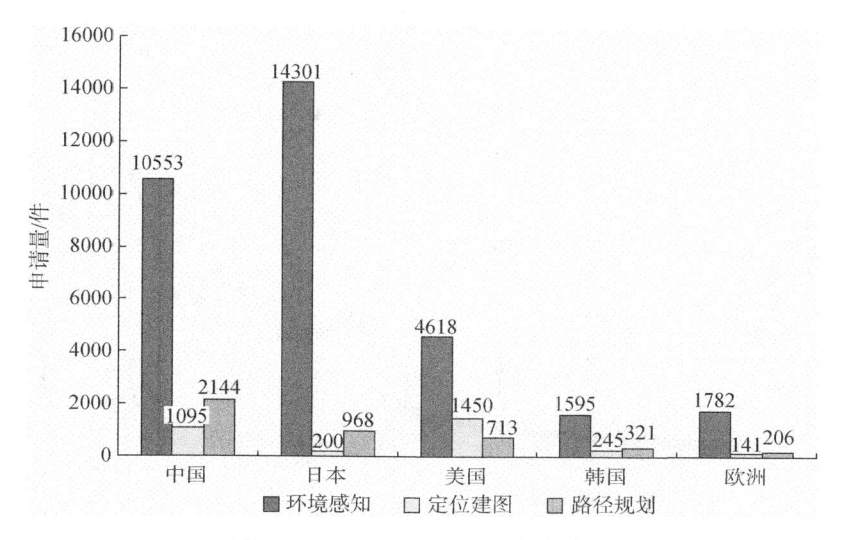

图6-8 自主移动技术中、美、日、欧、韩五局各分支专利首次申请量对比

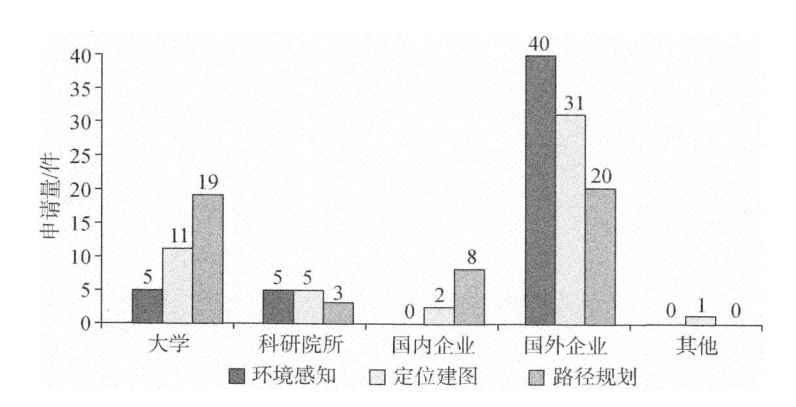

图6-9 自主移动技术各分支全球前50位申请人对比

在中国专利布局方面，环境感知技术分支专利布局始于1984年，截至2016年9月，该领域总申请量达到12957件。定位建图技术分支专利布局始于1995年，该领域总申请量达到1612件。路径规划技术分支专利布局始于1986年，总申请量达到2448件。

在自主移动技术中，环境感知技术分支专利布局起步最早，布局专利的数量远远超过了其他两个领域，其专利布局格局已经比较成熟，可利用的技术空白点比较少，存在专利壁垒。定位建图和路径规划两个技术领域，专利布局开始时间比较晚，数量较少，存在专利布局的空间。

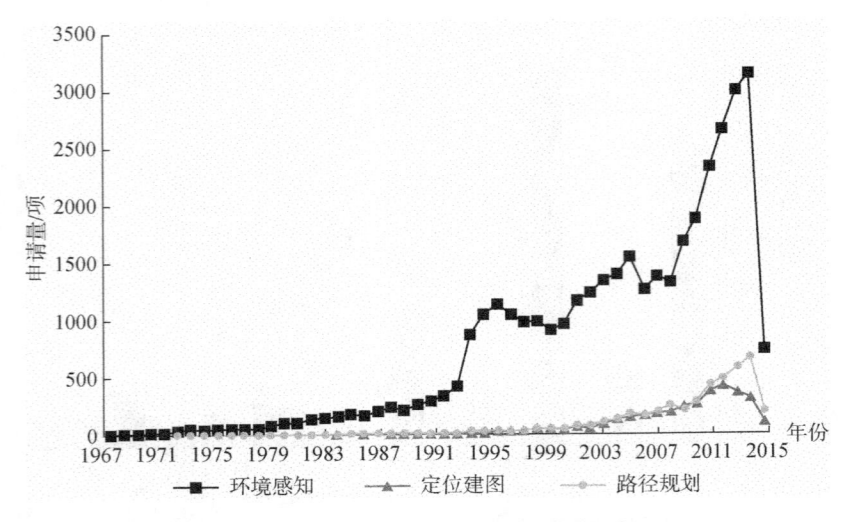

图 6-10 自主移动各技术分支全球专利申请量趋势对比

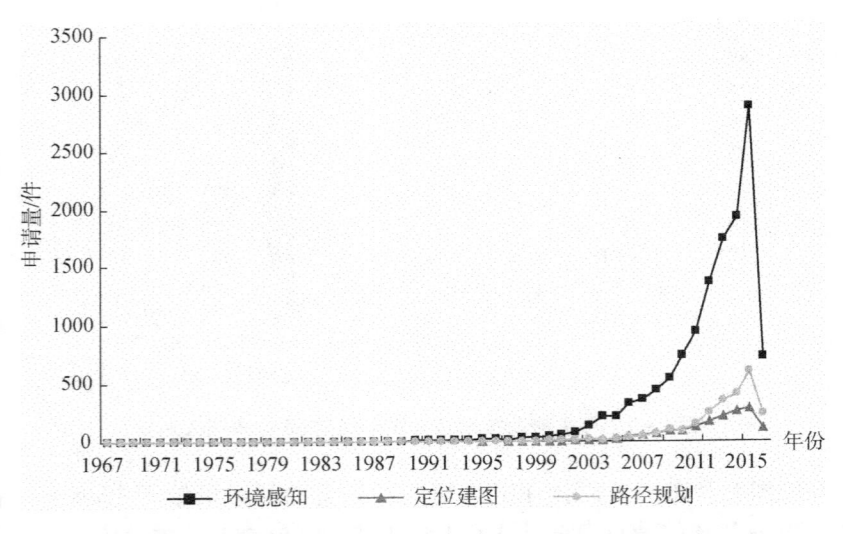

图 6-11 自主移动各技术分支中国专利申请量趋势对比

6.2.3 人机交互专利集中在语音交互分支

人机交互技术划分为触觉交互、语音交互、视觉交互三个技术分支。全球和中国人机交互技术的专利申请绝大多数集中在语音交互分支领域。

1. 语音交互进入第二技术成长期，触觉交互持续增长，视觉交互爆发

由于深度学习开始应用于语音识别、语音合成以及语义理解，语言交互技术分支申请量大幅回升，成为第二技术成长期。

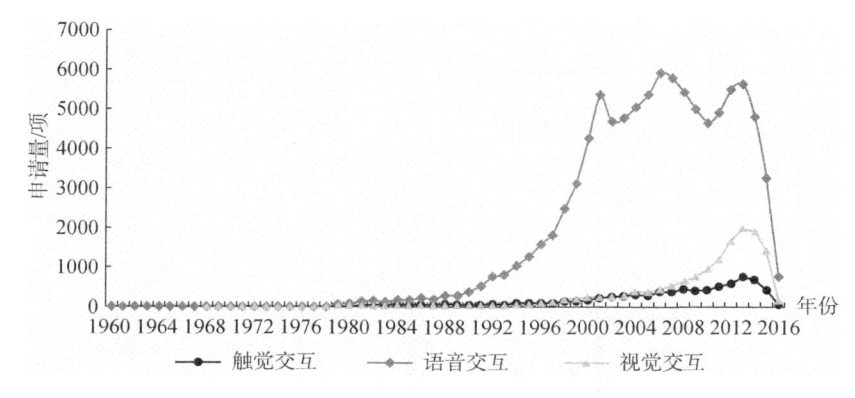

图 6-12　人机交互各技术分支全球专利申请量趋势对比

如图 6-12 所示，在人机交互技术全球专利申请趋势方面，语音交互技术经过较长时间的发展，在全球大部分市场已经较为成熟，专利申请在 2001 年达到第一个高峰，2006 年达到第二个高峰。在 2007~2011 年，语音交互技术的发展进入瓶颈期，申请量持续下跌，2010 年到达谷底。随后由于深度学习开始应用于语音识别、语音合成以及语义理解，语音交互技术产生新的突破，申请量大幅回升，成为第二技术成长期，预计未来的专利申请还将持续快速增长。未来研究的重点和热点将集中于自然语言的理解。

视觉交互技术在 2005~2015 年有了较大的增长，且增长趋势非常迅猛。在 2005~2010 年发展速度明显加快，在 2010 年突破 1000 项。2010 年后，申请量出现爆发式增长，说明视觉交互技术经过前期的积累，正处于技术爆发期。触觉交互技术在 1990~2005 年开始进入增长期，2005 年之后，增长明显有所提升，触觉交互技术的爆发式增长和机器人发展的新浪潮密不可分。

新一轮深度学习的语音交互新技术在中国与全球的发展脚步一致，说明中国企业具有较强的技术实力。国内视觉交互技术的研发已追赶上全球的技术发展脚步，进入蓬勃发展时期。

如图 6-13 所示，在人机交互中国专利申请趋势方面，我国的语音交互技术在 2006 年与全球同步达到波峰，之后不断下降，2009 年跌至谷底，并在随后逐步攀升，说明在这一轮采用深度学习的语音交互新技术介入时，中国与全球的发展脚步一致。触觉交互技术和视觉交互技术的中国与全球的发展趋势一致，说明国内视觉交互技术的研发已追赶上全球的技术发展脚步，进入蓬勃发展时期。

2. 触觉交互技术领域美国英默森占优势，国内东南大学实力不俗

如图 6-14 所示，美国、中国、日本、WIPO 国际局和韩国为大多数企

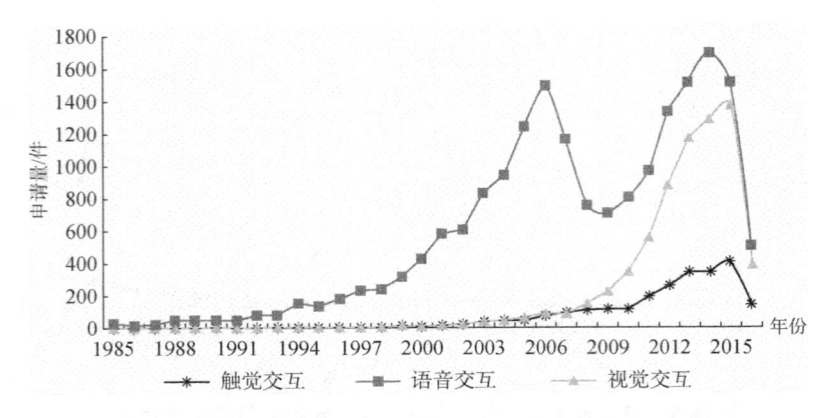

图 6-13 人机交互各技术分支中国专利申请量趋势对比

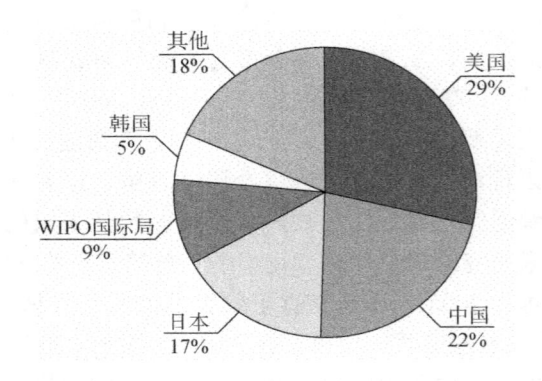

图 6-14 触觉交互技术主要目标市场专利分布

业认为需要进行专利保护和技术垄断的关键地区。目标市场美国和中国的申请量分别排第一位和第二位,这也意味着,中国在实施触摸交互技术时要关注专利侵权风险,企业在实施技术时可能存在较多专利壁垒。美国、中国和日本位于第一梯队,目前没有拉开太大的差距,说明随着中国近些年的发展,越来越受到各国关注;中国企业也应当在越来越激烈的市场竞争中把握住机会,抓住优势。

如图 6-15 所示,从全球专利申请量排名前 20 位的申请人来看,美国英默森在触觉交互技术领域具有绝对的优势,排第 2~20 位的企业均没有较大差距。

从中国专利申请量排名前 20 位的申请人来看,排名第一位的是英默森,东南大学排第四位(56 件),仅略落后于三星(63 件)和苹果(57 件),但与英默森(275 件)仍有较大差距。

6 家用服务机器人关键技术

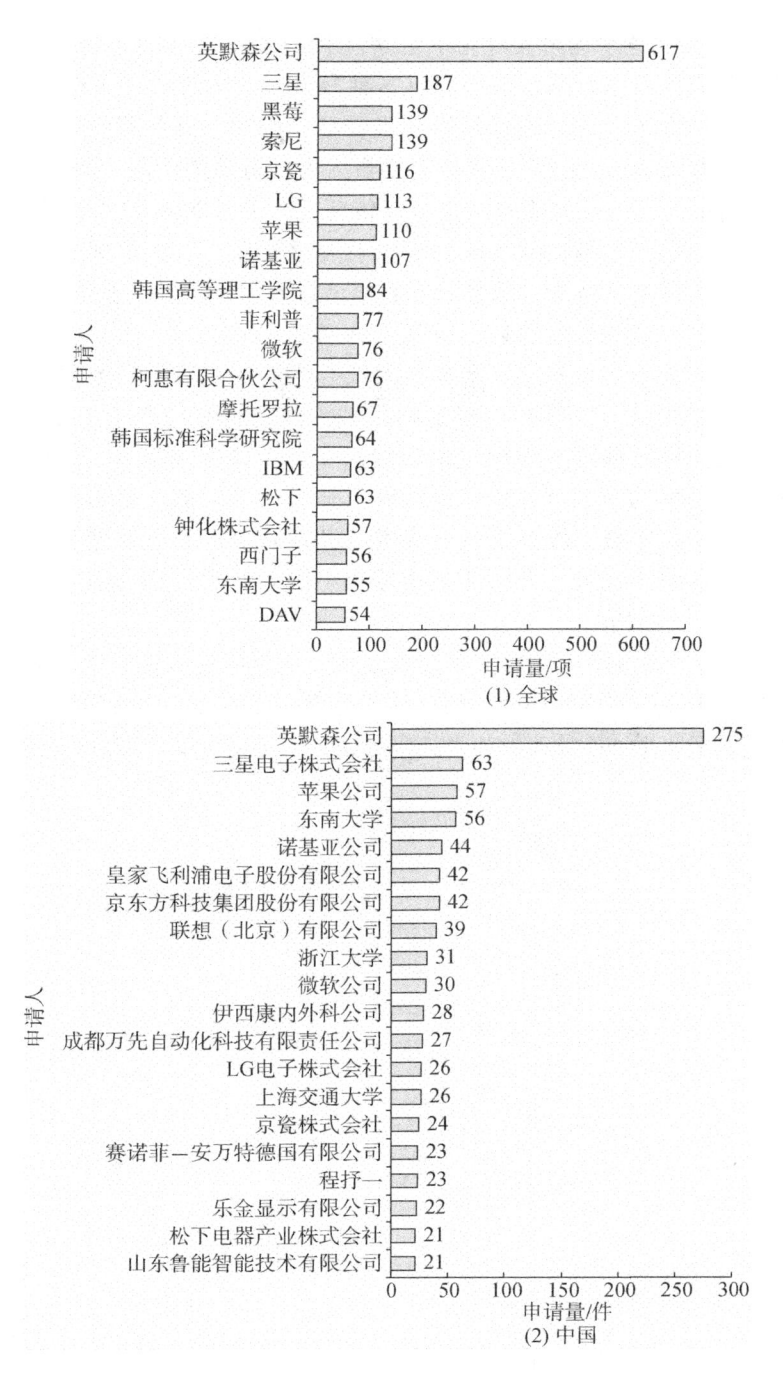

(1) 全球

申请人	申请量/项
英默森公司	617
三星	187
黑莓	139
索尼	139
京瓷	116
LG	113
苹果	110
诺基亚	107
韩国高等理工学院	84
菲利普	77
微软	76
柯惠有限合伙公司	76
摩托罗拉	67
韩国标准科学研究院	64
IBM	63
松下	63
钟化株式会社	57
西门子	56
东南大学	55
DAV	54

(2) 中国

申请人	申请量/件
英默森公司	275
三星电子株式会社	63
苹果公司	57
东南大学	56
诺基亚公司	44
皇家飞利浦电子股份有限公司	42
京东方科技集团股份有限公司	42
联想（北京）有限公司	39
浙江大学	31
微软公司	30
伊西康内外科公司	28
成都万先自动化科技有限责任公司	27
LG电子株式会社	26
上海交通大学	26
京瓷株式会社	24
赛诺菲—安万特德国有限公司	23
程抒一	23
乐金显示有限公司	22
松下电器产业株式会社	21
山东鲁能智能技术有限公司	21

图6-15　触觉交互技术全球和中国前20位申请人排名

3. 语音交互技术国内具有竞争实力，中文语音识别优势明显

在语音交互技术领域，美国和日本拥有许多实力强劲的大公司，其产业链完整。美国在语音交互技术领域起步较早，例如，贝尔实验室、IBM等代表性申请人早在20世纪50年代就开始投入大量资源进行语音研究。近年来，微软、Google、苹果等大型跨国企业，依托云计算、网络技术、硬件性能的快速发展，应用深度神经网络等理论成果大幅提高了语音识别和合成等技术的可用性。我国在企业参与数量和专利申请量方面与国外企业还有一定差距，但是技术发展已经到达成熟期，基础专利已经完成布局，华为、中科院声学研究所、清华大学等单位已经掌握了大批智能语音领域核心专利。在智能语音技术分类中的语音合成和语音识别领域，国内企业进行了大量技术储备，特别是中文识别等涉及本土化技术和数据库，优势比较明显。但是，科大讯飞作为中国最大的中文语音技术提供商，其专利申请仍严重不足，与其占有的庞大市场份额不符。国外企业在我国已经布局了很多语音专利，国内企业为获得有利的竞争优势，必须注重全球和中国的专利布局，建立专利池，以应对跨国公司的竞争。

如图6-16所示，在语音交互技术领域，国外申请人在中国市场占据主导地位，国内企业需要继续推进专利布局才可以与之抗衡；同时通过合作或者收购的方式，来获得一些原有的语音技术公司，也是提升专利实力的重要方式。

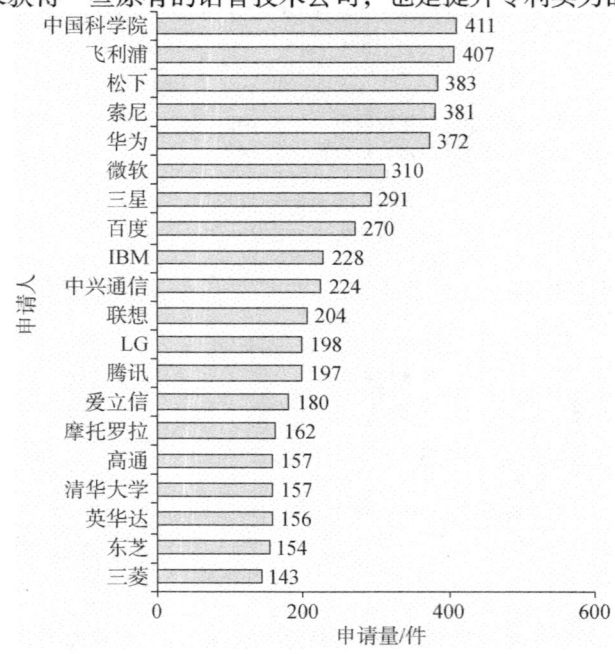

申请人	申请量/件
中国科学院	411
飞利浦	407
松下	383
索尼	381
华为	372
微软	310
三星	291
百度	270
IBM	228
中兴通信	224
联想	204
LG	198
腾讯	197
爱立信	180
摩托罗拉	162
高通	157
清华大学	157
英华达	156
东芝	154
三菱	143

图6-16 语音交互技术中国专利申请前20名申请人排名

目前，我国排名前 20 位的申请人主要分为三类：第一类是传统语音技术厂商，例如清华大学、中科院声学研究所、自动化研究所等；第二类是互联网企业，例如腾讯、百度等，它们不断通过合作或者收购的方式，来获得收购语音技术公司专利，并在此基础上加入自己的相关元素和想法，使得当前的语音技术越来越成熟，服务方向也更加多元化、人性化；第三类是大型移动通信产品制造企业，如华为、中兴、联想等。另外，国内在语音技术方面技术领先的科大讯飞，其专利申请量排名尚不靠前。说明国内企业在积极进行自主创新的同时，仍应注重自主知识产权保护，在国内外市场上进行有效专利布局。

全球关于语音交互技术的专利申请多集中在语音识别，其次是语音合成和语义理解，声源定位占比很少。其中，语音识别是语音交互技术的基础，其发展最早。语音合成技术在语音识别技术之后发展，经历了可训练语音合成、统计参数语音合成等技术，不断提高合成的音色和自然度以及合成的自动化，在语音交互技术中占比较大。语义理解是人机交互智能化发展的重要部分，其决定了智能化的发展程度，其发展相对语音识别和语音合成较晚。2010 年之后，深度学习被应用于语义理解，大大提升了语义理解的智能化，可以预见，语义理解在语音交互技术中的重要度和占比将会大大提升。声源定位技术占比很少与其适用的场合有关，早期的语音通信并不需要声源定位技术，随着多人电话视频会议以及机器人、人机交互技术的发展，为准确确定不同的声源位置，声源定位与分离技术才逐渐发展起来。随着语音交互技术的多样化发展和适应性的提高，其在家用服务机器人领域将会越来越受重视。

4. 视觉交互技术正处于爆发期，国内尚无企业入围

美国、中国、日本、欧洲、和韩国是视觉交互技术领域主要的目标市场地，美国市场依然是全球企业最重视的市场，以 26% 的比例居于首位。美国、中国、日本、欧洲、韩国的全球首次专利申请占到视觉交互技术申请总量的 90% 以上，上述国家或地区是该领域的主要技术力量，美国在机器人、人机交互行业一直处于领先地位。

我国应该努力提高自身实力，根据自身情况及早采取措施，防范风险。

从全球专利申请排名前 15 位的申请人来看，其主要来自日本、美国、中国、韩国。其中，日本的企业数量最多，尤其是知名企业索尼、松下、佳能、日立等，这些企业在图像、视觉技术领域具有深厚的技术积累，这些技术涉及了视觉交互技术的底层和基础技术，因此，日本企业在视觉交互技术领域具有深厚的技术基础和专利积积累，其申请的专利有可能成为未来视觉交互领域的核心专利和技术壁垒；美国企业例如微软、苹果等跨国企业，在人机

交互领域技术领先，中国也有部分企业进入前列，例如联想、广东欧柏等，说明我国企业也非常看好视觉交互技术领域，进行了大量的研发投入。

全球关于视觉交互技术专利申请多集中在手势交互分支，其次是人脸表情识别和眼球跟踪。手势交互技术分支作为最重要的视觉交互手段，一方面，对于使用者而言，手势交互容易操作，只需按照日常生活中的习惯做出动作，易于实现；另一方面，使用者无须穿戴任何附件或标记物，对于使用者非常方便自然，易于接受；目前，随着技术的长期积累，机器人识别手势动作的准确率也非常高，达到了用户可以接受的程度。其次，人脸表情识别技术也占了相当的比重，随着人们生活水平的提高，机器人不仅能够帮助完成一些劳动工作，而且能够智能识别用户。未来将需要机器人能够与人进行感情交流，最直接的表现就是机器人能够识别人面部的喜怒哀乐，因此，这一需求促进了人脸表情识别技术的发展。眼球追踪技术也是一个重要的技术方向，在现实生活中，人与人之间交流、人与自然交互，都伴随着视线的实时变化，而视线当前所关注的对象往往能够体现人所交互的对象，如果机器人能够识别人眼所关注的对象，则交流的效率能够得到提升，这也是未来的发展方向。

5. 语音交互技术美日遥遥领先，视觉交互技术中国具有后发优势

如图6-17所示，目前，语音交互技术发展已较为成熟，占据了较大的申请量，美国和日本在语音交互方面的申请量遥遥领先，中国则排在第三位，欧洲、韩国的申请相对较少。各个国家在视觉交互领域的差距并不明显，中国的申请量领先于日本，中国在视觉交互领域具有后发优势。

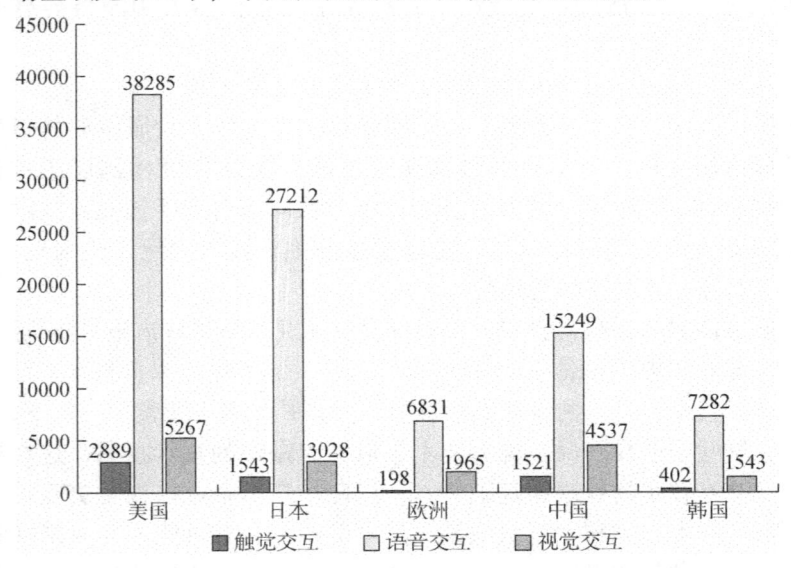

国家/地区	触觉交互	语音交互	视觉交互
美国	2889	38285	5267
日本	1543	27212	3028
欧洲	198	6831	1965
中国	1521	15249	4537
韩国	402	7282	1543

图6-17 语音交互技术各分支主要国家/地区专利申请分布

6. 语音交互技术美日目标市场巨大，抢占触觉交互市场各国机会均等

触觉交互技术和语音交互技术专利申请最早出现于1968年的美国申请，视觉交互技术专利申请最早出现于1971年的美国申请，可见，美国是这三个领域最早开始进行研究并申请专利的国家，日本紧随其后，欧洲、中国、韩国均起步较晚，20世纪80年代才开始进行该领域的专利布局。在触觉交互技术领域，美国和日本几乎在同一时期将之应用到家用智能机器人领域；在语音交互技术领域，日本则在1975年先于美国将该技术应用到家用机器中，美国直到1982年才将该技术应用于家用智能机器人，可见，日本企业非常重视家用智能机器人领域的开发研究；在视觉交互技术领域，美国于1979年开始将该技术应用到家用智能机器人，日本紧随其步伐，欧洲、韩国、中国都起步较晚。

随着交互技术的蓬勃发展，以及欧洲、韩国、中国市场的逐步崛起，各个国家/地区将上述三种交互技术逐步应用到家用智能机器人领域并开始进行专利布局。在触觉交互领域，除了韩国略晚以外，美、日、欧、中大约都是20世纪80年代开始布局，由于触觉交互技术在应用到家用智能机器人的时间相对较晚，此时各个国家/地区的市场规模已经初步达到一定程度，因此，在各个国家/地区布局的时间相差不多。在视觉和语音交互领域，由于日本作为原创国领先于美国，对日本市场的布局也领先于美国，各企业分别于1974年和1979年开始布局日本和美国市场，可见，美国和日本市场发展较快，各个企业比较重视美国和日本市场，并开始布局。相对而言，欧洲、韩国、中国市场均于20世纪90年代后期才逐渐成长起来，发展较晚。

6.2.4 主要创新主体智能化发展方向

家用智能服务机器人的主要创新主体分为两类，一类是某一项技术的领先者，比如谷歌、思岚科技和Immersion；另一类是专注于家用服务机器人制造或研发的企业，比如iRobot和Aldebaran。

1. 交互型导航技术代表未来方向，国内企业海外布局欠缺

谷歌在全球共申请了163件自主移动相关技术专利，其中，在中国共申请了21项专利。谷歌虽然在2013年下半年才正式进入智能机器人产业，但是在2005年已有相关申请。从目标地来看，中国市场一直是谷歌最重视的海外市场，不但布局较早，也是申请量最多的海外目标地。

如图6-18所示，通过对谷歌的重点专利分析可以看出，谷歌正在尝试进入基于云计算的交互型高端智能机器人领域。谷歌的重要专利主要集中在传统解决方案和基于云的网络解决方案两方面，特别重视基于云计算的交互型导航布局。

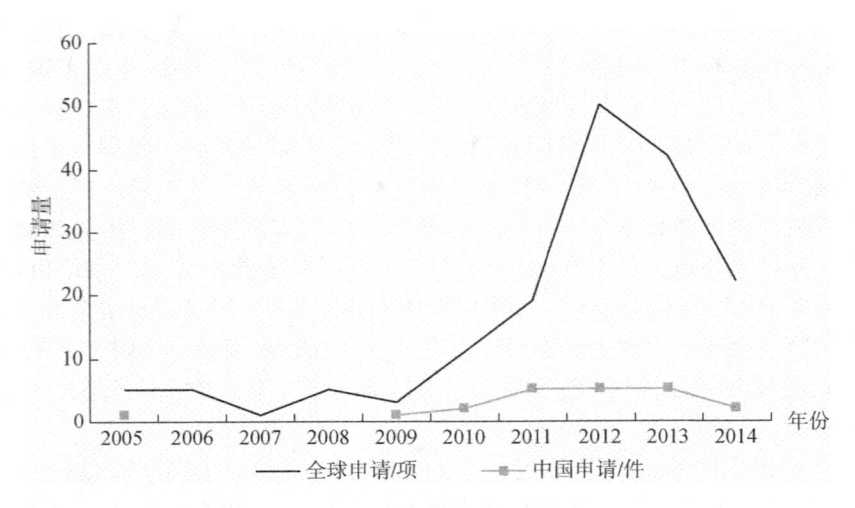

图 6-18 谷歌自主移动技术专利申请趋势

思岚科技共提交专利37件,没有在国外进行专利申请。其中,外观设计专利申请占比为13%,涉及该公司三类产品,说明思岚科技比较重视产品的外观设计保护。

如图6-19所示,通过对思岚科技的37件专利申请进行梳理发现,在激光雷达传感器方面,第一个激光雷达产品RPLIDAR在上市之后3个月,思岚科技才对该技术申请专利保护(CN104132639A)。随着时间的推移,在RPLIDAR第二代产品正式推出之前其进行了较多的专利申请。在机器人技术方面,通用机器人产品ZEUS发布之前,思岚科技也通过发明专利和外观设计专利对其产品进行保护。在模块化自主定位导航解决方案(SLAM模块)方面,思岚科技在2015年2月发布该款产品,但是相关专利申请一直没有出现,直至2016年3月,思岚科技才申请了第一件SLAM模块的外观设计专利。

根据思岚科技的专利布局情况,其专利技术分别为激光雷达技术、机器人平台技术以及SLAM模块技术。

如图6-20所示,激光雷达传感器技术是思岚科技的核心技术,其专利申请涉及提高设备的可靠性和工作寿命。在机器人技术方面,思岚科技主要研发了激光雷达以及SLAM算法在家用机器人领域的集成应用,专利申请主要涉及机器人应用场景,包括通用智能机器人平台、家政机器人、类人型服务机器人。在SLAM模块技术方面,目前还没有对其核心的SLAM运算方法进行专利保护。

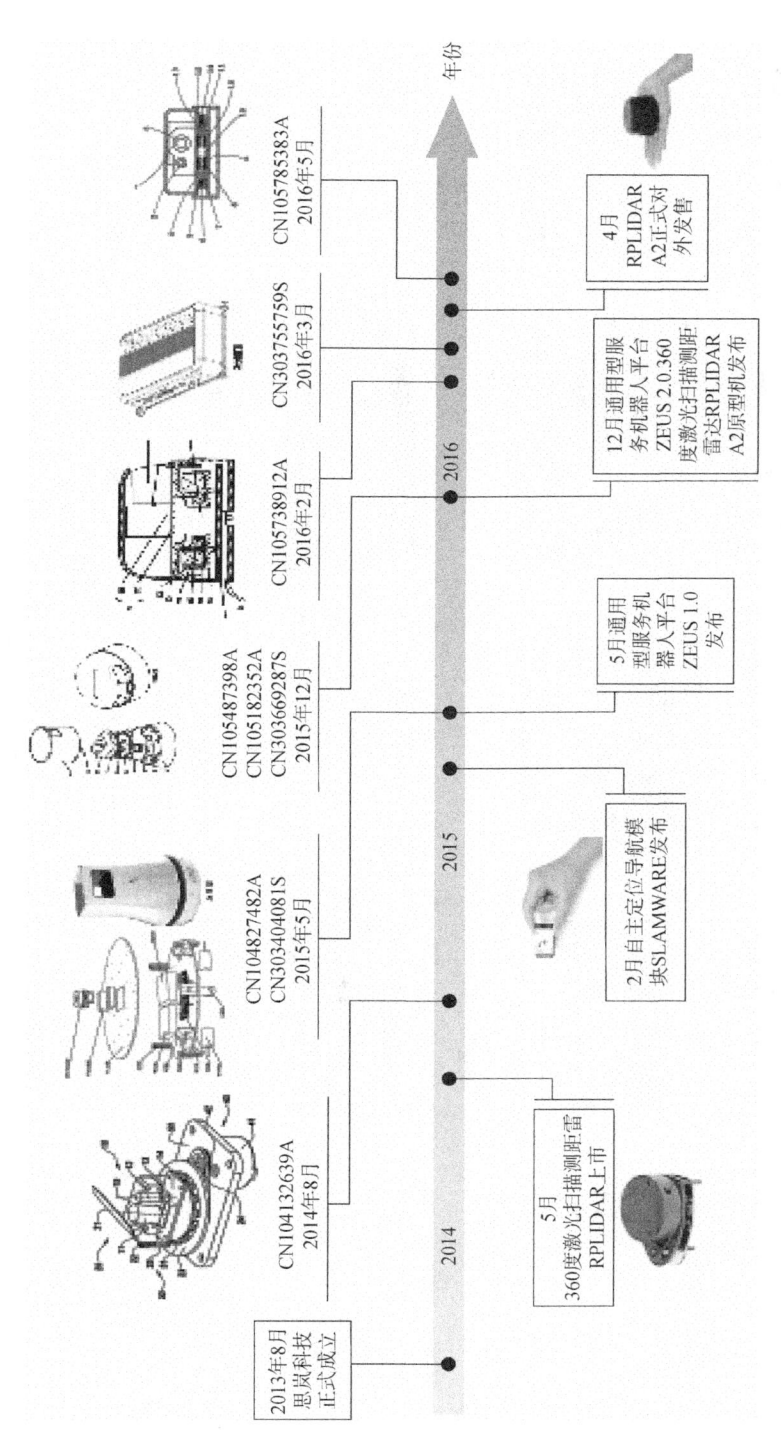

图 6-19 思岚科技专利申请与产品发布时间轴

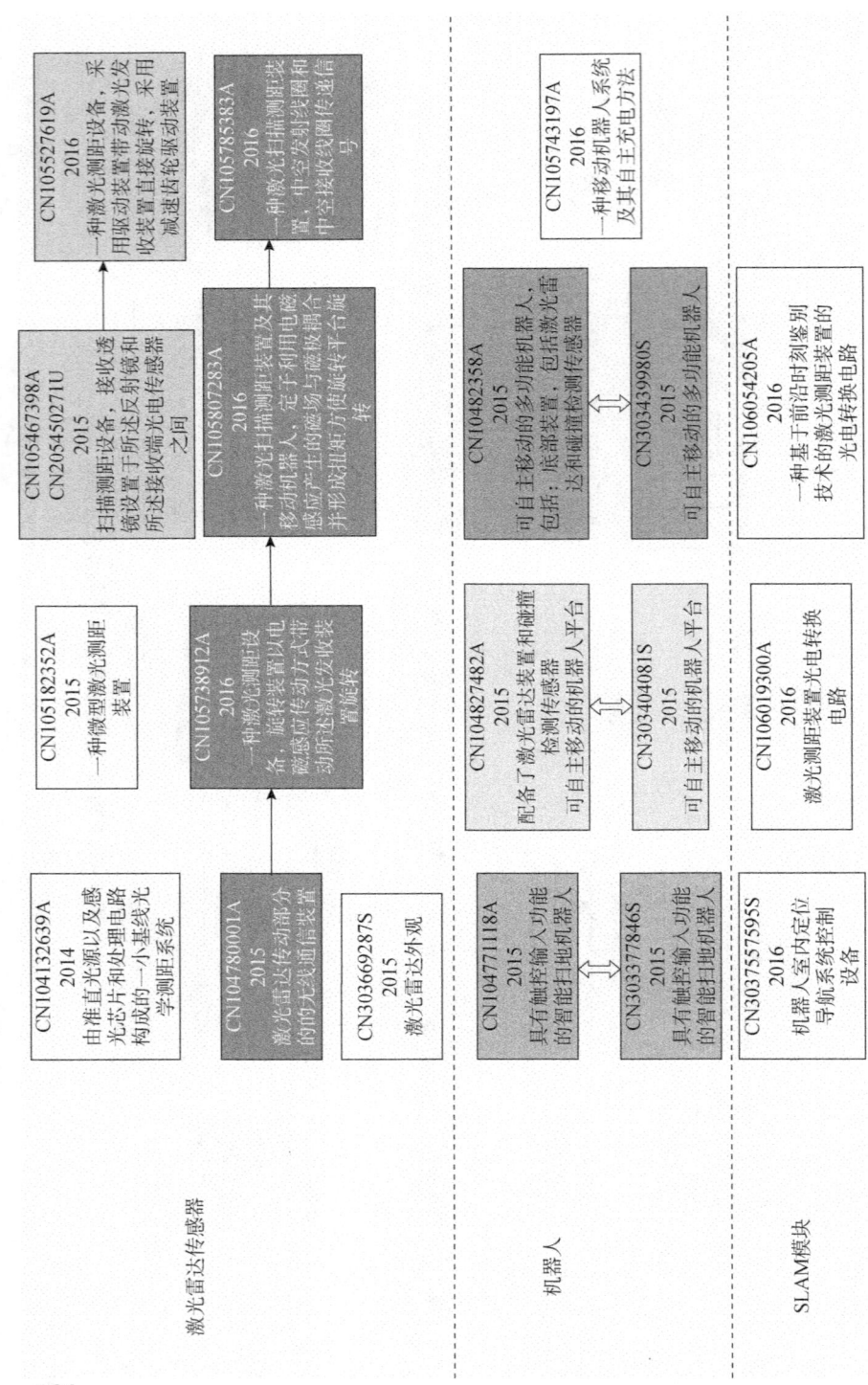

图 6-20 思岚科技专利申请技术发展路线

2. 机器人企业仿人形方向发展，智能技术公司推动发展

（1）Immersion 公司

Immersion 公司的 661 件专利申请中，PCT 申请量接近 50%。其中，拥有美、日、欧、同族专利的申请就超过 1/2，虽然在中国的专利布局从 2001 年才开始，但是进入中国的申请也超过 1/4，可见，Immersion 公司非常看好中国这个巨大的市场。

由于该公司申请在 2013 年后呈现爆发式的增长，因此，未来进入中国的专利申请会更多。

如图 6-21 所示，Immersion 公司最核心的 TouchSense 技术作为顶尖的触觉反馈技术解决方案，能够为高端移动设备提供出众的触觉反馈效果。围绕 TouchSense 技术，Immersion 公司多年来布局大量专利，其中，US7808488B2 和 US8581710B2 是其核心专利。Immersion 公司向苹果提起两次诉讼中均涉及这两项专利。专利 US7808488B2 进入美、日、欧、韩等主要目标市场，该公司围绕同一主题全方位地布局大量专利，构成了触觉反馈技术的专利壁垒。

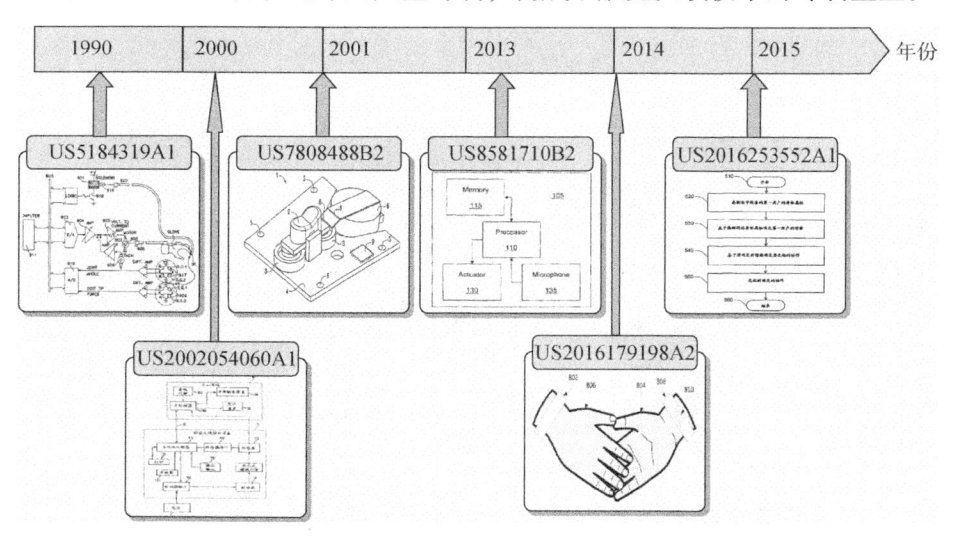

图 6-21　Immersion 公司技术发展路线

（2）iRobot 公司

在家用服务机器人领域，iRobot 公司全球发明和实用新型专利申请共有 368 项，在华发明和实用新型专利申请有 34 件，此外，在华外观申请有 12 件。说明 iRobot 公司对中国市场非常重视。

iRobot 公司于 1998 年开始进行技术准备，在 2004 年，其家用服务机器人的申请量达到一个峰值。从目标市场来看，iRobot 公司作为美国企业，对

本土市场非常重视，申请量远超其他国家。另外，iRobot 公司的 PCT 国际申请也较多。

iRobot 公司在市场上还未推出陪伴型机器人和教育娱乐型机器人产品，但是专利申请中已出现这两类机器人，说明 iRobot 公司开始向更高形态、智能化更高的产品进军，并进行相应的技术储备。从应用类型和技术主题分析可以看出，iRobot 在尝试进入交互型高端智能机器人领域，并开始进行技术储备。

如图 6-22 所示，iRobot 公司的重要专利主要集中在硬件结构和自主移动领域。自主移动技术是 iRobot 公司产品智能化提升的表现，iRobot 公司在自主研发的同时，还收购了专门生产地板清洁机器人的公司 Evolution Robotics。iRobot 公司的许多重点专利都来自该公司。其自主移动技术中部分专利涉及视觉导航技术分支。更多的专利涉及非视觉导航的避障定位、地图建模和路径规划。可见，在低端的清洁类家用机器人中，智能化的自主移动技术是产品具备竞争力的关键核心技术，也是企业关注的重点技术。

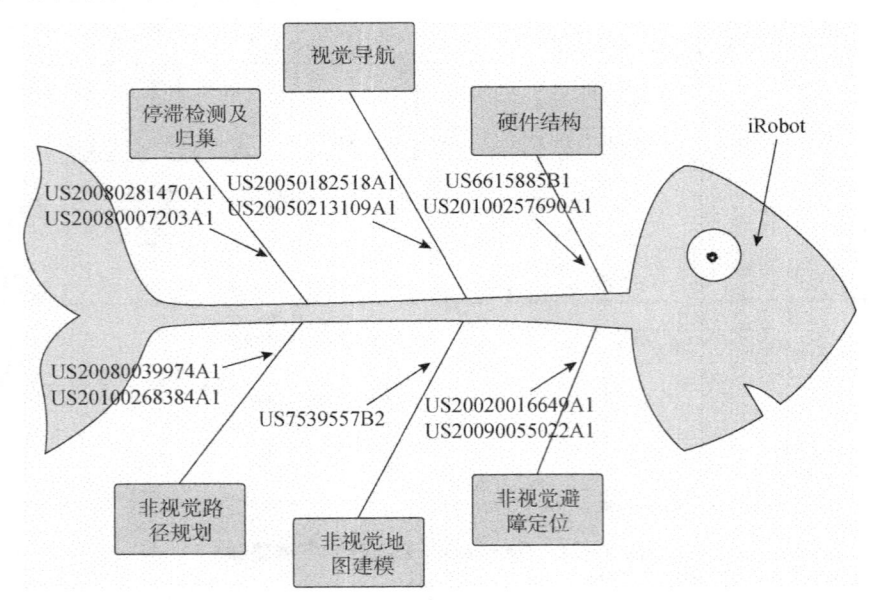

图 6-22　iRobot 公司家用服务机器人重要专利技术分支

（3）Aldebaran 公司

Aldebaran 公司在全球共申请了 60 项专利。短短几年，该公司拥有美、日、欧、同族专利的申请就已达 1/3，进入中国的申请也已高达 17 件。该公司在 2014 年申请大量专利，未来进入中国的专利申请会更多。该公司的主要目标市场首先是着眼于法国本土，其次是欧洲，除此之外，美国、日本、中国和韩国也都是其主要的目标市场。由于其 PCT 国际申请量非常多，随着机器人行业的蓬勃发展，这些专利都会随着产品的延伸而深入各个国家。

如图 6-23 所示，通过对硬件结构进行分析发现，Aldebaran 公司在仿人形机器人上已经布局了一些基础专利，这些专利包括机器人的脊柱、骨骼、关节、手、脖子以及五官等，甚至还包括机器人的各种姿态生成等。

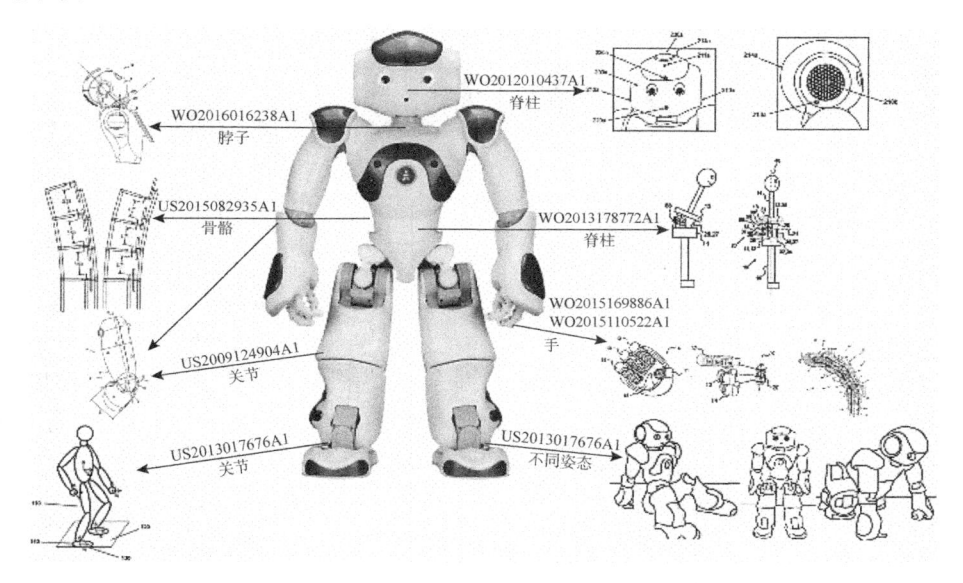

图 6-23　仿人形机器人专利分布

通过对 Aldebaran 公司的 60 件专利申请进行梳理发现，创始人 MAISONNIER B 共申请了 22 件申请，占比 37%。其次是 CLERC V 和 MONCEAUX J，通过进一步分析可以发现 MONCEAUX J 研究团队涉及人机交互和控制系统方向，CLERC V 研究团队涉及硬件结构和自主移动方向。

如图 6-24 所示，Aldebaran 公司的专利技术主要集中在硬件结构、控制系统、自主移动和人机交互四个方向。

6.2.5　外观专利布局留有空白

在华机器人领域侵权诉讼中，外观专利的侵权诉讼占全部专利侵权诉讼的 46%。课题组对该领域外观专利进行检索并作出以下分析。

1. 机器人侵权诉讼外观多，低端清洁类机器人占主流

如表 6-5 所示，在华机器人领域侵权诉讼中，涉及发明专利的有 2 件，

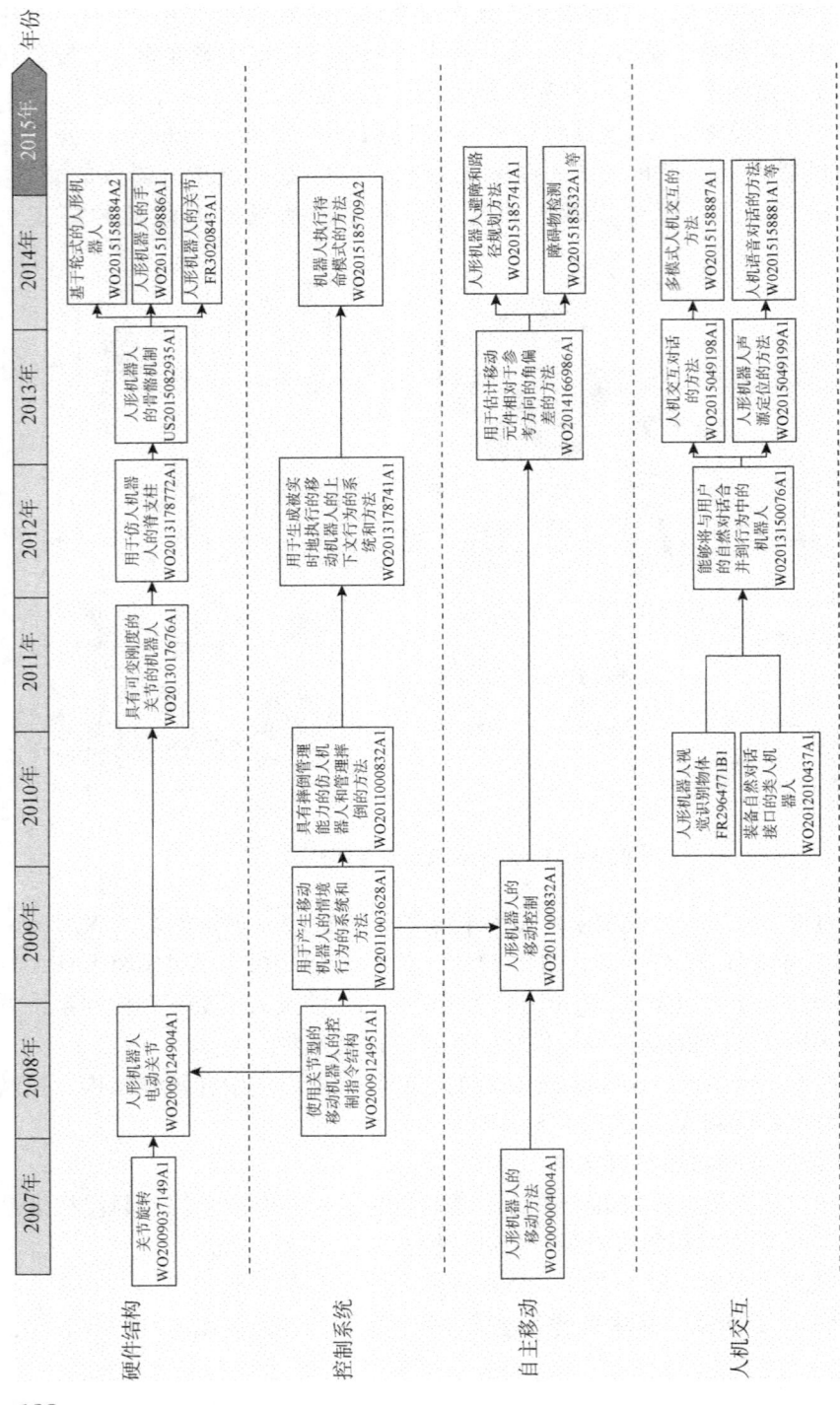

图6-24 Aldebaran公司在服务机器人领域专利技术发展路线

涉及实用新型专利的有 5 件，涉及外观专利的有 6 件。外观专利的侵权诉讼占全部专利侵权诉讼的 46%，且 6 件外观侵权诉讼中有 4 件涉及清洁类机器人。

表 6-5 机器人领域涉及外观设计诉讼汇总

原告	被告	涉及产品
杭州特力屋家居用品有限公司、魏某某	科沃斯公司	清洁机器人
戴森公司	科沃斯公司	清洁机器人
深圳银星智能科技股份有限公司	嘉兴市凯力塑业有限公司	全自动清洁机器人
福州诺邦畅想环保科技有限公司	北京利而浦电器有限责任公司	保洁机器人
珠海市博信自动化设备有限公司	珠海市乾盛自动化科技有限公司和南京鹏力科技有限公司	码垛机器人
大疆公司	道通科技公司和道通智能公司	X-STAR 无人机

在华外观专利侵权诉讼中，涉及较多的企业为中国家用智能清洁类机器人的领军公司——科沃斯公司和英国的国际性家电设计制造公司——戴森（DYSON）公司；戴森公司拥有大量专利并在全球积极进行专利布局，目前已进军家用智能清洁机器人领域。上述 2 家企业在中国的外观专利侵权诉讼如表 6-6 所示。

表 6-6 科沃斯公司和戴森公司的外观设计侵权诉讼

原告	被告	诉讼结果
杭州特力屋家居用品有限公司、魏某某	科沃斯公司	和解撤诉
戴森公司	义乌市鑫诺电器有限公司	二审上诉人未缴费视为撤诉，一审判决生效且侵权
戴森公司	浙江九和宏盛科技有限公司	一审判决侵权且生效
戴森公司	永康市云海休闲用品、陈广安	一审判决侵权且生效
戴森公司	北京浩凯恒丰科技有限公司、山东科大鼎新电子科技有限公司	二审北京高院判决侵权
戴森公司	浙江艾克电器有限公司	一审判决侵权，二审中双方和解撤诉
戴森公司	苏州捷尚电子科技有限公司、科沃斯电器有限公司	审理中

由表6-6可知，中国本土企业科沃斯公司虽然获得了大量中国外观设计专利，但是还没有利用外观设计专利维护其权益，反而先后两次被其他公司以侵犯其外观设计专利权为由起诉。戴森公司虽然进入家用智能清洁类机器人的时间明显晚于科沃斯公司，但是却主动拿起外观设计专利武器"先发制人"。说明科沃斯公司外观设计专利的布局策略、运用策略以及诉讼策略还不成熟，在外观设计专利侵权应诉中处于被动不利的地位。

戴森公司在华通过其外观专利起诉了众多中国本土公司，且截至目前所有生效判决均有利于戴森公司。从中可以看出，戴森公司有着精准的外观设计专利运营策略和丰富的外观设计专利侵权诉讼经验。由此可见，中国本土企业相比于跨国大型企业还缺乏有效利用外观设计专利进行专利运营、专利诉讼的经验，在应对诉讼中表现出明显的不足和差距。

2. 高端智能机器人面市少，全球外观专利布局留空白

中国家用智能服务机器人企业的外观设计申请量还不具规模。这与其产品单一，还未形成大规模系列产品有关。这些在中国已经有产品上市的企业，在其他国家或地区并未进行外观专利布局。国外已有高端家用服务机器人产品的企业，仅有蓝蛙机器人公司在法国申请了6件外观专利，其他公司并未申请外观设计专利。

由此可知，无论中国企业还是国外企业，高端家用智能服务机器人领域的外观设计专利，仅在本土进行了少量布局，还未进行全球专利布局，因此，高端家用智能服务机器人领域的全球外观设计专利布局还处于空白。

6.3 对我国家用智能服务机器人企业的启示

1. 分步骤海外市场布局专利先行，抢占国际家用智能市场

我国企业需要考虑分步骤地在海外进行专利布局。具体来看，在自主移动技术中，欧洲自身技术起步较晚，但是其他国家在欧洲的市场布局较早。欧洲的机器人市场容量相对较大，且竞争压力相对较小，是比较适合开展海外布局的区域，我国企业可将海外布局的第一步放在欧洲。日本和美国是自主移动技术主要技术输出国，且进入自主移动领域的时间较早，且作为目标市场国的申请量很大。这两个国家的自主移动专利布局壁垒已经比较高，海外布局成本也会较高。由于日本在自主移动方面的龙头企业很多，竞争比较激烈，可以稍晚进入。

2. 多方式降低环境感知传感器成本，从专利壁垒较低处突破

目前，在自主移动技术中，由于环境感知传感部件受制国外，我国企业需另辟蹊径，降低成本以寻求突破，在技术上偏重软件的定位建图技术和路

径规划技术的改进成本也远远低于环境感知传感器。

因此，定位建图和路径规划技术专利壁垒不高，可以作为企业在自主移动技术领域的突破口。对于环境感知技术，可以采用普通硬件+优化软件的方式实现满足家用的低成本环境感知传感器，通过优化软件计算方式来弥补低成本的普通硬件在测量精度和距离上的不足。

3. 基础技术分支有较大发展空间，专利渗透为可发展方向

触觉和语音交互技术的专利渗透占比仅在20%~30%，由于家用智能服务机器人是这两项技术的主要应用场景，说明尚未充分发挥技术优势，达到为产业服务以及推进产业快速发展的预期。

在产业爆发之初，应积极将语音交互等基础性技术向产业渗透，和产业中的实际应用相结合，并积极融合产业中的其他技术，这对于家用服务机器人新兴产业中具有传统技术优势的我国企业既是挑战，也是机遇。

4. 新兴产业各类技术呈融合趋势，新技术专利布局宜趁早

家用智能机器人产业涉及人机交互技术和自主移动技术等技术分支，如何进行基础技术间的融合（例如，多模态交互）、新技术间的融合（例如，SLAM 技术）以及新技术和基础技术之间的融合（例如，自主移动各技术分支、智能家用服务机器人总体控制等），都是产业中面临的挑战和机遇。尤其是新技术和基础技术之间的融合，既是重点也是热点。

此外，一些因技术融合而产生的新的技术分支也将是未来的热点，目前这些热点方向的专利申请量还相对较少。例如，控制系统是家用智能机器人领域的关键技术分支，其关键分支涉及各类技术的融合，用于控制智能家用机器人各个组件的工作协调，相当于机器人的大脑，是目前家用服务机器人的热点，但是相关的专利还比较少。

5. 把握申请时机布局外观设计专利，抢占全球高端市场先机

在服务机器人领域进入市场的产品中，高端家用智能服务机器人产品较少，而服务机器人领域外观设计专利的侵权诉讼主要集中在清洁型机器人。由此可见，在进入市场之后，外观设计专利的侵权诉讼问题将会凸显。

目前，高端家用智能服务机器人的外观设计专利，无论是中国企业还是国外企业，都仅在本土进行了少量布局，还未进行全球专利布局，中国企业可以在高端家用智能服务机器人抢先布局全球外观设计专利。

7

智能汽车多传感器融合感知技术[1]

7.1 智能汽车多传感器产业技术概况

1. 智能汽车传感器特点

汽车的智能化离不开对外部环境的感知，感知的途径包括外部信息输入及车辆自身感知信息，其中，车辆自身感知信息通过车辆上安装的各种类型传感器感知车辆周围从数米至数百米范围内的情况，能够使车辆具有更高的自主性。随着 ADAS 技术在车辆上的普及应用，越来越多的传感器被应用于车辆。由于不同的传感器有不同的优缺点，没有一种传感器可以适用于任何使用环境，如表 7-1 所示。若车辆仅依赖某种单一类型的传感器，将难以实现安全可靠的自动驾驶。因此，如何利用多传感器融合技术进行综合决策，

---

[1] 本章节选自 2016 年度国家知识产权局专利分析和预警项目《智能汽车多传感器融合感知技术专利分析与预警研究报告》。
　　(1) 项目课题组负责人：李胜军、陈燕。
　　(2) 项目课题组组长：赵向阳、孙全亮。
　　(3) 项目课题组副组长：刘庆琳、孙玮。
　　(4) 项目课题组成员：何如、刘豫川、唐峰涛、胡小伟、巴特、付先武、严晨枫、李岩。
　　(5) 政策研究指导：胡军建。
　　(6) 研究组织与质量控制：李胜军、陈燕。
　　(7) 项目研究报告主要撰稿人：何如、刘豫川、唐峰涛、胡小伟、巴特、付先武、严晨枫。
　　(8) 主要统稿人：赵向阳、何如、严晨枫。
　　(9) 审稿人：李胜军、韩秀成、陈燕。
　　(10) 课题秘书：李岩。
　　(11) 本章执笔人：赵向阳、何如、严晨枫、李岩。

将成为汽车业界重点关注的问题。

表7-1 三大类传感器优缺点比较及应用

传感器类型	优点	缺点	应用
图像传感器	成本低，可根据物体图像识别其类型和内容	视野有限，受天气及外部光照影响大	盲点检测、停车辅助
雷达传感器	探测距离远，分辨率高，速度感测能力高，全天候适应性强	视野角度较窄，侧向精度差，分辨率不高，行人探测较难	自适应巡航、自动紧急制动、盲点检测、变道辅助
激光传感器	测量精度高，可360度测量，能绘制三维地图	易受天气影响，多线束型号成本高，体积大	无

与单传感器系统相比，运用多传感器信息融合技术在解决探测、跟踪和目标识别等问题方面，能增强系统生存能力，提高整个系统的可靠性和鲁棒性，增强数据的可信度，并提高精度，扩展整个系统的时间、空间覆盖率，增加系统的实时性和信息利用率。因此，传感器融合是汽车智能化的必经之路。

2. 多传感器信息融合发展现状

虽然学界进行了多年研究且开发了众多试验车辆，无论是从成本、可靠性还是外观上看，产业界都难以直接借鉴研究成果。因此，业界同时从多个方面稳步开展多传感器信息融合技术研发。

一方面，产业界技术人员进行整体传感器信息融合系统的基础研究。如2000年德国博世公司的C. Stiller和德国IBEO公司的J. Hipp等人将多传感器数据融合技术用于了汽车自动驾驶。

另一方面，产业界在多个更为实际的产业技术方向进行研发。例如，①传感器集成。德国大陆集团开发了"带激光雷达功能的多功能摄像头"，该摄像头结合了摄像头与红外激光雷达；美国德尔福公司也在生产雷达和摄像头二合一的系统；德国博世公司从2009年就开始批量生产雷达及视频融合的传感器系统；日本欧姆龙汽车电子公司面向轻型车开发了将红外激光雷达与单眼摄像头一体化的车载前方监控传感器等。②同类传感器融合。通过将数个图像传感器进行融合以显示一个环绕车身的360度全景图像。③新型处理器研发。如美国Nvidia公司的DRIVEPX2，美国飞思卡尔公司的S32V视觉微处理器，恩智浦NXP半导体推出了BlueBox安全控制器，以色列Mobileye公司联合意法半导体合作开发EyeQ5系统芯片等。④试验车测试。美国TRW

公司在德国 MAN 公司的一辆 26 吨商用车安装了一组由 2 个 77GHz 毫米波雷达传感器、3 个 24GHz 毫米波雷达传感器以及 1 个图像传感器组成的系统。2016 年，日产在美国加利福尼亚州托兰斯市推出了号称"第二代无人驾驶汽车的"的讴歌 RLX Sport Hybrid SH – AWD 试验车，该车安装有新型雷达传感器、激光传感器、摄像头和 GPS 传感器所组成的传感器集群等。

7.2 传感器硬件融合及其关键技术专利竞争态势格局

7.2.1 传感器硬件融合技术领域专利态势

1. 全球专利申请呈现增长趋势

截至 2016 年 9 月 18 日，检索到世界范围内涉及智能汽车传感器硬件融合技术的专利申请共 3029 项，其中，中国专利申请 545 项。

（1）近年来专利申请增长迅速，中国申请具有后发优势。

在全世界范围内关于传感器融合已经公开的专利申请共 3029 项，专利申请总体呈现增长趋势。具体可分为三个阶段：①1993～2001 年，申请量在每年 20～40 件。其间，申请量最大的国家为日本，其次是美国和德国。②2002～2007 年，每年申请量从 60 件上升到 100 件左右。在此阶段，申请量最高的国家仍然是日本和美国，而中国申请人的申请量超过了德国，居第 3 位。③从 2008 年起，全球年专利申请量 2012～2013 年从 200 件升至 500 件，呈现出高速增长的势头。其间，中国超越美国和日本成为申请量最大的国家（见图 7 – 1）。

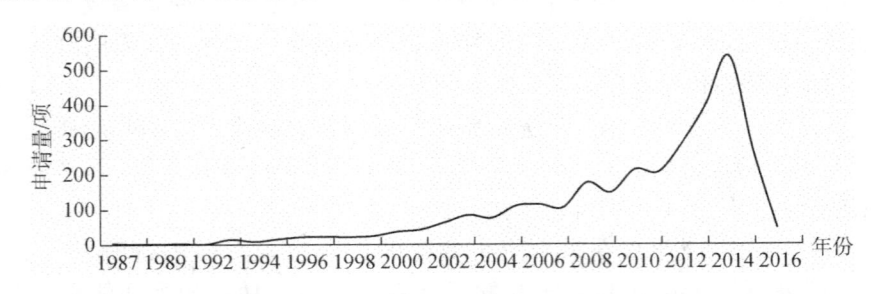

图 7 – 1　智能汽车传感器融合技术领域全球专利申请年度变化趋势

（2）日本在传感器硬件融合技术领域积累丰厚，专利总量领先。

关于智能汽车传感器硬件融合技术的专利申请原创地排名前 6 位的国家/地区依次是日本、中国、美国、德国、韩国。从图 7 – 2 可以看出，首次申请国是日本，专利申请量最多，占全球申请量的 42%，共有 1283 项。这与日本作为传统汽车工业强国，在汽车方面原有的技术积累以及在智能汽车方面的重视和大力研发是密不可分的，中国关于传感器硬件融合技术的专利申请量占全球申请量的 18%，达到了 545 项。

7 智能汽车多传感器融合感知技术

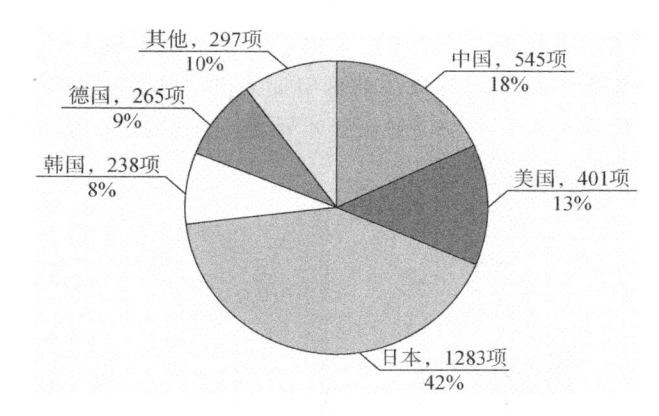

图7-2 传感器硬件融合技术领域全球专利首次申请国家/地区分布

（饼图数据：中国，545项，18%；美国，401项，13%；日本，1283项，42%；韩国，238项，8%；德国，265项，9%；其他，297项，10%）

由于日本是传感器硬件融合技术最大的消费市场国，进入日本的专利申请量为1361项，居全球第一位。美国和中国紧随其后居第二、第三位，各国在中国的专利布局将使得中国智能汽车传感器产业面临专利风险的形势愈加严峻，给中国企业带来了巨大压力，因此，中国企业需要对此高度重视，提早预防（见图7-3）。

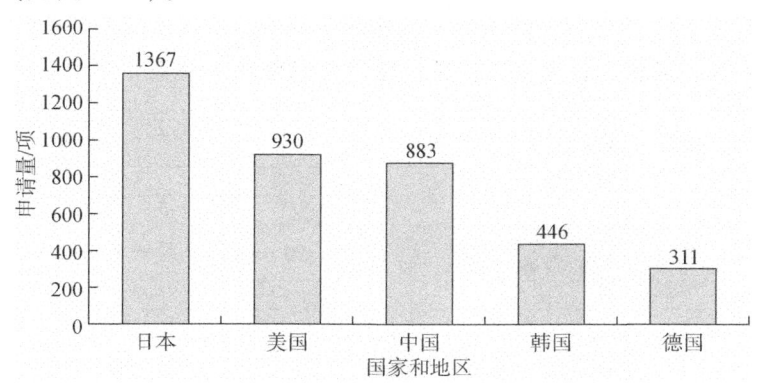

图7-3 传感器硬件融合技术领域全球专利申请目标地分布

（柱状图数据：日本 1367；美国 930；中国 883；韩国 446；德国 311）

全球范围内智能汽车传感器融合技术主要国家申请趋势表明，日本在2013年以前一直是申请量最大的国家，在2013年被中国超越。日本申请量在2003年以后一直保持相对稳定增长的趋势。而中国的申请量从2012年以后增长明显，爆发力很强，远远超出其他国家的申请量。此外，美国申请数量居第三位，而韩国和德国的申请量相互交错，数量相当。

（3）传感器硬件融合技术主要申请人分析。

从主要申请人申请量排名情况看，排名前10位的企业依次是：谷歌、日产、电装、丰田、富士重工、松下、本田、博世、阿尔卑斯、戴姆勒。前 10 位的申请人与智能汽车传感器融合技术申请人的分布基本相同。分析表明各申请人的主要研发投入均在硬件融合技术领域。在排名前 10 位的企业中，日本企业占据了 7 席（见图 7-4）。

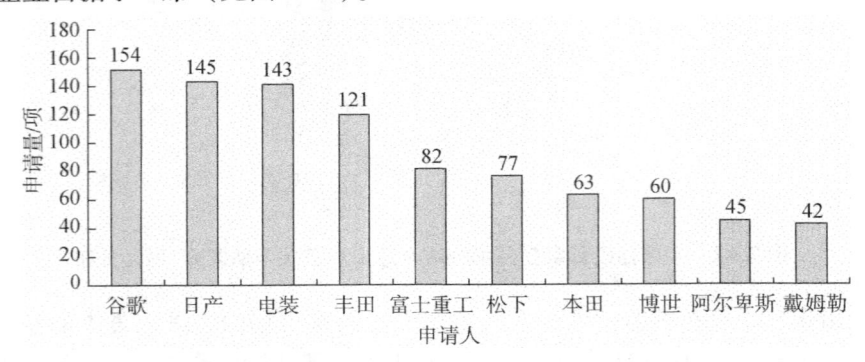

图 7-4　传感器硬件融合技术全球主要申请人的申请量分布

从排名前 10 位的专利申请人重点布局地域来看，美国是各大企业均比较关注的海外布局目标地，各企业本地专利布局也是首选区域。除此之外，谷歌同等重视中国、日本、韩国的目标市场；日产、丰田、松下、博世更为重视中国市场，电装、富士重工更关注德国专利布局（见图 7-5）。

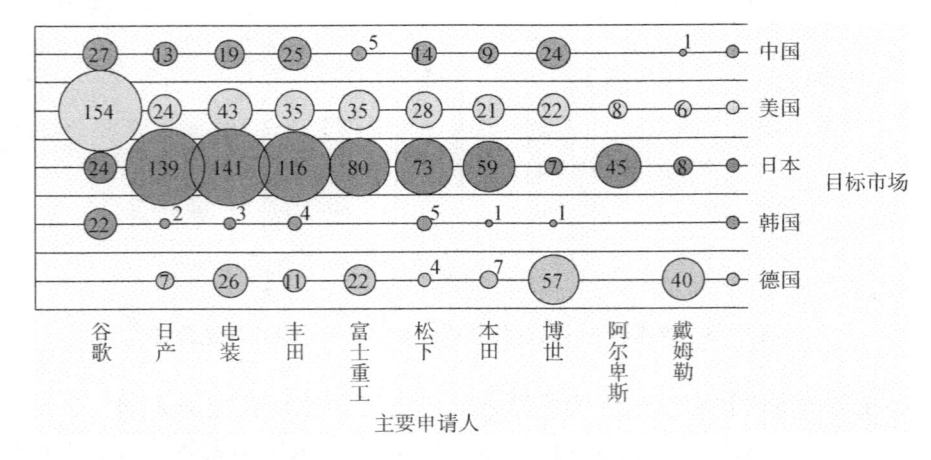

图 7-5　传感器硬件融合技术全球重要申请人的目标市场分布

注：圈内数字表示申请量，单位为项。

（4）图像融合技术是各大厂商竞相布局的重点。

从硬件融合技术的二级技术分支专利分布状况可以看出，"图像+图像"融合技术仍然是研究的重点，其占申请总量的 39%。这与图像融合的技术较

7 智能汽车多传感器融合感知技术

为成熟，融合难度小的特点相适应，而且图像传感器成本不高。在其他异类融合中，"图像＋激光"融合、"毫米波＋激光"融合和"图像＋红外线"融合的申请量相当，"毫米波＋激光"融合的申请量最少（见图7－6）。

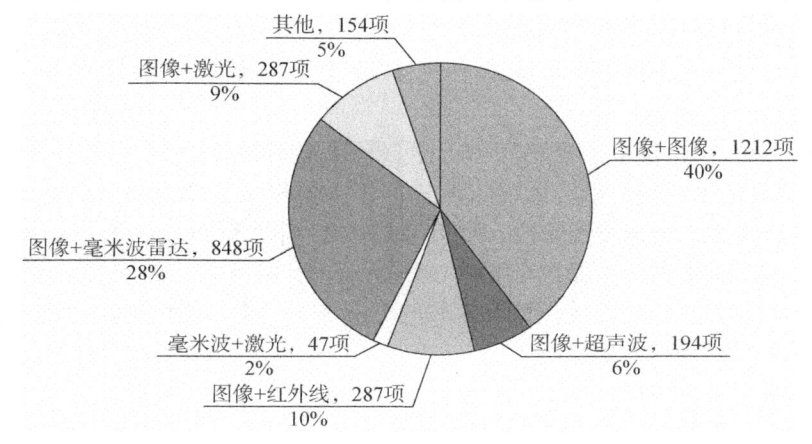

图7－6　硬件融合技术全球各技术分支专利分布

饼图数据：
- 图像+图像，1212项，40%
- 图像+毫米波雷达，848项，28%
- 图像+红外线，287项，10%
- 图像+激光，287项，9%
- 图像+超声波，194项，6%
- 其他，154项，5%
- 毫米波+激光，47项，2%

从主要申请人二级技术分支的申请分布来看，除丰田外，各大公司对于图像和图像融合感知技术融合的申请量最大，在其他异类融合的关注点则各有特色。以丰田为例，申请量最大的是"图像＋毫米波雷达"融合，高于"图像＋图像"融合和"图像＋激光"融合，也远高于其他竞争对手在这方面的申请量，丰田在各种融合方式上都有涉猎，专利申请的领域分布较为均衡；日产在"图像＋图像"融合技术和"图像＋激光"融合技术的申请量远高于其他分支，侧重非常明显。富士和松下等电子器材厂商则专注于传统的图像融合方面（见图7－7）。

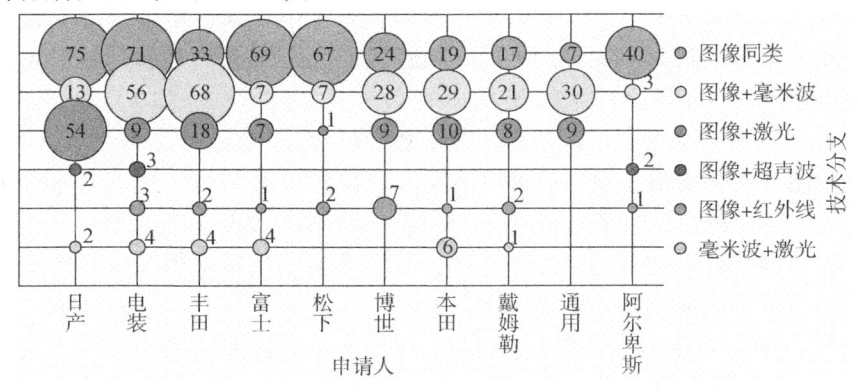

图7－7　传感器硬件融合领域全球申请人二级技术分支申请分布

注：圈内数字表示申请量，单位为项。

2. 国外企业重视来华申请，占比超过四成

在 CNABS 数据库中，经检索式检索与人工筛选，最终确定的涉及智能汽车传感器融合技术的专利申请量为 925 件。国内专利申请为 545 件，占申请总量的 58.9%，国外来华专利申请为 380 件，占申请总量的 41.1%。

（1）传感器硬件融合技术专利申请快速增长，中国国内申请尤为明显。

在 1995~2002 年，智能汽车传感器硬件融合技术中国专利申请量非常少，从 2003 年开始，申请量逐年增长，年申请量接近 20 件；从 2008 年起，专利申请量进入快速发展阶段，年申请量从 27 件增长到 216 件。体现了中国作为目前发展最具活力的汽车制造市场的地位。随着智能汽车技术的不断发展，与之相关的传感器融合技术领域的专利布局也越来越受到各方重视（见图 7-8）。

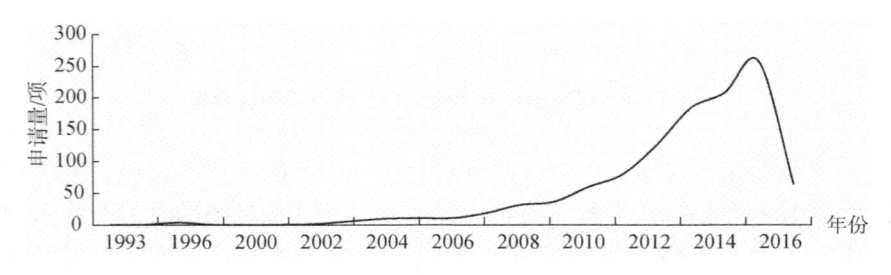

图 7-8 硬件融合技术领域中国专利申请变化趋势

智能汽车传感器硬件融合技术中国申请从 2002 年开始呈现逐渐增长的态势。在 2012 年以前，国外来华申请人的申请量高于国内申请量；从 2012 年起，国内申请人的申请量呈井喷态势发展，从 42 件增长到 2015 年的 216 件，远远超出国外来华申请人的申请量。而国外来华申请人的申请量一直保持平稳发展的态势，到 2014 年为 59 件。随着智能汽车概念的兴起，越来越多的国内申请人投入了相关技术的开发。

（2）日本来华专利申请最多，美、德、韩紧随其后。

在国外来华申请人中，日本申请人占比最高，为 17%，这与日本在传感器融合领域全球申请量的地位相匹配，说明日本申请人逐渐将竞争的主战场转移到中国。可以预见，在未来几年，日本申请人仍将是中国市场申请量最多的国外来华申请人（见图 7-9）。

（3）国外企业整体专利实力领先，国内企业未进入前 10 位。

在智能汽车传感器硬件融合技术中国申请人中，长安大学申请量最大，谷歌和通用公司紧随其后。在申请量前 10 名申请人中，日本申请人占一半，

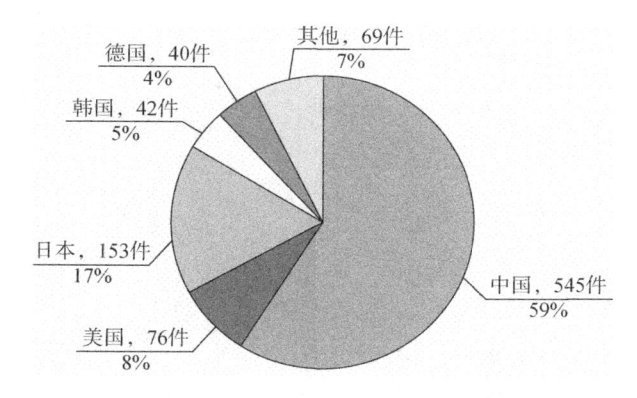

图 7-9　硬件融合技术领域中国专利申请地区分布

说明日本申请人对于中国市场的重视。中国申请人仅有长安大学进入前十，可见，中国申请人的专利申请比较分散，没有形成较为有竞争力的专利组合，需要注意国外申请人的专利壁垒（见图7-10）。

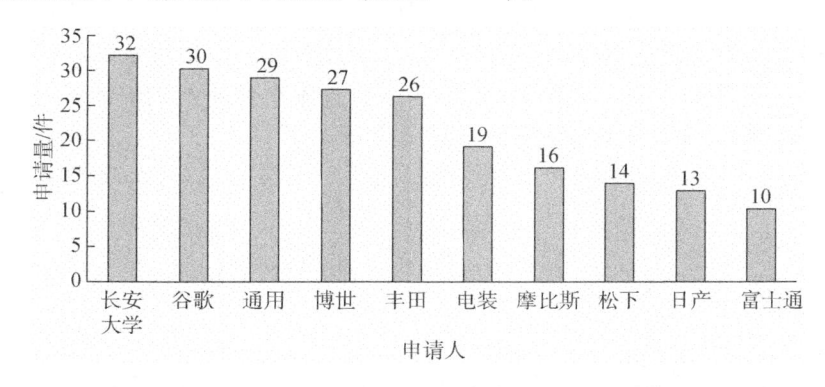

图 7-10　硬件融合技术领域中国主要申请人的申请量分布

（4）图像融合技术是在华专利申请重点。

从硬件融合技术的二级技术分支专利分布可以看出，"图像+图像"融合技术仍然是研究的重点，占申请总量的30%，这与图像融合的技术较为成熟，融合难度小的特点相适应，而且图像传感器成本不高（见图7-11）。

7.2.2　"图像+图像"融合技术专利态势

1. 全球专利申请呈现波动上升趋势

截至2016年9月18日，检索到全球范围内涉及"图像+图像"融合技术的专利申请共1212项，其中，中国专利申请109件。

（1）全球专利申请增长平稳。

在全球范围内关于"图像+图像"传感器融合技术公开的专利申请共

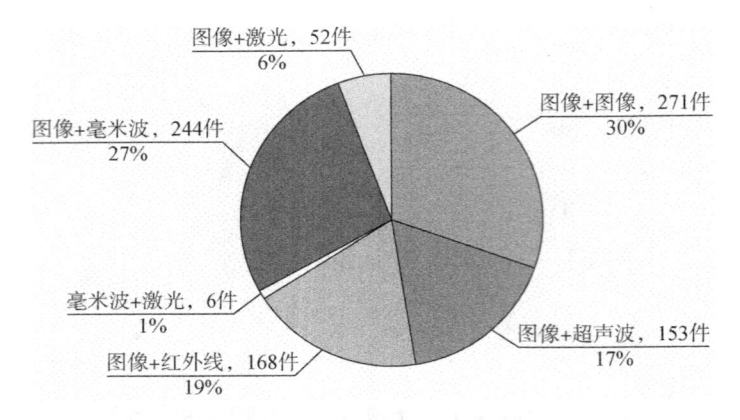

图像+激光，52件 6%
图像+图像，271件 30%
图像+毫米波，244件 27%
毫米波+激光，6件 1%
图像+红外线，168件 19%
图像+超声波，153件 17%

图7-11 硬件融合技术中国专利技术分支的申请国分布

1213项，专利申请总体呈现增长趋势，大致可分为三个阶段：1993~1998年，中国在"图像+图像"融合技术才开始起步，在2004年开始出现相关专利申请；1999~2004年，"图像+图像"融合技术申请量进入了快速发展的阶段，年申请量从20件上升到50件。在此阶段，申请量最高的国家仍然是日本；从2005年起，"图像+图像"融合技术全球年专利申请量一直处于90件的水平，申请量又趋于平稳（见图7-12）。

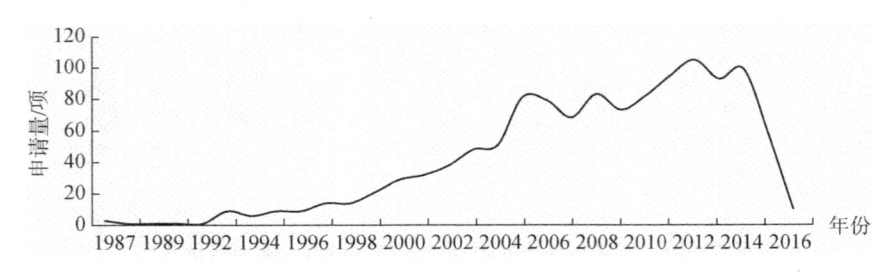

图7-12 "图像+图像"融合技术全球专利申请趋势

（2）日本专利申请量最大，占比超过六成。

首次，申请国家/地区的专利申请在一定程度上反映了该国在相关技术上的研发实力，从专利申请量来看，关于智能汽车的专利申请首次申请地排名前6位的国家/地区依次是日本、中国、德国、美国、韩国。其中，日本专利申请量最多，占全球申请的63%，共有759项。这与日本汽车企业重视"图像+图像"传感器融合技术相关，多数日本汽车企业出于成本的考虑，更倾向于发展成本低廉的"图像+图像"传感器融合技术。从专利申请的整体情况来看，传感器融合技术的专利申请主要集中在日、中、美、德、韩五国（见图7-13）。

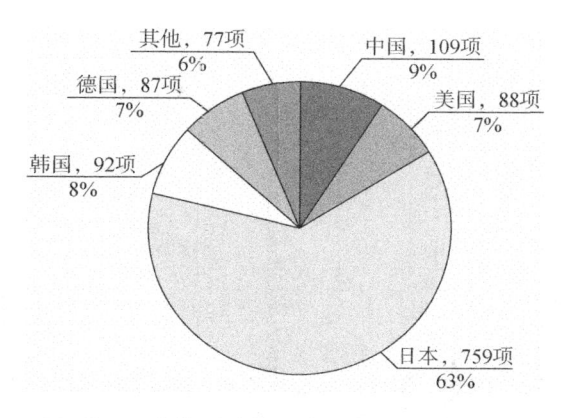

图7-13 "图像+图像"融合技术全球专利首次申请国家/地区分布

如图7-14所示,专利申请的目标国家/地区可以反映该国的技术消费市场,从图中可以看出,进入日本的专利申请量最多,有792项,这与日本汽车企业在"图像+图像"融合技术的申请量集中在本国有关,在日本市场中,"图像+图像"融合技术已经存在较为成熟的专利布局。

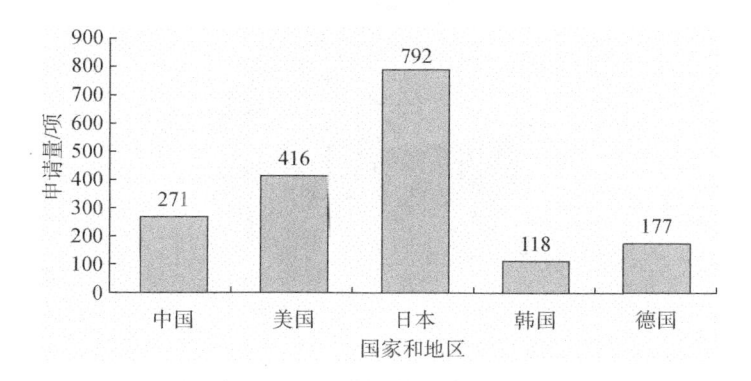

图7-14 "图像+图像"融合技术全球专利申请目标国家/地区分布

在2015年以前日本一直是申请量最大的国家,在2015年被中国超越。日本申请量在2005年以后一直保持相对稳定增长的趋势。中国的申请量在2014年以后增长明显,爆发力很强,远远超出其他国家的申请量。美国、德国和韩国的申请量相互交错,数量相当,竞争较为激烈。

（3）日本企业技术优势明显。

如图7-15所示,在"图像+图像"融合技术领域,排名前5位的申请人依次是日产、电装、富士、松下和阿尔卑斯,全部为日本企业,可以看出日本在"图像+图像"融合技术领域的优势。

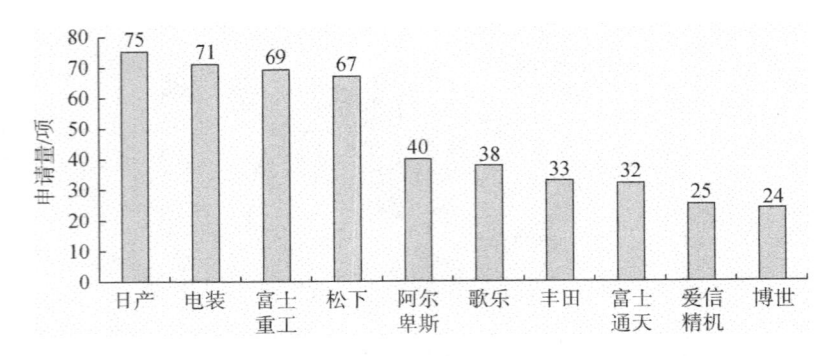

图7-15　"图像+图像"融合技术全球重要申请人的申请量分布

（柱状图数据：日产 75；电装 71；富士重工 69；松下 67；阿尔卑斯 40；歌乐 38；丰田 33；富士通天 32；爱信精机 25；博世 24）

（4）环视图和立体成像技术是专利布局重点。

如图7-16所示，从全球范围硬件融合和软件融合申请量占比能够看出，环视图技术所占比例最大，为38%；立体成像技术所占比例为24%；距离检测和路面检测同为9%。

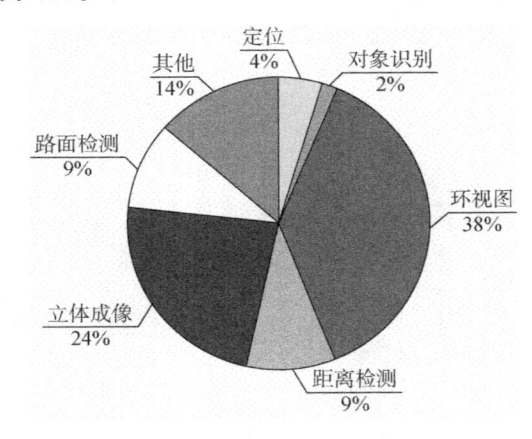

（饼图数据：环视图 38%；立体成像 24%；距离检测 9%；路面检测 9%；其他 14%；定位 4%；对象识别 2%）

图7-16　"图像+图像"融合技术各分支全球专利申请分布

如表7-2所示，全球申请人主要关注的技术领域在环视图和立体成像方面，其中日本申请人在各个技术领域的申请量都远远大于其他国家申请人，体现了日本申请人在"图像+图像"融合技术领域的全面优势。在环视图技术领域，中国申请人居第二位，共有49项申请，其次是韩国和德国。比较而言，美国申请人在环视图和立体成像技术领域的专利申请与其他国家的投入比例不同。

表7-2 "图像+图像"融合技术领域主要技术分支首次申请地申请量分布

单位：件

首次申请地	定位	对象识别	环视图	距离检测	立体成像	路面检测
中国	3	0	49	6	15	6
美国	4	0	22	4	28	7
欧洲	1	0	9	3	16	1
日本	33	14	271	77	145	73
韩国	2	1	32	7	25	7
德国	4	0	32	5	27	6

如表7-3所示，从"图像+图像"融合技术主要技术分支目标市场的申请情况来看，日本和美国是各国家/地区申请人争夺的重点市场。中国作为新兴的汽车市场，也占据了相当的份额。从表7-2中能够看出，国内申请人以国内申请为主涉足其他国家市场较少。

表7-3 "图像+图像"融合技术主要技术分支目标市场申请量分布

单位：件

目标市场	定位	对象识别	环视图	距离检测	立体成像	路面检测
中国	11	7	102	16	57	16
美国	16	9	127	35	108	41
欧洲	13	7	66	15	55	20
日本	37	15	281	80	155	75
韩国	3	3	41	10	30	10
德国	8	1	60	12	50	15

2. 国外企业重视来华申请，占比近六成

截至检索时间，涉及"图像+图像"融合技术的专利申请量为271件。其中，国内专利申请为109件，占全部申请总量的40%，国外来华专利申请为162件，占全部申请总量的60%。

（1）中国专利申请总体呈现增长趋势。

中国关于"图像+图像"融合技术公开的专利申请共271件，专利申请总体呈增长趋势。1996~2002年，年申请量只有1件；从2003年起逐渐增长为5件；2007~2011年，年申请量为10~30件；从2012年起，年申请量在30~40件。从中能够看出，"图像+图像"融合技术的竞争渐渐变得激烈起来（见图7-17）。

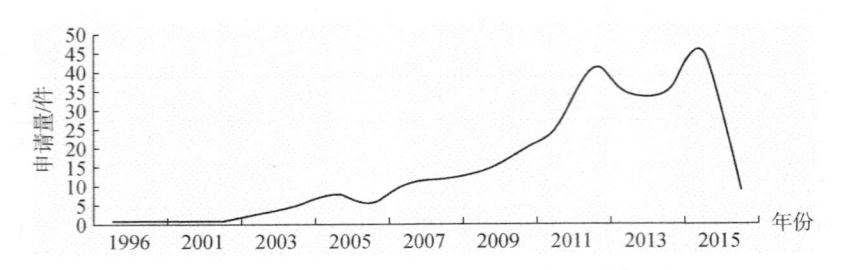

图 7-17 "图像+图像"融合技术领域中国专利申请变化趋势

从2002年开始中国申请呈现逐渐增长的态势。在2014年以前,国外来华申请人的申请量高于国内申请量,中国申请人的申请量从2008年起开始逐步增长,2014年达到了与国外来华申请人申请量基本相同的数量。从2009起,国内申请人的申请量呈井喷态势发展,从14件增长到2015年的42件,超过国外来华申请人的申请量。国外来华申请人的申请量一直保持平稳发展的态势,到2014年为18件。说明随着智能汽车概念的兴起,越来越多的国内申请人投入了相关技术的开发。

(2)日本重视在华申请。

如图7-18所示,国内申请人是"图像+图像"融合技术申请的主力,共有109件,占申请总量的40%,其次是日本申请人,有99件,占申请总量的36.5%。在国外来华申请中,日本申请人的申请量仅次于中国,能够看出,日本申请人对"图像+图像"融合技术的重视程度。

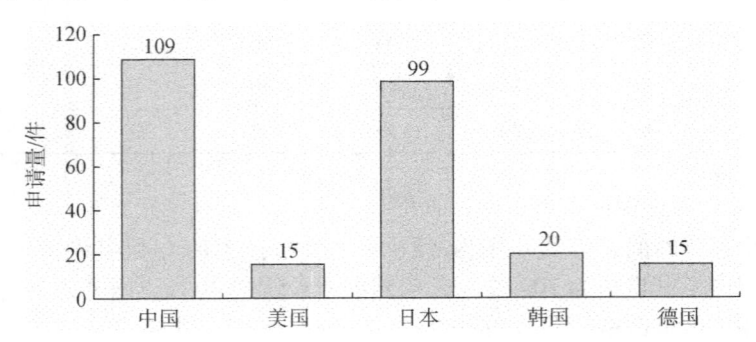

图 7-18 "图像+图像"融合技术中国专利申请国家/地区分布

(3)国外企业,日本企业占七成。

在中国"图像+图像"融合技术重要申请人中,在前10位申请人中,日本申请人占据七成。这与日本企业重视中国市场有密切关系,也与智能汽车传感器硬件融合技术的中国专利申请排名相对应(见图7-19)。

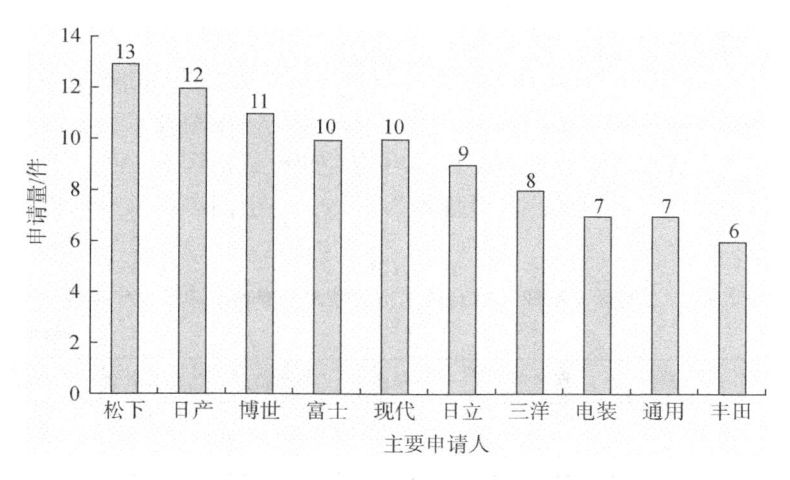

7 智能汽车多传感器融合感知技术

图 7-19　"图像+图像"融合技术中国专利申请主要申请人分布

（松下 13、日产 12、博世 11、富士 10、现代 10、日立 9、三洋 8、电装 7、通用 7、丰田 6）

（4）环视图和立体成像技术是专利布局重点。

如图 7-20 所示，与全球"图像+图像"融合技术各技术分支分布相同，环视图和立体成像是专利申请前 2 位的技术分支。可见，在这两个技术分支上，各国申请人进行了大量的专利布局，技术发展最为成熟，专利壁垒较多。国内申请人在发展相应技术时应注意规避，或在发展新技术前检索相关专利，充分利用现有技术。

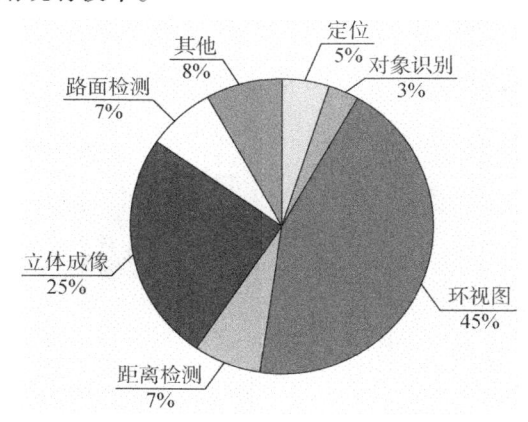

图 7-20　"图像+图像"融合技术中国专利技术分支分布

（环视图 45%、立体成像 25%、其他 8%、路面检测 7%、距离检测 7%、定位 5%、对象识别 3%）

在 2008 年之前，环视图技术的申请量与其他分支差别不大，从 2009 年起，环视图技术出现一个飞跃，超出其他技术分支的申请量，除 2012 年外，一直占据申请量最多的地位。立体成像技术的申请量则在 2011 年以后紧随环视图超过其他技术分支，并且在 2012 年出现了一个远远高于其他年度申请量的波峰，超过环视图技术的申请量，2013年以后又趋于平稳。

如表7-4所示，在中国专利申请中，各国申请人的申请也主要集中在环视图和立体成像技术领域，其中，中国申请人在环视图技术分支的申请居第一位，在立体成像技术分支中，日本申请人的申请量居第一位，并且日本申请人在两个重点技术领域的申请量较为平均，与中国申请人申请侧重环视图领域不同。

表7-4 "图像+图像"融合技术主要技术分支首次申请地申请量分布

单位：件

首次申请地	定位	对象识别	环视图	距离检测	立体成像	路面检测
中国	3	0	49	6	15	6
美国	0	0	4	1	2	2
欧洲	1	0	3	0	3	0
日本	5	6	33	8	24	5
韩国	0	0	6	1	7	1
德国	2	0	4	0	7	1

在环视图技术领域中国申请人排名中，日产、富士和电装的申请量最大，但是也仅为5件。可见各主要申请人在中国环视图技术领域申请投入较少，还未形成完善的专利布局，中国申请人以此为突破口（见图7-21）。

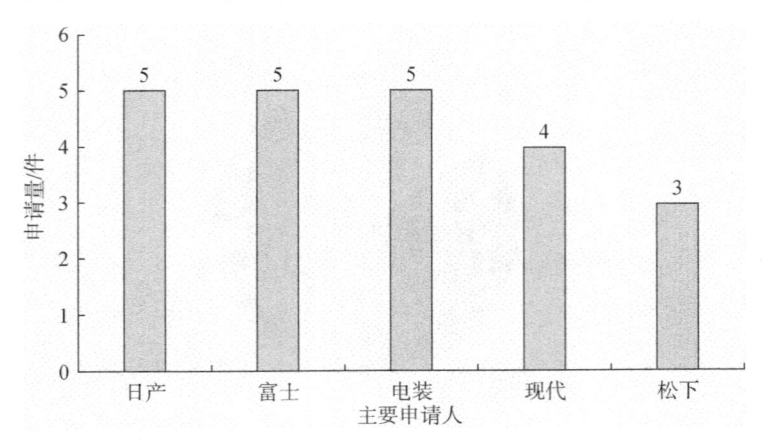

图7-21 环视图技术领域中国主要申请人的申请量分布

7.2.3 "图像+毫米波雷达"融合技术领域专利态势

1. 全球专利申请总体呈现增长趋势

截至2016年9月18日，检索到全球范围内涉及"图像+毫米波雷达"

7 智能汽车多传感器融合感知技术

融合技术的专利申请共848项,其中,中国专利申请122项。

(1) 近年来全球专利申请发展快速。

在"图像+毫米波雷达"融合技术领域,全球专利申请大致可分为三个阶段:2005~2007年,年申请量较小,技术发展处于初级阶段;2008~2012年,年申请量稳定在60~70项,处于稳步发展阶段;2013~2014年为快速增长阶段,从154项猛增至303项。可以预见,一旦激光雷达技术在小型化和低成本方向取得突破性进展,"图像+毫米波雷达"融合技术将迎来更快的发展阶段(见图7-22)。

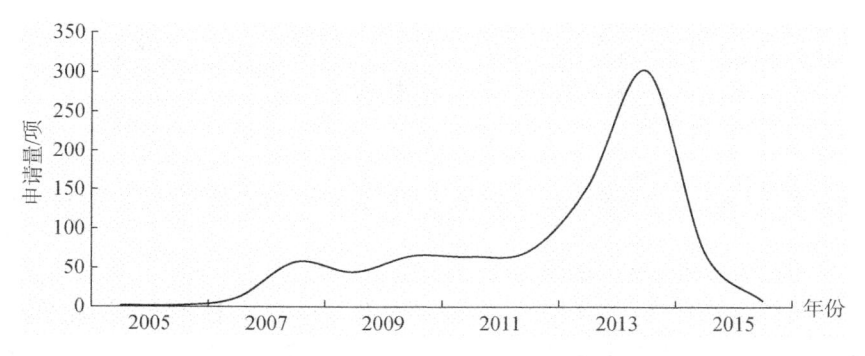

图7-22 "图像+毫米波雷达"融合技术领域全球专利申请变化趋势

(2) 日、德、日、美、韩专利申请排名靠前。

从专利申请量来看,"图像+毫米波雷达"融合技术专利申请首次申请地前5位的国家/地区依次是日本、德国、中国、美国、韩国。其中,日本专利申请量最多,占总申请的35%,共有296项(见图7-23)。

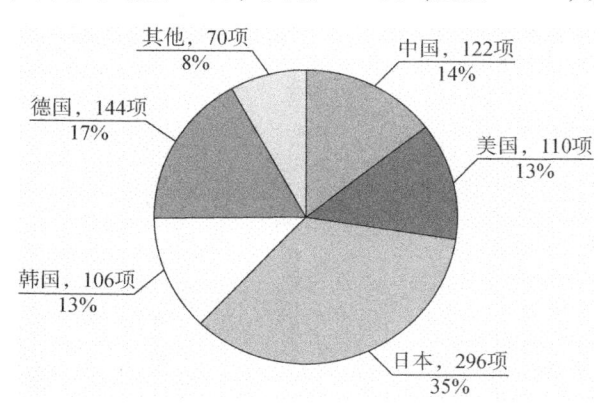

图7-23 "图像+毫米波雷达"融合技术领域全球专利首次申请国家/地区分布

157

如图 7-24 所示，从专利申请的目标市场来看，进入日本的专利申请量为 309 项，说明日本是传感器融合技术最大的消费市场，这与日本本国企业专利申请量较大相对应。

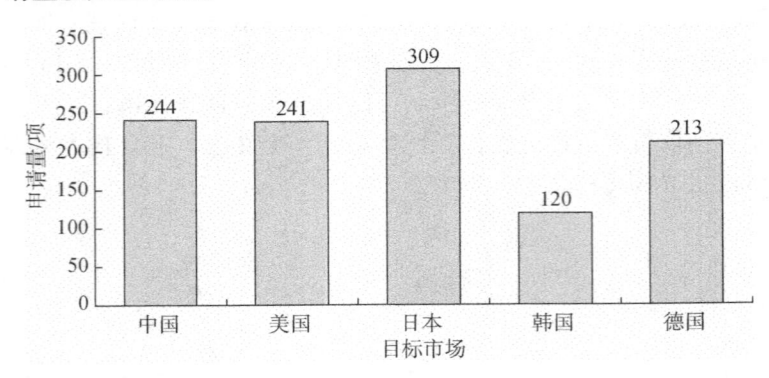

图 7-24 "图像+毫米波雷达"融合技术领域全球专利申请目标市场国家/地区分布

日本一直以来都是"图像+毫米波雷达"融合技术领域申请量最大的国家，这与传感器融合技术以及"图像+图像"融合技术全球申请趋势相同，凸显了日本企业在传感器融合技术方面的领先优势。可以预测，在未来几年，申请量还会出现稳步增长的趋势。

（3）日、美、欧企业是主要申请人。

在"图像+毫米波雷达"融合技术领域，排名前 5 位的申请人依次是丰田、电装、通用、本田和博世，可以看出，日本在该技术领域的优势比"图像+图像"融合技术领域的优势要小很多，这与日本企业出于成本上的考虑，将更多精力投入成本较低的"图像+图像"融合技术领域有关（见图 7-25）。

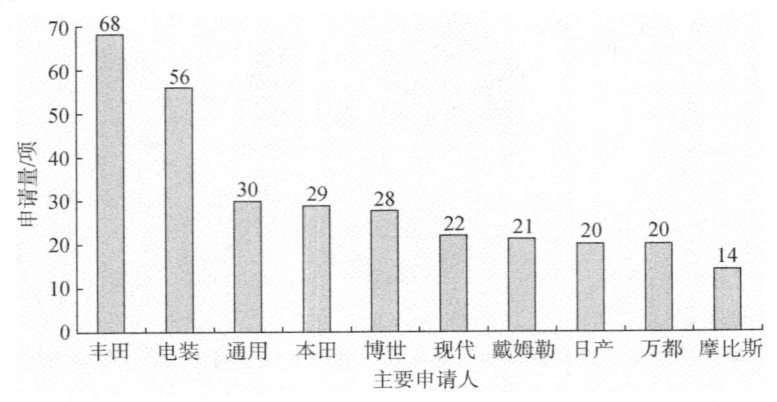

图 7-25 "图像+毫米波雷达"融合技术全球主要申请人的申请量分布

2. 国外企业重视来华申请，占比超过一半

在 CNABS 数据库中，涉及"图像+毫米波雷达"融合技术的专利申请量为 248 件。其中，国内专利申请 122 件，占全部申请总量的 49%，国外来华专利申请为 126 件，占全部申请总量的 51%。

（1）中国专利申请总体增长稳定。

"图像+毫米波雷达"融合技术在中国的专利申请较"图像+图像"融合技术时间晚一些，2008~2014 年申请量一直稳步增长，2013 年开始出现一个飞跃期。从 2012 年的 26 件增长到 50 件（见图 7-26）。

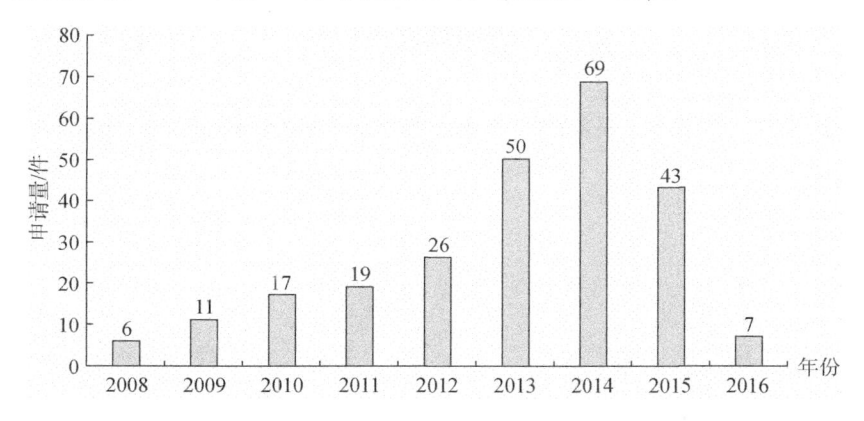

图 7-26　"图像+毫米波雷达"融合技术领域中国专利申请分布趋势

（2）日、美、韩、德重视在华专利布局。

如图 7-27 所示，从专利申请分布来看，"图像+毫米波雷达"融合技术专利申请排名前 5 位的国家/地区依次是中国、日本、美国、德国和韩国。在中国市场，"图像+毫米波雷达"融合技术申请量最大的是国内申请人，远超日本和美国。日本申请人排名第二位。

"图像+毫米波雷达"融合技术中国申请从 2008 年开始呈现逐渐增长的态势。在 2014 年以前，国外来华申请人的申请量高于国内申请量，中国申请人的申请量从 2008 年起开始逐步增长，2015 年超越国外来华申请人申请量。说明随着智能汽车概念的兴起，越来越多的国内申请人投入了相关技术的开发。

（3）国内企业未进入前 10 位。

在"图像+毫米波雷达"融合技术领域的中国申请中，主要申请人的排名与全球市场略有不同，美国企业通用申请量居第一位，中国的长安大学作为高校类申请人居第五位。可见中国申请人的申请量虽然最大，并不集中，申请人比较分散，没有形成合力，仍然不能与日本和美国申请人相抗衡（见图 7-28）。

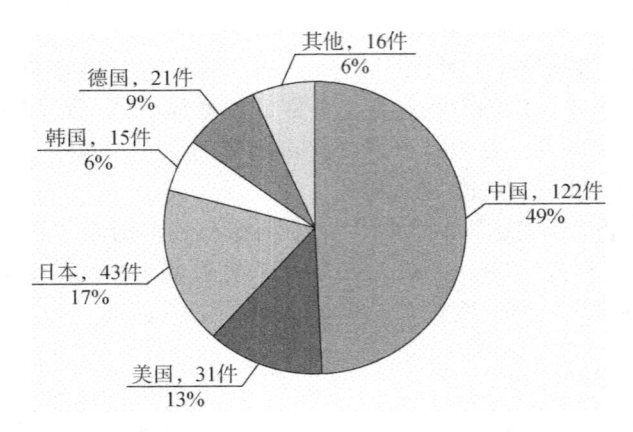

图 7-27 "图像+毫米波雷达"融合技术领域中国专利申请国家/地区分布

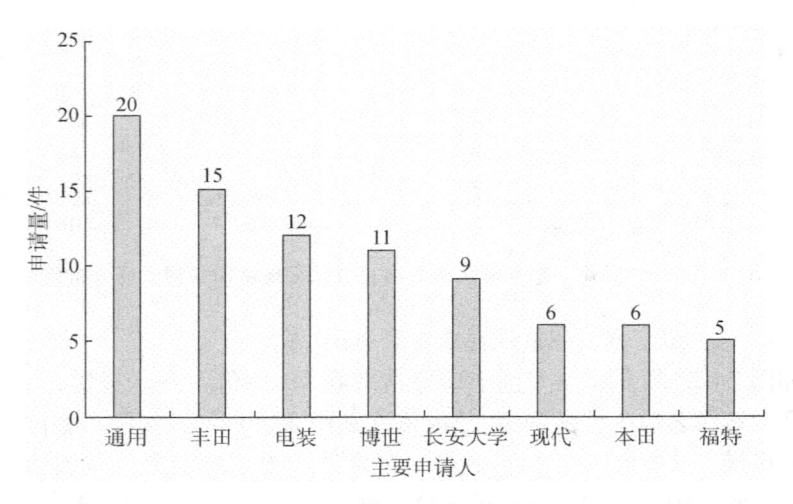

图 7-28 "图像+毫米波雷达"融合技术中国主要申请人的申请量分布

7.3 传感器软件融合竞争态势格局

7.3.1 常见融合算法专利发展动向

1. 2000 年后专利申请增长迅速

以卡尔曼滤波、贝叶斯方法、D-S 证据理论、模糊理论、人工神经网络以及专家系统组成的多传感器融合算法为研究对象,根据数据检索、处理分析后得到的结果如图 7-29 所示。对于智能汽车多传感器融合算法的专利在 2010 年以前申请量一直不多,从 2010 年以后,由于谷歌等互联网公司的强势介入,传感器融合算法的专利申请增长相当明显。

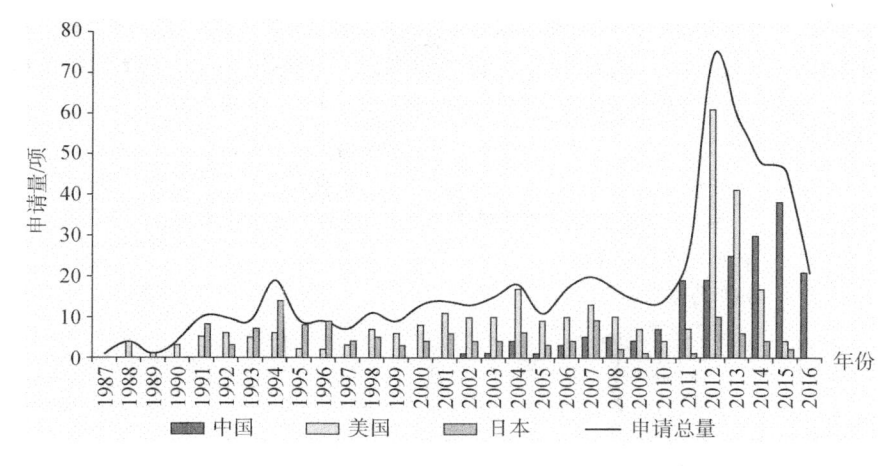

7 智能汽车多传感器融合感知技术

图 7-29 主要融合算法全球主要国家专利申请分布趋势

2. 美国处于领先地位

传感器融合算法的全球布局策略在主要国家大体相似，在首次申请地中，美国处于领先地位，中国后来居上，并且已经超越日本居第二位。在目标市场中，显然，美国仍是外来专利布局最多的国家，日本和德国次之。对于我国来讲，如何在外来专利的夹击下有所突破也是一项重要的任务（见图 7-30）。

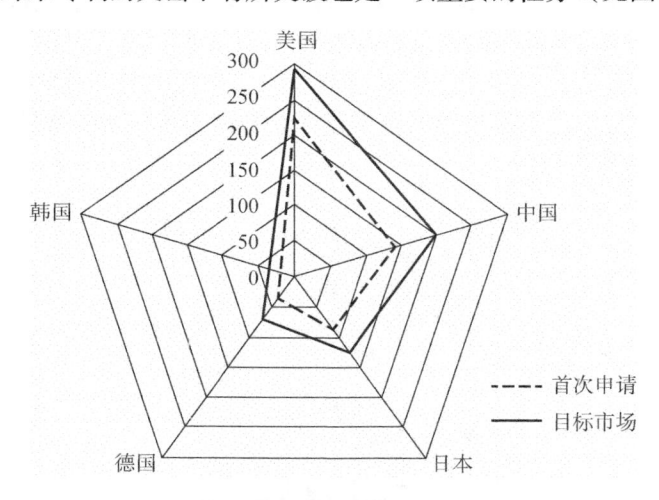

图 7-30 主要融合算法专利首次申请和目标市场地区分布

3. 谷歌实力优势明显

在申请人排名方面，谷歌遥遥领先，且是唯一一家互联网企业，虽然日本、德国在融合算法方面的专利申请量没有中国和美国多，但是申请人相对

161

比较集中，而且申请人的类型多以企业为主。虽然中国的申请量较多，但是申请人相对比较分散，而且申请人的类型多以科研院校为主。在前10位申请人中，只有北京交通大学以7件专利申请居第七位（见图7-31）。

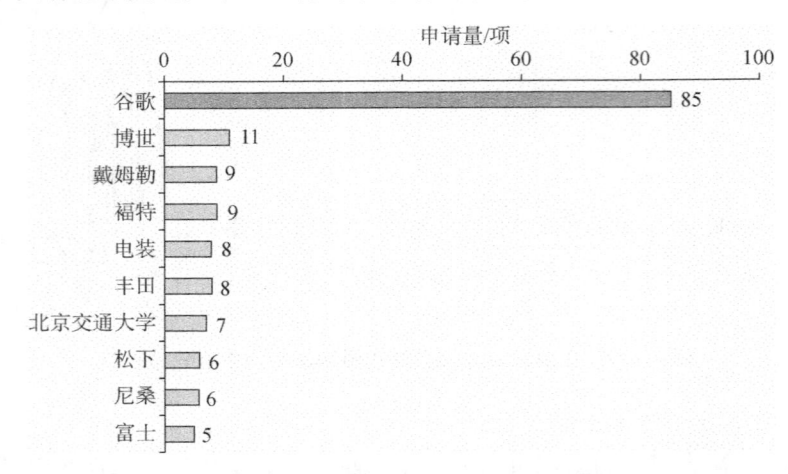

图7-31　主要融合算法全球专利申请主要申请人排名

申请量/项

- 谷歌　85
- 博世　11
- 戴姆勒　9
- 福特　9
- 电装　8
- 丰田　8
- 北京交通大学　7
- 松下　6
- 尼桑　6
- 富士　5

4. 神经网络是专利申请的主要分支

在卡尔曼滤波、D-S证据理论、神经网络、专家系统、贝叶斯方法以及模糊理论组成的多传感器融合算法集合专利申请中，神经网络作为计算机自主学习的基础算法，其专利申请量遥遥领先于集合中的其他算法。因此，当前多传感器系统中，根据传感器数据用于识别外界目标最主流的算法是采用神经网络（见图7-32）。

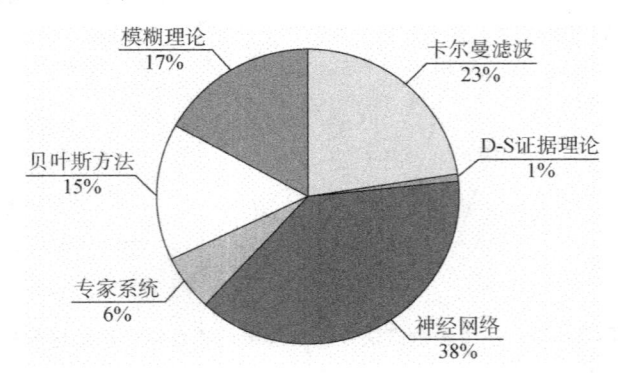

图7-32　主要融合算法各具体算法的专利申请量分布

- 模糊理论　17%
- 卡尔曼滤波　23%
- D-S证据理论　1%
- 神经网络　38%
- 专家系统　6%
- 贝叶斯方法　15%

5. 神经网络算法分析

美国在神经网络算法方面较为领先,但是申请量一直不大,并没有一个明显上升或下降的趋势。对于中国来说,虽然一直处于追赶者的角色,但是随着技术的发展,到了 2000 年,智能汽车在中国掀起了一股高潮。

从申请人来看,虽然日本、德国在神经网络融合算法方面的专利申请量没有中国和美国多,但是申请量相对比较集中。虽然中国的申请量较多,但是申请人相对比较分散,且申请多为科院院校。在前 10 位的申请人中,仅有中国石油大学以 4 项专利申请居第九位(见图 7-33)。

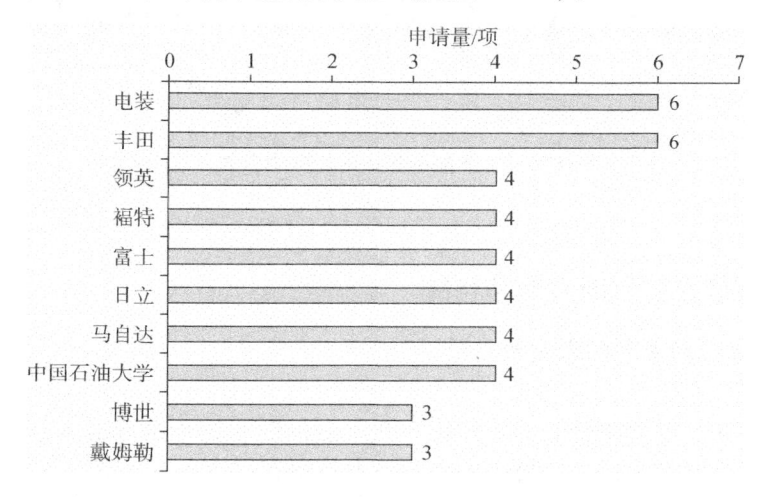

图 7-33 神经网络全球专利申请主要申请人排名

目前,BP 神经网络是应用最多的一种神经网络形式,在现有专利申请中,大多针对智能汽车多传感器融合技术实现目标识别的神经网络算法针对上述问题进行研究并提出相应的解决方案。

7.3.2 常见融合算法非专利发展动向

通过对常见融合算法非专利文献的分析发现,2000 年以前,有关车载传感器信息融合算法的论文数量并不多。在 1994～1997 年,以神经网络算法、模糊逻辑算法和专家系统算法的研究有一个小规模的爆发。进入 21 世纪后,车载传感器信息融合算法的论文发表量呈稳步增加态势,其中,采用神经网络算法的论文数量一直领先于其他算法的论文数量,其次则是采用卡尔曼滤波算法的论文数量(见图 7-34)。

专利申请量与论文发表量在时间态势上呈现了较高的一致性。1994 年,汽车传感器信息融合相关算法的论文发表量突然增加,同时,相关专利申请量也出现了一个小高峰。进入 2010 年以后,论文数量和专利申请量均出现高

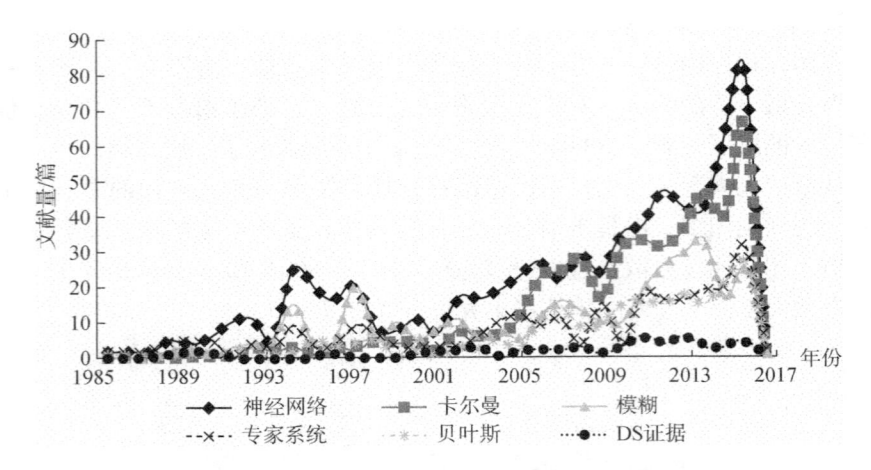

图 7-34 常见主要融合算法的论文中发表年度势趋势

速增长。

7.4 重点专利申请人专利布局

7.4.1 全球重点申请人专利布局

1. 日　产

日产在全球汽车企业中首先将 360 度全景图像倒车系统引入量产车，并且出于对成本的考虑，该公司的研发重点集中在"图像+图像"的传感器融合模式上，近几年随着其他公司对"图像+图像"传感器融合技术加大投入，日产在此项技术上的优势已经荡然无存。此外，该公司在"图像+激光"传感器融合技术上也有较多的专利布局。

在智能传感器融合感知技术领域的专利布局上，日产重点在日本进行布局，海外市场专利布局较少。日产的主要专利申请都在日本国内，这与传感器融合技术专利申请主要集中在日本企业有关，国内市场的激烈竞争使得日产必须将更多的申请集中在日本国内，以应对国内竞争对手的专利布局。日产一开始是在美国申请相关专利，逐渐扩展到欧洲，2005 年开始在中国进行专利布局，直到 2012 年，日产在欧、美、中三个市场的传感器融合相关专利申请相同。

在技术领域分布上，日产主要集中在硬件融合的"图像+图像"传感器融合方面，其中，环视图领域最成熟。日产认为单纯的图像融合完全能够满足图像准确性和环境检测等功能，加上成本的考虑，日产的研发重点仍然是利用图像融合感知外界环境。其次是"图像+激光雷达"的方面申请，占申请总量的 54%，采用激光雷达传感器与图像融合来判断周围行车环境以及周边车辆的速度和距离，避免碰撞，这是日产在"图像+激光雷达"融合技术所要解决的主要问题。

通过分析其技术路线发现，日产主要针对环视图进行了从实现全景向高清晰度、高准确度的方向的发展（见图7-35）。

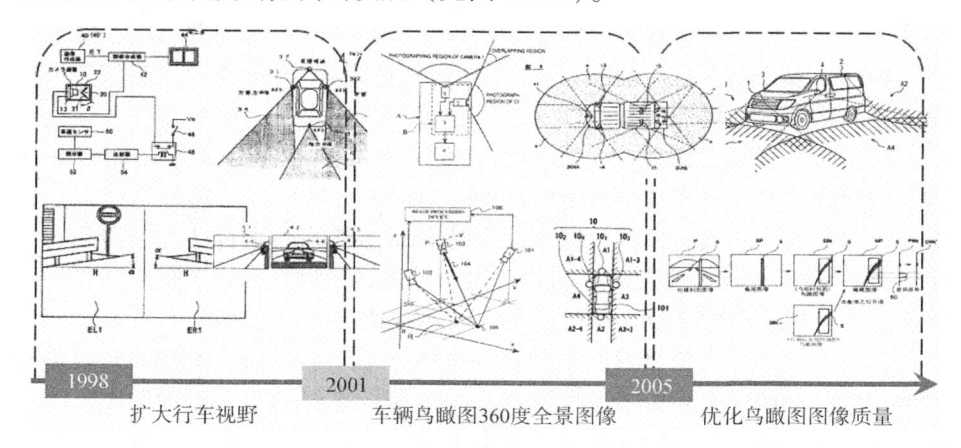

图7-35　日产"图像+图像"传感器融合技术的专利发展路线

第一步（1998~2001年）：扩大行车视野。通过在摄像头前放置成一定角度的镜子来扩大行车时前方的视野；通过布置多个向后抓取图像的摄像头并融合图像确定后方和侧方车辆位置及车速，避免碰撞。

第二步：（2001~2005年）：形成车辆鸟瞰图（360度全景图像）。通过坐标变换对设置在车辆周边的摄像头抓取的图像进行变换，转变成一个虚拟摄像头的视角获得鸟瞰图。

第三步：（2005年至今）：对鸟瞰图图像质量进行优化。通过控制摄像头阵列的不同区域对融合图像进行校正；根据车速和转向对图像融合方式进行调整；通过修改坐标变化以及波形差异等优化图像中物体的形状和距离检测。

2. 博　　世

博世是全球顶级汽车零部件供应商，其产品包括点火系统、电喷系统、ESP系统等，各种类型的车载传感器也是其供应的重点商品之一，尤其是毫米波雷达传感器。博世从1973年就开始研发防碰撞用车载毫米波雷达传感器，随后持续更新产品，不断提升性能指标，巩固其在车载毫米波雷达传感器领域的优势地位。

在传感器融合领域的专利申请，博世以硬件结构方面为主，涉及算法方面的软件融合专利申请较少。从专利申请趋势来看，从2008年开始，博世在传感器融合领域的申请出现了明显的增长,随后一直保持着增长。虽然总量仍差强人意,这表明博世已经开始逐渐将信息融合作为公司专利申请的重心。

中国也是博世专利申请布局中仅次于欧洲的第三大申请市场,比美国还略高。显然,博世日益看重中国作为全球最有前景的汽车消费市场,在利用自己影响力和产品占据市场的一席之地的同时,还希望结合知识产权的力量增强自身在中国市场的竞争力。

如图4.5所示,博世的毫米波雷达具有优势,并拥有大量"图像+图像"的融合技术。从专利技术主题来看,博世公司针对自己的毫米波雷达技术进行了卓有成效的研发。在毫米波雷达和图像传感器融合的专利申请占总申请量的35%。对于"图像+图像"融合技术,博世也予以了重视,其为车辆提供了鸟瞰360度环绕车身的影响以辅助驾驶防止发生碰撞。

目前,博世在多传感器信息融合领域的布局方向包括:增强驾驶辅助和辅助定位。如图7-36所示,博世在多传感器信息融合布局方面的重点方向是利用图像传感器辅助增强雷达传感器的检测性能。一般将毫米波雷达传感器安装在车辆前后方,用于检测障碍物的距离,博世巧妙地将其设置在侧面,通过检测路边物体,如建筑与车辆的距离,结合GPS或图像传感器的感知信息,实现了地图绘制及定位功能。

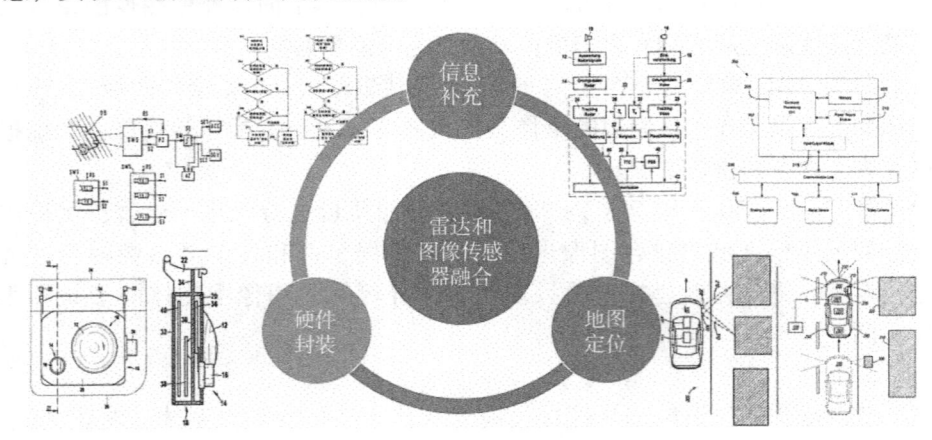

图7-36 博世雷达和图像传感器融合技术

3. 电　装

电装是全球知名的汽车零部件供应商,在日本排名第一位,全球排名第四位。在车载外部环境感知传感器方面,电装能够提供智能汽车所需的雷达、超声波、图像以及二维激光扫描传感器。

电装的传感器融合技术专利申请近年来增长较为显著，多传感器信息融合技术的专利申请已经成为电装专利战略。自2001年起，电装在多传感器信息融合技术的申请量开始有了较为显著的增长，但并不稳定。2012年开始专利申请量快速增长，2013年申请量为2012年的2倍，2014年则达到2012年的3倍以上。

电装的专利申请以硬件融合为主，采用多个同型或异型传感器进行融合。而涉及算法方面的软件融合专利申请较少；电装的专利申请在日本高度集中，在其他国家布局较少。

在技术分支专利分布方面，电装的专利申请以"图像+图像"融合技术为主，对于车辆上另一个常用传感器毫米波雷达与图像传感器的融合也进行了研究。电装在多传感器信息融合领域的布局方向包括：一是将多个图像进行融合以提供更好的车辆外部信息；二是将图像信息与雷达信息相融合以增强感知准确性。通过将来自车辆多个部位的不同图像传感器的图像进行融合，或将来自同一传感器不同时间的图像进行融合并进行修正，以便向驾驶者提供更好的、更真实的外部信息。图像信息包含的信息量要远大于毫米波雷达传感器所能获得的信息量，但要从图像中挖掘出有用的信息的处理难度也要大于毫米波雷达传感器，这就不可避免地带来了错判。通过将雷达传感器的信息与图像传感器的信息相融合，能有效降低这种错判，增强对外部环境，尤其是障碍物的感知准确性，提高车辆控制的安全性。

4. 谷　　歌

谷歌（Google）是作为跨国科技互联网企业，相比于传统汽车企业的"增量渐进式"的智能汽车研发项目和战略规划，谷歌采用颠覆性的研发方法，直接以智能汽车的终极形式——"机器人系统为核心"的自主智能非联网方式的智能汽车作为开发目标，针对智能车对于外部环境的感知、检测、判断、控制算法等方面进行详细研究。

谷歌在硬件融合技术的专利分布呈现激光、图像以及毫米波雷达三者高度融合的特点，其软件融合最常用的方法是贝叶斯估计以及卡尔曼滤波，均为特征层融合。表7－5列出了谷歌传感器融合技术的专利数据，其中，谷歌的硬件融合仅包括激光、图像以及毫米波雷达三者融合，共计155项专利，授权量达到139项。软件融合技术具体涉及了4种算法，包括贝叶斯估计、卡尔曼滤波、决策树以及隐马尔科夫模型，其中，涉及贝叶斯估计和卡尔曼滤波算法的专利申请最多，且大部分已获得授权。

表7-5 谷歌传感器融合技术专利统计　　　　　单位：件

申请人	技术领域	下级技术分支	专利申请量	专利授权量
谷歌	硬件融合	激光+图像+毫米波雷达	155	139
	软件融合	贝叶斯估计	86	78
		卡尔曼滤波	86	78
		决策树	19	18
		隐马尔科夫模型	12	11

谷歌关于传感器融合技术的专利申请授权比例极高，目前已经接近90%，技术含量相对较高。2009年，谷歌宣布开始研发全自动驾驶汽车。

经过近几年的研究，从谷歌第一代汽车逐步发展到现今的第三代。（1）第一代汽车以丰田普锐斯为原型的第一代智能车；（2）以雷克萨斯RX450h为原型的第二代智能车；（3）推出自主开发的第三代智能汽车。其中，在传感器的硬件和软件方面都做了大量的工作和研究，从表7-4可以看出，谷歌的研究成果也是相当值得称赞的，其专利授权比例极高，这不得不引起其他厂商或企业的重视（见图7-37）。

7.4.2 中国重点申请人专利布局

1. 长安大学

长安大学在智能汽车具有一定的研究实力，该学校拥有汽车高速试验环境和综合测试场，并且拥有人-车-路-环境三维动态模拟系统、电动车辆实验研究系统、汽车综合性能检测系统。

长安大学在传感器方面专利申请相对较早，从2006年开始申请，在2010年以前其专利申请量较少，均保持在15件以下；从2012年开始具有较多的专利申请，其中，2012年申请了21件专利申请。

长安大学在传感器方面共有101件专利申请。长安大学在传感器融合技术方面有20件专利。具体而言，长安大学以图像传感器为主，申请量为81项，而激光传感器和毫米波传感器申请较少，分别为4件、24件；长安大学的图像传感器同类融合（图像传感器与图像传感器的融合）共有9件专利申请，而图像传感器与激光雷达、图像传感器与红外线传感器均有5件专利申请，另外还有1件涉及图像传感器与超声波传感器的专利申请。

长安大学相关专利申请均是国内申请，未向国外布局专利。其传感器融合技术正从智能程度较低的辅助预警阶段向智能程度较高的巡航控制方向发展。在传感器融合方面，长安大学的专利技术表现为两个阶段：①2010～2012年：专利申请主要是行车辅助与预警，智能程度较低，例如公路测速、

7 智能汽车多传感器融合感知技术

第一代无人驾驶汽车（萌芽期）

2009年，谷歌组建无人驾驶汽车研究团队

2010年，推出第一代改装丰田普锐斯的无人驾驶汽车

2009年收购510 System，为Google无人驾驶汽车提供原始技术

2009年无人驾驶汽车已进行路测，为Google无人驾驶车提供30万英里，而且在电脑操作下未发生过造事故

2010年，无人驾驶汽车已进行路测，累计里程30万英里，而且在电脑操作下未发生过造事故

第二代无人驾驶汽车（快速发展期）

2011年

2010年注册Google Auto的公司，致力于无人驾驶车的研发，推出第二代改装雷克萨斯SUV的无人驾驶汽车

2013年9月，加州机动车管理局(DMV, Department of Motor Vehicles)正式让无人驾驶汽车可以在公路上进行测试

2013年12月，收购Holomni公司，汽车加速系统未来改进机器人的动力加速系统

2013年6月，收购众包地图应用Waze，增加实时交通和街景地形

2013年6月收购DNNresearch公司，语音和图像识别技术

2014年8月，谷歌收购了图片分析公司Jetpac，以识别并共享图像识别技术

2014年7月，收购Industrial Perception公司，其3D视觉系统为谷歌的无人驾驶汽车扫清了视觉障碍

2014年6月，推出Android Auto，全新操控控制的车载系统

2014年5月，Google州以智能交通系统工具Pod Car为基础的自主设计并研发的无人驾驶车原型，即第三代无人驾驶汽车

2014年1月，谷歌与奥迪、通用、本田、现代和NVIDIA共同组建"开放汽车联盟"(Open Automotive Alliance)

2014年1月，谷歌DeepMind，收购深度学习算法公司DeepMind，在无人驾驶汽车行驶过程中趋向自我学习功能

第三代无人驾驶汽车（成熟期）

2015年

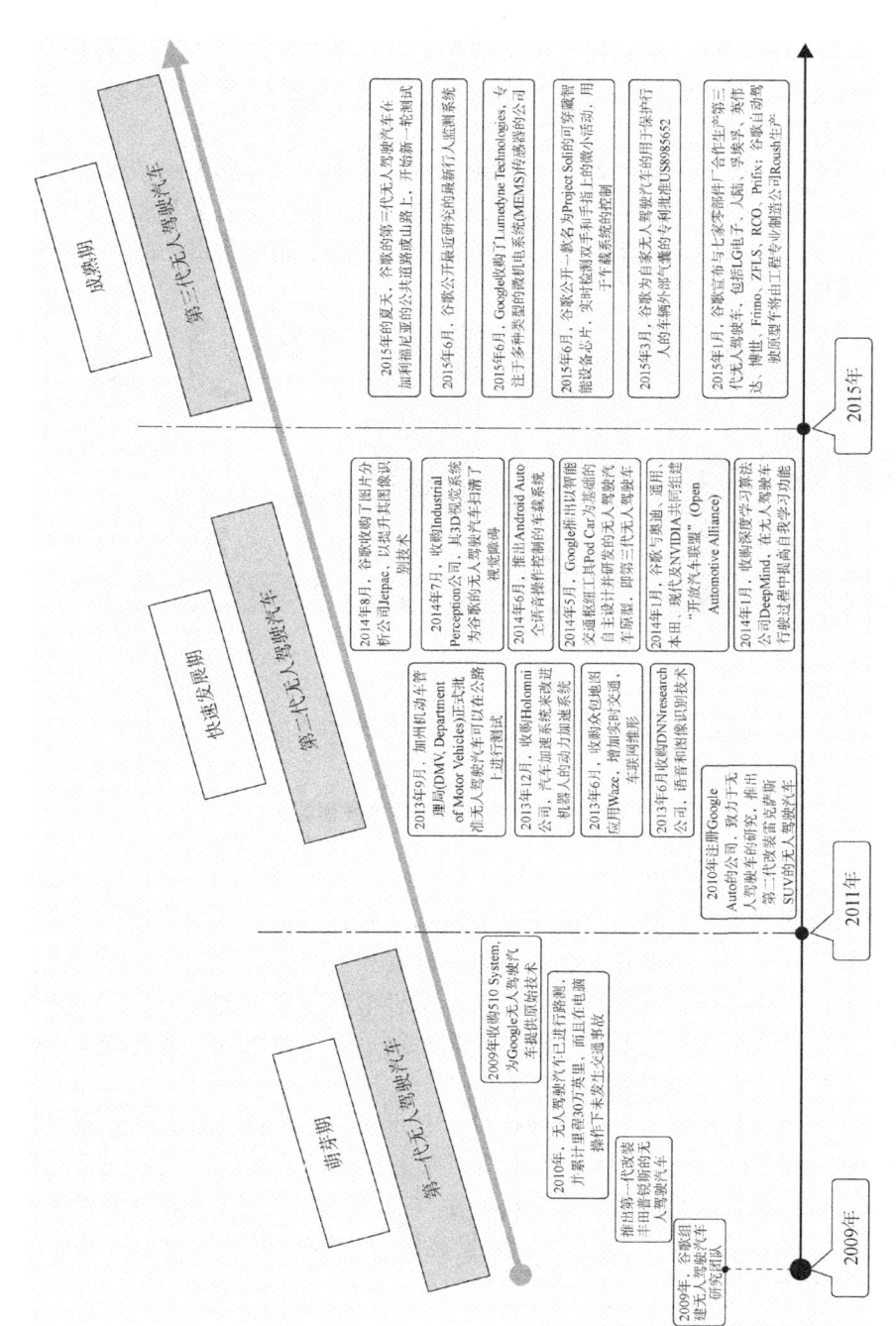

2015年的夏天，谷歌的第三代无人驾驶汽车在加利福尼亚的公共道路或山路上，开始新一轮的测试

2015年6月，谷歌公开最近研究的最新行人监测系统

2015年6月，Google收购了Lumedyne Technologies，专注于多种类型的微机电系统(MEMS)传感器的公司

2015年6月，谷歌公开一款名为Project Soli的可用于穿戴智能设备芯片，实时检测双手和手指的微小动作，用于车载系统的控制

2015年3月，谷歌为自家无人驾驶汽车的用于探护人的车辆外部"雷纳外衣"的专利获批准US8985652

2015年1月，谷歌宣布与家零部件厂合作生产第三代无人驾驶车，包括LG电子、人驾、孚基尔、奥特达、博世、Frimo、ZFLS、RCO、PnEns、谷歌自动驾驶原型车将由工程专制造公司Roush生产

图7-37 谷歌无人车开发时间发展历程

169

自动防撞、驾驶员异常行为提醒、辅助泊车、车道偏离预警、转向灯光操作提醒；②2013~2015：主要偏向巡航控制，智能程度较高，例如车道保持、前车运动追踪、驾驶员危险驾驶评估、行人识别与防撞、道路信息共享、前车异常驾驶行为识别。

总体而言，长安大学在2011年以前的专利申请主要是利用图像传感器对环境感知；在2011~2013年，专利申请主要是以车辆安全为主并逐步发展多传感器融合；在2014年以后，主要发展以目标识别、跟踪为目的的自动驾驶技术（见图7-38）。

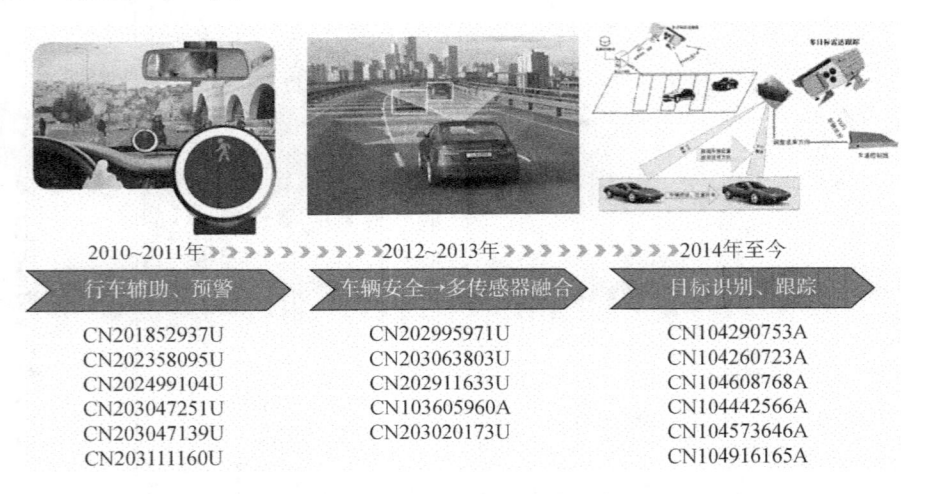

图7-38 长安大学传感器技术发展趋势

2. 苏州智华

苏州智华汽车电子有限公司（以下简称"苏州智华"）成立于2012年1月，长期专注于汽车主动安全电子系统的研发和生产。公司以特有的图像传感器和智能识别处理技术为核心，成功开发出车道偏离报警系统、前向碰撞预警系统、全景泊车辅助系统、倒车影像辅助系统等多个汽车智能安全驾驶系统，并运用于多家国内外知名汽车品牌。

由于公司成立较晚，专利数量较少，苏州智华在传感器方面的专利申请均为图像传感器，共有17件专利申请，尚未涉及激光雷达、毫米波雷达领域。其图像传感器专利以摄像头结构为主（11件专利申请），并有少量涉及数据连接、倒车辅助、车道检测、全景视图、障碍检测等领域的专利申请（6件专利申请）。

3. 湖南纳雷

湖南纳雷科技有限公司（以下简称"湖南纳雷"）成立于2012年1月18

日，该公司专注于从事毫米波智能传感器和雷达系列产品的研发、生产和销售。湖南纳雷拥有完整的科研体系和科研队伍，在毫米波雷达、智能天线等领域开展深入研究。该公司目前的产品主要应用于高端安防、智能交通、汽车主动安全和无人驾驶、工业控制等领域，是专业的毫米波传感器和雷达的设计和制造商。

湖南纳雷目前共申请专利 10 件，均涉及传感器领域，其中，2013 年有 4 件专利申请，2014 年仅 1 件专利申请，2015 年有 5 件专利申请，其专利申请主要涉及传感器结构和应用两个方面。因此，湖南纳雷目前在传感器领域处于起步阶段，专利申请较少。

7.5 对我国创新企业的启示

为更好应对目前传感器融合产业的发展形式，本章立足现有专利态势和重点技术分析并结合国内传感器融合产业的政策指引、发展现状等因，得出以下启示。

（1）关注发展热点，加大研究和发展力度。

图像和图像传感器融合的专利是车载传感器信息融合中专利申请量最大的技术主题，但应当注意避免在图像和图像传感器融合的环视图分支上同质化申请的问题。图像和毫米波雷达传感器融合逐渐成为业内申请的主流，成为传感器融合申请的新热点。

（2）加大技术空白点领域的研发力度和专利布局。

目前专利申请以传感器融合技术的功能和应用为主，在传感器融合的制造工艺和实际安装中仍存在大量的技术空白点。国内企业积极进行传感器信息融合技术的专利布局，应当积极在传感器融合功能和应用上布局，进行专利高地抢占；同时，应当在制造工艺和实际安装方面进行提前布局，形成自己的技术特色，掌握市场主动，提升自身的实力。

（3）提升专利信息利用能力，充分利用已有技术，有效规避专利风险。

从重点申请人的专利分析可以看出，部分龙头企业已经在传感器融合上形成清晰的技术路线，并且专利布局有一定的延续性，体现了技术发展的脉络。但是由于传感器融合发展时间短，很多企业尚未形成系统的全球布局体系，在中国的布局并非十分完善，许多仅在国外进行布局的专利技术可以供我们使用，如日产在传感器融合技术领域的专利申请。

（4）选择成熟适宜的软件融合技术进行产业化。

经研究发现，谷歌在软件融合算法的选择与业内研究动态存在较大差别。软件融合目前主流的算法中，神经网络是专利申请量最大的技术方向；其在近年来非专利论文的发表数量也增长迅速，可以说是目前学术界的热点。但是谷歌在其多款车型中均应用贝叶斯估计和卡尔曼滤波，并且贡献了绝大部分的专利申请。

分析其原因，主要在于智能汽车对于安全可靠性的要求高，企业在应用和选择软件融合算法时，需要考虑安全成熟的技术进行使用。

（5）注重技术成果保护，加强成果转化力度。

研究发现，软件融合专利数量较少，而非专利论文的数量较多。这表明学术界一直在研究传感器软件融合算法。从卡内基·梅隆大学的 Matial Hebert 等学者的论文发表和专利申请情况不难看出，目前大量的论文研究并未进行专利布局，研究成果未能得到有效保护。建议今后加强高校、科研院所的成果转化平台建设，学习国外先进 OTL 模式，加大转化力度，做到科研与产业衔接，从而实现优势互补，合作发展。

（6）提高知识产权从业人员的职业技能。

软件融合专利申请数量较少有多个方面的原因。其中之一是软件融合由于涉及算法，其撰写的形式容易落入《专利法》第 25 条的智力活动规则和计算机程序的范围。鉴于此，建议加强知识产权相关培训，提高知识产权从业人员的技能，从技术内容判断研究成果究竟采用何种方式保护才能将申请人的利益最大化；同时提高从业人员的撰写能力，将软件融合的算法撰写成与硬件结合的方法类权利要求，撰写恰当的保护范围，使得研发人员的智慧成果得到真正的保护。

8

智能汽车车联网 V2X 关键技术[1]

根据世界移动大会（GSMA）预测，2015年全球超过20%的销售车辆将装备嵌入式（前装）车联网设备，超过50%以上的销售车辆将通过手机或嵌入式设备联网，到2025年每一辆新车都会被连入网络，其中，2018年市场规模达400亿欧元，是2012年的3倍。这一市场预测数据显示了未来车联网的巨大市场和应用前景。此外，车联网的产业链更加丰富，相对于传统汽车行业的产业构成，其还能为芯片厂商、软件提供商、通信企业等多个领域带来经济效益，根据埃森哲预测，2020年车联网市场规模可达2000亿元。在车联网技术（V2X）研究处于领先地位的美国、欧洲和日本，均已定义了V2V和V2I通信的相关标准并逐步开始在实际环境中进行测试，同时相关产

---

[1] 本章节选自2016年度国家知识产权局专利分析和预警项目《智能汽车关键技术——车联网V2X通信技术专利分析和预警研究报告》。
（1）项目课题组负责人：李胜军、陈燕。
（2）项目课题组组长：赵向阳、孙全亮。
（3）项目课题组副组长：孙玮、刘庆琳。
（4）项目课题组成员：丁秀华、何如、马永福、郭颖、付先武、尹川、贾年龙、朱立峰、肖鸿、李瑞丰。
（5）政策研究指导：胡军建。
（6）研究组织与质量控制：李胜军、陈燕、赵向阳、孙全亮。
（7）项目研究报告主要撰稿人：赵向阳、丁秀华、何如、马永福、郭颖、付先武、尹川、贾年龙、朱立峰、肖鸿。
（8）主要统稿人：马永福、郭颖、肖鸿。
（9）审稿人：李胜军、陈燕。
（10）课题秘书：孙玮。
（11）本章执笔人：马永福、郭颖、贾年龙、朱立峰、孙玮。

业的参与者也加快了在主要市场车联网的战略布局。

8.1 车联网产业发展现状

8.1.1 V2X产业发展现状

1. 全球V2X通信技术产业特点

(1) 半导体厂加快市场布局，推动DSRC标准的产业化。

随着智能汽车市场热度不断飙高，半导体厂商纷纷推出V2X技术解决方案，以期抢占新一轮车联网市场。以恩智浦、意法半导体、瑞萨等企业为代表的传统汽车电子产业链等巨头，正在美国、日本和欧洲市场积极推进V2X技术的产业化（见图8-1）。

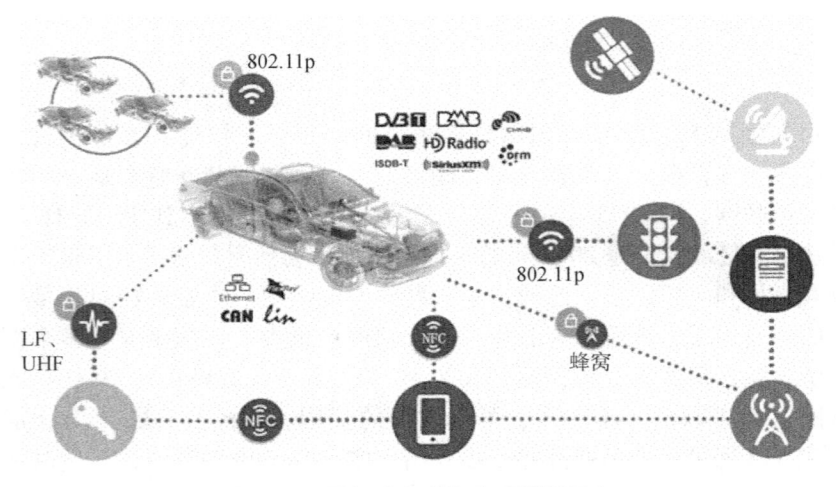

图8-1 恩智浦实现汽车互联的概念

(2) 零配件厂商寻求多元化合作，研发多元化V2X技术方案。

在V2X技术产业化方面，零配件厂商更多的是寻求不同技术的融合应用，为整车厂商提供能够应用于真实场景的V2X技术解决模块。在整个V2X产业链当中，零配件厂商的合作对象不仅包括通信企业、整车汽车、互联网公司，其还与高校、科研院所合作进行V2X的实践测试。

(3) 整车企业重视V2X技术的应用，逐步形成成熟产品。

各大汽车企业仍积极将车联技术的应用作为重要卖点推向智能汽车的高端市场。通用针对1996年所兴起的OnStar系统不断进行了升级，同时于2005年开始开发车辆互联沟通技术，即V2V技术，其可以用于提供自动安全功能。丰田与日本运营商KDDI展开合作，推出全球通用的联网汽车数据通信模块。同时，丰田还推出利用760MHz ITS专用频段的协作型驾驶辅助系统，实现道路与车辆间以及车辆与车辆间的通信。

（4）通信企业涉足车联网技术野心勃勃，地位逐渐凸显。

经过十多年的发展，V2X 产业逐渐形成以 DSRC 和 LTE – V 为主的两个标准和产业阵营。其中，LTE – V 是以 LTER14 技术为基础（4G/5G），通过 LTE – V – D 和 LTE – V – Cell 两大技术实现包括 V2I、V2V 和 V2P 等技术应用。LTE – V 正处于标准制定的关键阶段，高通、LG、大唐、华为等通信产业链企业和电信运营商（如 Deutsche Telecom、Orange）逐步成为积极推动 LTE – V 技术的产业阵营主导者。

（5）越来越多的科研院所投入智能网联汽车前沿技术研究。

V2X 技术因为涉及多个技术领域且应用场景复杂，更需要具备基础研发实力的高校和科研院所积极推动，目前越来越多的世界顶尖高校投入智能网联汽车相关前沿技术的研究。美国密歇根交通大学研究所（UMTRI）为了进一步研究网联汽车中 V2V 与 V2I 装置的有效性，设计安阿伯联网汽车测试环境（AACVTE），进行网联汽车的实践测试。加州大学伯克利分校依靠加州森尼韦尔市的场地支持，也展开了针对实际 V2X 技术应用的实地测试。斯坦福大学则致力于利用 V2X 技术在视野受阻的情况下收集路况信息。麻省理工学院则创新性地基于"时段的交叉路口"概念（即为每辆汽车设定一个进入特定道路的时间），提出了交通灯道路交通系统。

2. 国内 V2X 通信技术产业特点

在政策层面，配合国家政策和行业要求，积极推动 LTE – V 标准。由工业和信息化部委派汽车工业协会等出台的智能网联汽车发展技术路线将着重描绘网联部分作用和相关技术，后续通信标准和 C – ITS、TIAA 委员会等国内车联网相关组织也将逐步实现频谱、标准等的制定，这将成为中国无人驾驶领域公布的首个技术标准，极大地推动车联网加速发展。同时，由国内中国通信标准协会、中国智能交通产业联盟和车载信息服务产业应用联盟牵头的 LTE – V 标准化的确立，将大大推动国内 V2X 技术商业化的进程。与此同时，国内通信龙头和运营商凭借成熟的 LTE 基站网络和技术积累，有可能在未来的国内车联技术领域取得市场优势。

国内整车厂商提前布局 V2X 产品开发、规划布局智能网链应用。在国家和行业先后开始加速 V2X 技术推广的大环境下，国内部分整车厂商已开展 V2X 相关产品研发。不仅在较为成熟的 DSRC 标准上提出实施推进智能网联汽车技术的发展战略规划，同时在标准尚未冻结的 LTE – V 领域，也积极通过与大唐、华为等标准主导者进行深度合作。

在技术方面，我国在应用技术领域缺少产业上游参与者，对底层通信技术的掌握不均衡。我国车联网仍处于初级阶段，国内的芯片供应主要依赖国外零部件厂商，不过国内部分企业也逐步开始重点布局芯片设计和IOT解决方案，例如润欣科技的V2X芯片技术、高鸿股份的车载设备研发和生产，但是与国外半导体厂商差距明显。部分企业专供V2X功能后装市场，例如四维图新、盛路通信等在车联核心内容应用、整合资源优势等方面能够快速更新用户必需的车联网功能，具备一定的竞争优势。在底层通信技术方面，华为、大唐等通信企业参与LTE-V相关标准的推进工作，基于在LTE通信领域的传统优势而在LTE-V领域有所突破，但是国内传统汽车企业或零部件厂商在开发基于DSRC的V2X产品或方案时，由于DSRC核心技术掌握在欧美通信、电子零部件和汽车企业手中，国内企业在DSRC领域的技术发展存在较大局限。

8.1.2 V2X通信技术

1. V2X通信技术的内涵

汽车的智能化离不开对外部环境的感知，感知途径包括车辆与外部信息交互以及车辆自身感知信息，其中，车辆与外部信息的交互，能够获得实时路况、道路信息以及行人动态等一系列交通信息，进而为驾驶决策提供信息依据。随着信息通信技术的发展，通过车辆与车辆、车辆与基础设施、车辆与行人甚至车辆与云端控制中心之间的通信来加强对车辆周围环境的判断、获取车辆所需决策信息，成为实现自动驾驶的关键技术，同时也是当前国际国内研究机构和企业的研究热点，业界将这种通信技术称为车联网V2X通信技术。

2. V2X通信技术的构成

从底层通信技术来说，V2X通信技术所使用的网络是一种车辆临时网络，即车载自组织网络（Vehicular Ad-hoc Networks，VANETs）。随着车联网应用技术的需求迫切，VANETs引起了世界各国研究机构和科研人员的密切关注，各大标准化组织也致力于推动VANETs的标准化工作。总体来讲，致力于V2X通信技术研究和应用推广分为两大阵营，即基于IEEE 802.11p的DSRC技术和基于蜂窝技术的LTE-V通信技术。目前，基于IEEE 802.11p的企业标准已经经历了多年的研发和测试工作，基本可以应用到V2X的车载互联网之中，而基于蜂窝技术的LTE-V通信技术研究及标准化工作正在持续推进。

专用短程通信技术（Dedicated Short Range Communications，DSRC），其基于IEEE802.11p标准开发，目的在于使车辆间、车辆与周围的智能交通基础设施进行通信。DSRC技术是一个以IEEE 802.11p为基础的标准，是一种高效的无线通信技术，它可以实现小范围内图像、语音和数据的实时、准确和可靠的双向传输，将车辆和道路有机连接。DSRC技术采用美国联邦通讯委员会（FCC）在1999年专门为智慧交通系统（ITS）所分配的专属无线频率5.9GHz频段内的75MHz频谱。国际上DSRC技术标准主要分为欧、美、日三大阵营：欧洲的ENV系列，美国的900MHz和日本的ARIBSTD－T75标准。

LTE－V：以LTE蜂窝网络作为V2X通信技术的基础，LTE－V能重复使用现有的蜂巢式基础建设与频谱，营运商不需要布建专用的路侧设备（road side unit，RSU）以及提供专用频谱。LTE V2X技术主要解决交通实体之间的"共享传感"（Sensor Sharing）问题，可将车载探测系统（如雷达、摄像头）从数十米、视距范围扩展到数百米以上、非视距范围，成倍提高车载智能设备的效能，实现在相对简单的交通场景下的辅助驾驶。LTE V2X技术包括集中式（LTE－V－Cell）和分布式（LTE－V－Direct）两种技术。其中LTE－V－Cell技术以基站为分布中心，LTE－V－Direct技术则是车辆之间的直接通信。

从基于底层通信技术实现的应用场景来说，以"车对外界"信息交换为主要功能的V2X技术的关注重点在于"车对车"（V2V）信息交换技术与"车对基础设施"（V2I）的技术（见图8－2）。

图8－2 V2V应用场景示意图

V2I（Vehicle－to－Infrastructure）通信是车与基础设施之间进行无线数据传输，其信息交换的应用更加注重交通管理方面，V2I通汽技术可以帮助疏通车流，实时地对拥塞采取有效措施。管理部门可以根据一些具体的条件灵活地实施交通规则，例如，可调的时速限制、可变的信号灯周期和灯闪顺序、交叉路口自动车流控制、救护车/消防车/警车的开道（见图8－3）。

总体来说，通过在整个智能交通系统中通过V2X、V2I等通信技术的相互配合，可实现在整个信息平台上对车内、车路、车间、车外、人车等信息的提取和有效利用，提高交通系统的整体效率，降低能量损耗，增加运输的安全和便捷。

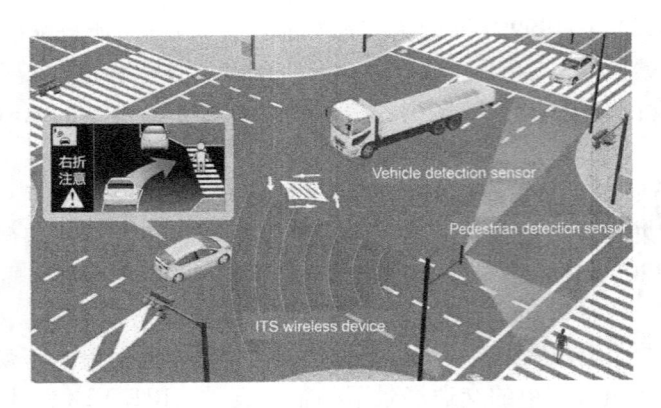

图 8-3　十字路口 V2I 应用场景示意图

8.2　V2X 通信技术专利竞争格局

截至 2016 年 9 月，V2X 技术领域全球专利申请共计 7454 项，其中，经过进一步人工筛选出来的通信层技术全球专利申请共计 2411 项，应用层技术共计 5139 项。

8.2.1　通信技术全球和中国整体呈增长趋势

如图 8-4 所示，全球范围 V2X 技术专利申请总体呈现增长趋势。以 2009 年为界，大致可分为起步、缓慢增长、高速发展期三个阶段。2009 年以后随着通信技术的高速发展以及"万物互联"理念的兴起，车联网技术吸引了越来越多非传统汽车行业的创新主体参与车联行业的市场竞争，同时市场消费主体也从原有对传统汽车单一的驾驶需求，逐步向更加多元化的涉及车联技术的不同需求，同时激发了有关车联网技术的创新和专利申请增长。

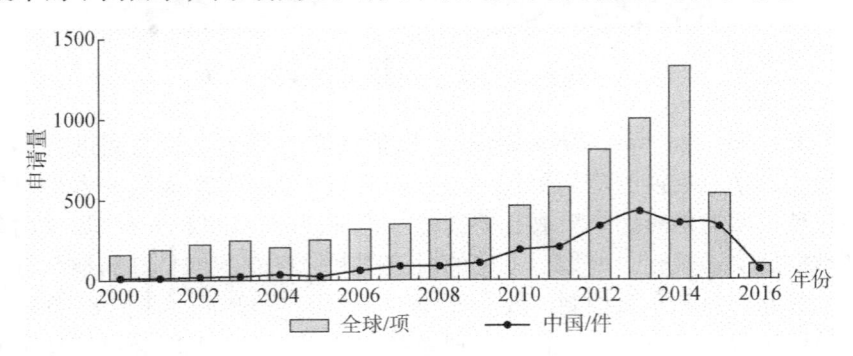

图 8-4　V2X 技术全球和中国专利申请趋势

从中国 V2X 技术专利申请量的发展趋势来看，2000～2016 年，中国专利申请共计1338件；在2000~2013年，一直在稳步增长，特别是2009年之后开始高速增长，从2000年的10件增长到2013年的422件。结合世界范围内相关专利申请，从申请量增长速度来看，中国专利增长速度远大于全球专利申请增长。

8.2.2 美国和中国是专利技术的主要来源国和目标市场国

如图8-5所示，美国和中国专利申请持续保持高速增长趋势。V2X技术美国专利申请从2008年起进入高速增长期，并持续至今；中国V2X技术的高速增长滞后美国两年，在增长走势上与美国保持同步。从专利申请的数量来看，V2X技术专利申请原创技术排名前5位的国家/地区依次是美国、中国、日本、韩国、欧洲。首次申请国专利申请量最多的是美国，占全球申请量的37%，共有2413项。

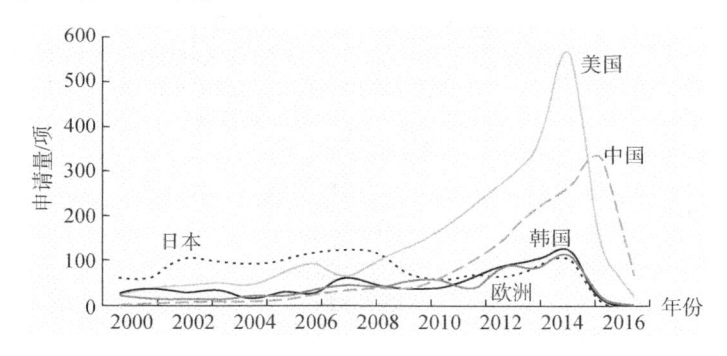

图8-5 V2X技术首次申请地的专利申请趋势

如图8-6所示，与首次申请地的分布情况相类似。日本在2008年之前的专利申请量就达到了一个较高水平，受金融危机影响，2009年日本专利申请量下降至111件并相对稳定。随着近几年中国本土首次申请量的不断增长，其布局申请量也被带动升高，增长率与首次申请的增长率基本相当，说明不仅中国企业重视V2X技术的研发布局，同时中国作为增长潜力巨大的汽车消费市场国逐步受到世界各相关企业的密切关注。美国市场专利布局趋势与中国基本类似，均处于总体上升的态势，从专利布局来看，其市场本身不仅未受到全球金融危机的影响，反而在全球经济低迷的大环境中逆势上扬。这也从一定侧面反映出市场参与主体一直看好V2X技术的前景。韩国由于本土的部分强势通信企业和汽车企业的带动，在2011年的专利申请布局超过了日本，成为全球第三大V2X专利布局目的地。

8.2.3 高通、LG和华为专利申请量优势显著

如图8-7所示，从全球V2X技术主要专利申请主体来看，排名前10位

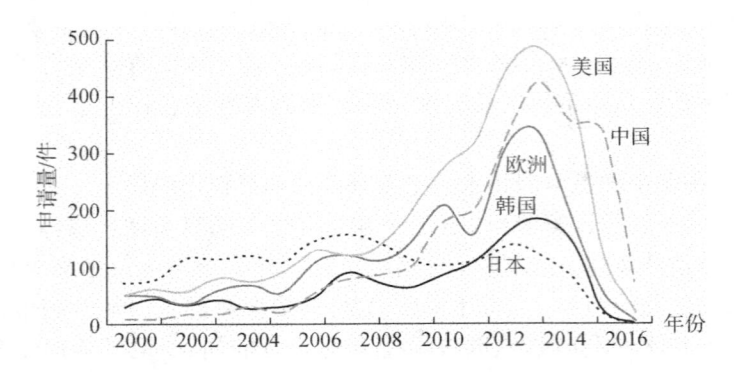

图 8-6　V2X 技术专利申请目标市场地的专利申请趋势

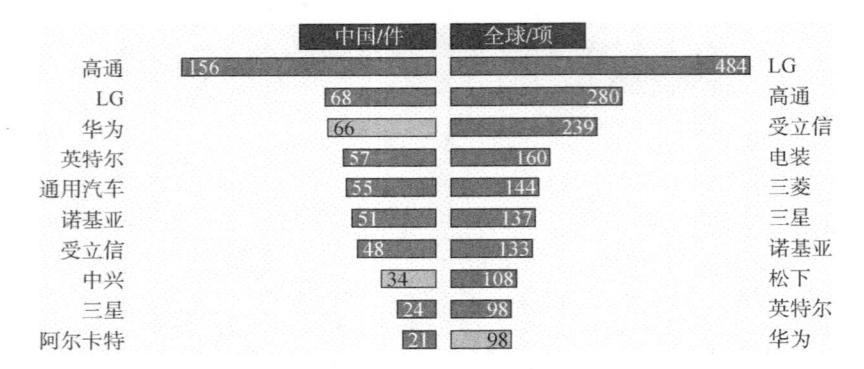

图 8-7　V2X 技术全球和中国主要申请人专利申请量排名

的申请人依次是：LG、高通、爱立信、电装、三菱、三星、诺基亚、松下、英特尔和华为，排名前 10 位的申请人申请量占总申请量的 26%，申请量不是特别集中。根据申请人类型前 10 位申请人可以分为通信企业、整车企业、半导体芯片厂商、汽车零部件，且除华为之外均为国外来华企业。排名前 3 位的企业均是传统的通信巨头，申请量分别达到 484 项、280 项、239 项，反映出全球通信巨头强势进入这一领域的技术实力。目前，传统整车企业和汽车零部件企业在 V2X 技术已慢慢被通信企业赶超甚至超越，排名前 10 位申请人中仅有电装，其申请量分别达到 160 项。

中国排名前 3 位的申请人分别是高通（156 件）、LG（68 件）、华为（66 件）；国内申请量排名前 10 名申请人中有 9 家为通信相关企业，仅有 1 家为汽车整车/零部件企业，表明底层通信技术的发展决定了 V2X 技术的发展，即以通信技术为对象进行不断的技术更新和改进。不容忽视的是，前 5 位申请人中有 4 家公司均来自美国，特别是高通，V2X 技术作为其重点技术进行了集中的专利布局。美国作为移动通信技术领域的领先国家和传统汽车制造、消费强国，其有意识地将移动通信技术融入传统汽车行业以求新的技术变革，这种发展模式值得我国相关汽车企业借鉴和学习。

8.2.4 LTE-V、V2V 和 V2I 通信技术更受关注

如图 8-8 所示，全球车用 DSRC 和 LTE-V 相关专利申请共计 2411 项，其中，与 LTE-V 相关的申请占 84%，共 2009 项，与 DSRC 技术相关专利申请占 16%，有 392 项。结合前面讨论的发展趋势，DSRC 技术出现时间较早且制定了相关的标准，但各企业未达成统一发展意见，未形成成熟的营利方式，其发展阶段技术受重视程度与其市场热度明显不符；LTE-V 技术作为从 LTE 技术延伸至车用的通信技术，由于受到传统通信企业的支撑和推进，近年来发展势头较猛，且伴随着标准制定过程的推进，其未来的技术普及和应用前景不容忽视。目前，全球应用情景技术分支的专利申请共 5139 项，其中，V2V 技术的申请占 56%，达到 2878 项，V2I 技术的申请占 43%，达到 2203 项，V2P 技术的申请占 1%，达到 58 项。

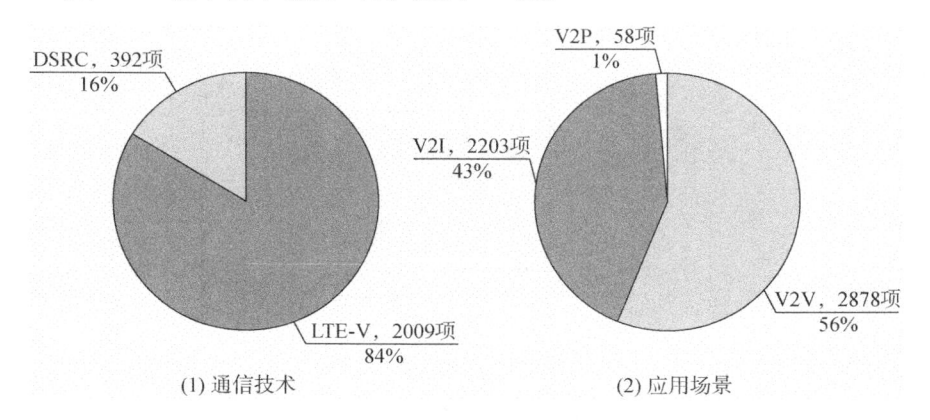

图 8-8 V2X 技术领域通信技术和应用场景分支全球专利申请量占比

8.3 通信层标准专利竞争格局

8.3.1 DSRC 技术标准专利竞争格局

1. DSRC 专利申请与标准制定紧密相关

根据 DSRC 技术专利申请趋势可知，如图 8-9 所示，从 2000 年开始，DSRC 技术相关专利申请总体呈现增长趋势，且申请量的增长趋势同 DSRC 技术发展过程和 WAVE 标准的技术选择紧密相关。其中，该领域专利申请出现了以 DSRC 标准拟定草稿的 2004 年和 DSRC 标准推出的 2010 年为界的两个快速发展时期。

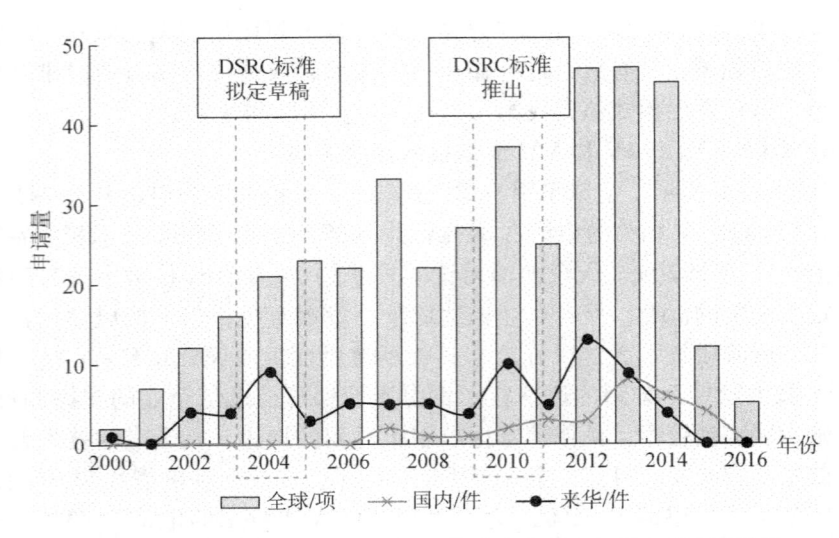

图8-9 基于DSRC标准的V2X通信技术全球和中国专利申请趋势

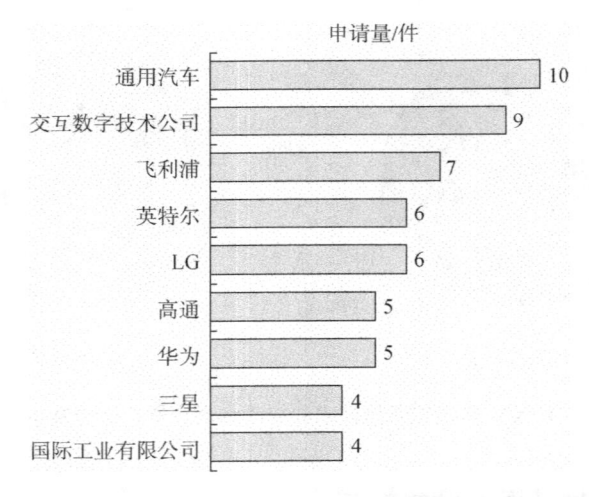

图8-10 基于DSRC标准的V2X通信技术中国前10位申请人排名

对于中国国内申请而言，如图8-10所示，该领域的国外来华专利申请量遵循上述两个DSRC标准起草和推出的时间节点出现较大幅度的增长。国内申请则是在DSRC标准草稿拟定后的2008年才有所布局，结合DSRC标准涉及的国内前10位申请人的分布情况来看，中国企业在基于DSRC标准的V2X技术领域专利布局明显滞后，技术实力也与国外企业具有明显差距。在V2X车联通信技术方面，如果选择使用DSRC技术，仅就专利数量的布局劣势而言，应当慎重考量。

2. 通信 QoS 技术分支和资源管理技术分支研发活跃

根据各协议专利申请活跃度可知，仅通信 QoS 技术分支和资源管理技术分支的专利申请活跃度超过了平均值，1609.3 协议专利申请与平均值持平，与 1609.2 协议和 1609.4 协议相关的通信安全和信息传输方面的申请量活跃度相当。可见，DSRC 技术专利申请集中在通信 QoS 和资源管理方面，1609 协议族相关的专利申请活跃度较低，表明 DSRC 技术已趋成熟，可以预期未来的 DSRC 相关申请将会集中于如何实现通信性能提升方面（见表 8-1）。

表 8-1 DSRC 标准及其活跃度

协议名称	技术分支	活跃度
802.11p	通信 QoS	0.549
1609.1	资源管理	0.031
1609.2	通信安全	0.189
1609.3	车载信息/网络服务/WSMP 协议	0.104
1609.4	同步/多信道操作/信道调整	0.127

注：活跃度指近 5 年申请量与近 10 年申请量之比，其中，近 5 年指 2011～2016 年，近 10 年指 2006～2016 年。

3. 美、日、欧在 DSRC 核心技术方面已抢占先机

在通信标准中，标准必要专利（standard-essential patent）是指包含在国际标准、国家标准和行业标准中，且在实施标准时必须使用的专利，也就是说，当标准化组织在制定某些标准时，由于技术方面或者商业方面没有可替代方案，部分或全部标准草案无可避免会涉及专利或专利申请。当这样的标准草案成为正式标准后，实施该标准时必然会涉及其中含有的专利技术。不难看出，标准必要专利持有者从某种程度上决定着产业的发展方向乃至话语权。为进一步探索 DSRC-WAVE 标准中对应的重要专利（部分专利可能被评为标准必要专利），结合标准必要专利（SEP）公开的数据表中签署 FRAND 合同的专利申请人、专利的技术内容以及 DSRC-WAVE 标准所涉及协议的公布时间（选择的专利申请日应在标准公布日期 6 个月内），经筛选共得到 26 项标准重要专利（见图 8-11）。

从图 8-11 中可以看到，DSRC 技术主要掌握在美国、韩国、日本、加拿大等国外企业，企业类型涵盖了整车企业、通信企业或电信运营商、电子企业、软件和芯片企业。涉及 IEEE 802.11p 协议的标准必要专利共 7 项，申请人包括 RIM 公司、三菱、LG、飞利浦、得州仪器；涉及 IEEE 1609.2 协议的标准必要专利共 12 项，申请人包括 CERTICOM、通用、斯乐帕洛阿尔托研究中心、微软、丰田、泰科迪亚；涉及 IEEE 1609.3 协议的标准必要专利共 6 项，申请人包括三星、韩国电子技术研究院、LG、三菱、飞利浦；涉及 IEEE 1609.4 的标

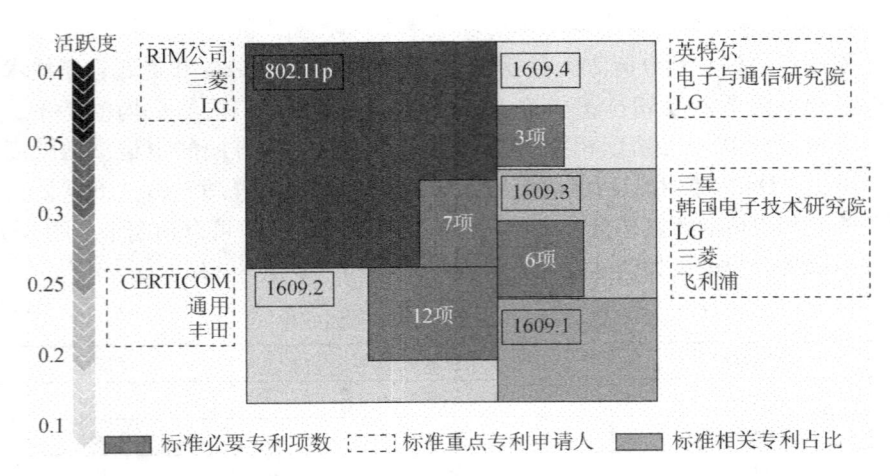

图 8-11 DSRC-WAVE 标准相关专利申请情况

准必要专利共 3 项，申请人包括英特尔、电子与通信研究院、LG。

8.3.2 LTE-V 技术标准专利竞争格局

1. 我国大唐、华为等企业在 LTE-V 技术积累深厚

我国大唐、华为等企业积极参与 LTE-V 要求标准的制定。2014 年 9 月，LG 向世界移动大会（3GPP）提交了 LTE 在 V2X 通信应用（RP-141381，Consideration of LTE-based V2X Communication）的规范草案。2014 年 12 月，Ericsson 提交了增强 LTE D2D 相近服务（RP-142027，Enhanced LTE Device to Device Proximity Services）的规范草案，2015 年 2 月，LG 在 3GPP SA1#69 次会议立项牵头"基于 LTE 的 V2X 业务需求"研究课题，并在 2015 年 11 月完成。2015 年 6 月 RAN#68 次会议，由 LG、大唐和华为 3 家公司联合牵头"基于 LTE 的 V2X 可行性研究"的课题标志着 LTE-V 技术标准化研究的正式启动。2015 年 8 月，LG 又牵头立项"基于 LTE 的 V2X 业务需求"的标准项目，并在 2016 年 2 月 SA1#73 次会议完成该项目。2015 年 10 月，"支持 LTE V2X 业务的增强架构"的研究课题在 3GPP SA2 立项，确定在 PCS 接口的 Prose 和 Uu 接口的 LTE 蜂窝通信的架构基础上增强支持 V2X 业务。2015 年 11 月，3GPP SA3 立项调研 V2X 安全威胁，研究 V2X 安全需求并调研和评估对现有的安全功能和架构的重用和增强；在 2016 年 2 月的会议上，分析了 V2X 通信、V2X 无线资源授权和 V2X 实体安全环境的安全威胁和安全要求。2015 年 12 月 RAN#70 次会议，由 LG、大唐和华为 3 家公司联合牵头"基于 LTE PCS 接口的 V2V"标准项目，确定基于 LTE D2D 通信的物理层和高层进行增强以支持 V2X 业务，包括同步过程、资源分配、同载波和相邻载波间的 PCS 和 Uu 接口共存、RRC 信令和相关的射频指标及性能要求等。2016 年 9

8 智能汽车车联网 V2X 关键技术

月 26 日,初始的蜂窝式的 V2V 标准已经完成,目前在进一步讨论之中。

通过对 LTE 和 LTE D2D 协议的研究,课题组整理了技术分支与协议的对应关系,预计 LTE - V 协议标准会在 3GPP R14 版本中发布,更新部分是在 LTE - D2D 上进行增量更新,下面围绕 LTE Direct、LTE D2D 等 LTE - V 技术族,检索得到 LTE - V 标准相关专利申请共计 2009 项。各技术分支与协议的对应关系如图 8 - 12 所示。

技术分支		设备发现与网络选择		会话建立与传输方法			资源管理			定时与同步		QoS管理			通信安全		
协议号	规范名称	设备发现	网络选择	网络共存	会话建立	传输方法	广播	中继	信道分配	功率控制	切换控制	定时	同步	抗干扰	自动重传	服务优先级	自适应	接入控制	安全密钥	消息加密	网络隔离
TS 36.211	物理信道和调制	■				■	■														
TS 36.212	复用和信道编码					■	■														
TS 36.213	物理层过程					■	■	■	■	■	■				■						
TS 36.214	物理层测量	■							■	■											
TS 36.321	MAC 协议规范			■	■	■	■	■	■			■		■	■	■					
TS 36.322	RLC 协议规范					■									■						
TS 36.323	PDCP 协议规范					■													■	■	
TS 36.331	RRC 协议规范	■	■	■	■				■	■	■					■		■			■

图 8 - 12 LTE - V 协议与技术分支的对应关系

注:■表示某技术分支在某协议方面已布局了相关专利。

2. LTE - V 技术整体呈增长态势

如图 8 - 13 所示,从 2000 年 1 月 1 日起,在全球范围内已公开的与 LTE - V 技术相关的专利申请共计 2009 项,专利申请总体呈现增长趋势,大致可分为两个阶段。

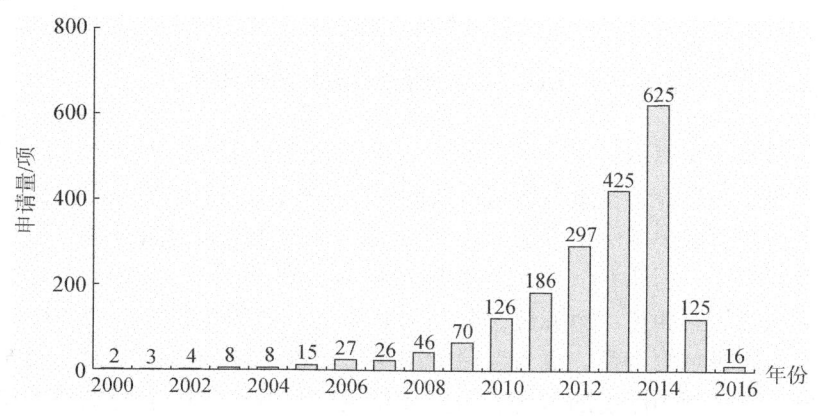

图 8 - 13 全球 LTE - V 技术相关专利申请趋势

(1) 萌芽期: 2000~2009 年,该时期涉及各种概念的提出和技术的初步验证,专利申请量较少,年均专利申请量仅为数十件。

(2) 快速发展阶段: 2010~2016 年,LTE D2D 技术的全球专利申请开始高速增长,3GPP R8 版本于 2009 年 3 月正式发布,LTE 技术第一次正式出现在 3GPP 标准中,当时迫于 WiMAX 在移动宽带通信领域的竞争,LTE 各项技术得到快速发展。随着 3GPP R12 版本在 2012 年 9 月的正式推出,LTE D2D 也正式出现在 3GPP 标准中。其中,2015~2016 年,全球申请量虽呈下滑趋势,主要原因是专利申请本身的公开时间有一定延迟,LTE D2D 的研究热潮仍在持续。2016 年,3GPP 基于 LTE D2D 提出 LTE V2X,相关技术和标准在 5G 技术中(第 3 章)讨论,因此,预计相关专利申请将继续增长。

3. 美国、中国、韩国是 LTE – V 技术的主要来源地和目标市场

如图 8 – 14 所示,在 LTE – V 技术专利的首次申请地中,美国以 73% 的占比排名第一位,说明美国依然是世界上通信技术发展最快、成熟度最高的国家。韩国、中国分别以 7.2% 和 6.9% 占比排名第二位和第三位,这与韩国和中国在通信行业领域的崛起相关;欧洲、英国、日本的占比均略高于 3%,上述区域和国家依托传统通信厂商继续在通信技术发展中占有一席之地。

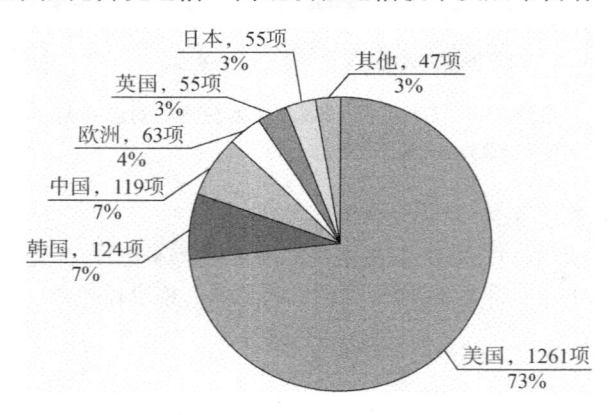

图 8 – 14　LTE – V 通信技术首次申请地申请量占比

如图 8 – 15 所示,进入美国的专利申请量超过了全球总申请的 1/3,凸显了美国作为世界上最重要通信市场的地位;中国以接近 20% 的占比排名第二位,说明随着中国电信市场的逐步开放,中国已经成为除美国外最重要的全球专利布局目标市场;欧洲、韩国、日本分别以 16%、12%、9% 的份额排名第三位、第四位、第五位,分别与其市场开放程度正相关;印度专利布局超过英国排名第六位,成为发展中国家里仅次于中国的第二大专利布局目标市场,这是因为印度的移动通信近几年迅速普及,与中国人口基本相当的

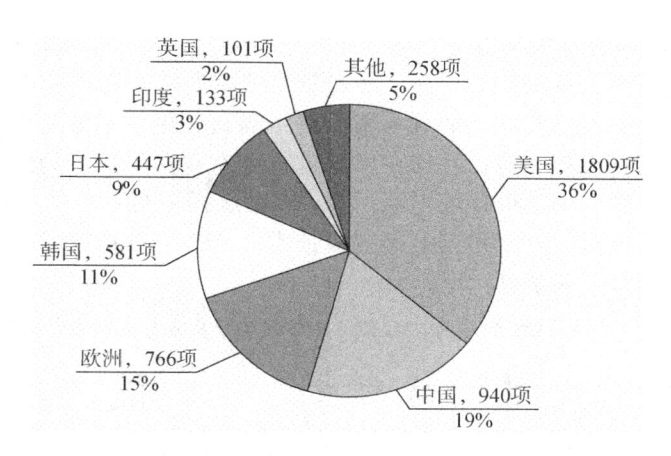

图 8-15 LTE-V 通信技术主要目标市场的申请量占比

印度市场前景巨大，随着印度国内知识产权意识的提高，跨国企业在印度市场的专利申请也将进入高速发展阶段。

4. 高通、LG 和华为是 LTE-V 技术标准的主要申请人

如图 8-16 所示，LTE-V 技术全球申请量排名前 10 位的申请人分别是：LG、高通、爱立信、诺基亚、华为、三星、京瓷、英特尔、博通、索尼。其中，高通、英特尔和博通是半导体厂商，爱立信、诺基亚、华为、三星是通信解决方案提供商，LG、京瓷、索尼是通信终端设备及零部件提供商。全球申请量前 10 名的区域分布广泛，美、欧、中、日、韩均有企业入围，可见，通信企业的全球属性非常突出。华为作为中国唯一入国企业，标志中国已从通信大国转变为通信强国。

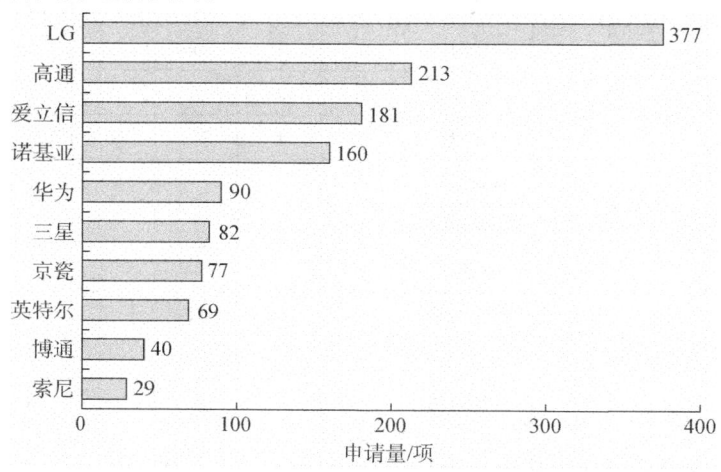

图 8-16 LTE-V 技术全球主要申请人的申请量排名

虽然LG申请量多余高通,但是分布并不均匀,其中,162项专利申请涉及传输方法方面,且LG尚未在通信安全领域布局,而高通的专利申请布局全面且均匀,除网络共存、消息加密、网络隔离三级技术分支外,其他技术分支,高通均有专利申请,且均在中国进行了专利布局。华为的专利布局也较为均匀,涉及全部二级技术主题。除了网络选择、网络共存、中继、广播、自适应、网络隔离、安全密钥七个三级技术分支外,其他技术分支均在中国进行了专利布局(见表8-2)。

表8-2 高通、LG和华为在LTE-V技术各个技术分支的专利布局情况

单位:件

技术分支			LG		高通		华为	
一级分支	二级分支	三级分支	申请量	同族专利	专利申请量	同族专利	申请量	同族专利
LTE-V	设备发现与网络选择	设备发现	23	8	39	24	8	3
		网络选择	2	—	4	2	0	—
		网络共存	2	—	—	—	0	—
	会话建立与传输方法	会话建立	21	4	15	6	6	3
		传输方法	162	19	43	10	37	18
		广播	11	3	12	6	1	—
		中继	7	1	5	4	1	1
	资源管理	信道分配	78	12	28	17	15	8
		功率控制	8	1	9	5	3	2
		切换控制	4	1	2	2	3	1
	定时与同步	定时	5	1	6	3	1	1
		同步	38	2	5	3	4	2
	QoS管理	抗干扰	11	1	21	15	3	1
		自动重传	2	—	2	2	3	3
		服务优先级	1	—	7	7	2	1
		自适应	2	—	4	3	0	—
	通信安全	安全密钥	—	—	11	10	1	—
		消息加密	—	—	—	—	2	2
		网络隔离	—	—	—	—	0	—
合计	—	—	377	53	213	119	90	46

8.4 应用层专利竞争格局

8.4.1 车与车之间的通信

1. 全球专利申请总体呈增长态势，以 2011 年为界分为两个阶段

从 2000 年起，在全球范围内公开的关于车车通信（V2V）应用的专利申请共 2878 项，专利申请总体呈增长趋势，大致可以分为两个阶段（见图 8 - 17）。

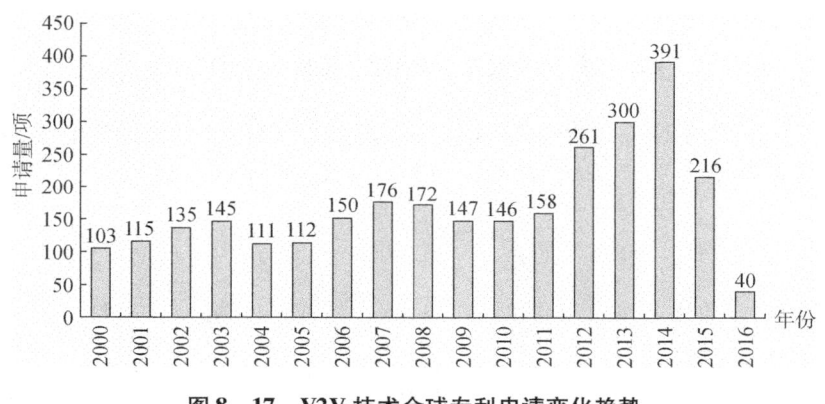

图 8 - 17　V2V 技术全球专利申请变化趋势

（1）稳步增长期：2000~2011 年。V2V 应用的萌芽出现在 20 世纪 90 年代，到 2000 年，专利年申请量已经达到了 100 项。这一时期的 V2V 通信主要通过 DSRC 技术实现，但是新的 LTE 技术已经开始出现。该阶段的专利申请量较大，年申请量在 150 项左右，且呈逐步增长的趋势。

（2）高速发展期：2012~2016 年。2014 年，美国、日本、欧洲分别制定了相应的专用于车的 DSRC 技术标准。随着 DSRC 技术的成熟以及 LTE - V 技术的出现，各大汽车企业、通信企业、互联网企业纷纷加入 V2V 相关应用的研究中，使得这一时期的专利申请量迅速增长，年申请量达到了 350 项左右。

2. 日本是全球 V2V 技术的主要来源国，美、中、德、韩、欧紧随其后

如图 8 - 18 所示，从全球专利申请量来看，首次申请量最多的国家是日本，占全球申请量的 30%，达到了 767 项。美国、中国、德国、韩国、欧洲的专利申请分别居于第 2~6 位，其中，首次申请国为美国、中国、德国、韩国的专利申请量相近，都在 450 项左右。

进入日本的专利申请量占全球总申请的 23%，达到 872 项；其次，进入美国的专利申请占全球总申请的 21%，达到 794 项；进入中国的专利申请量

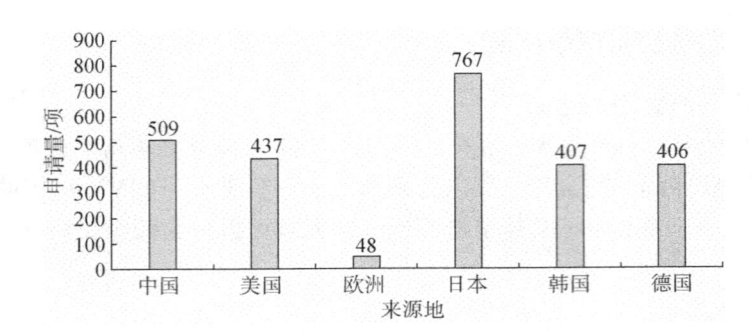

图 8-18 V2V 技术全球主要来源地专利申请分布

占全球总申请的 21%，达到 791 项；进入德国、韩国、欧洲的专利申请分别排在第 4~6 位，占比分别为 14%、12%、9%（见图 8-19）。

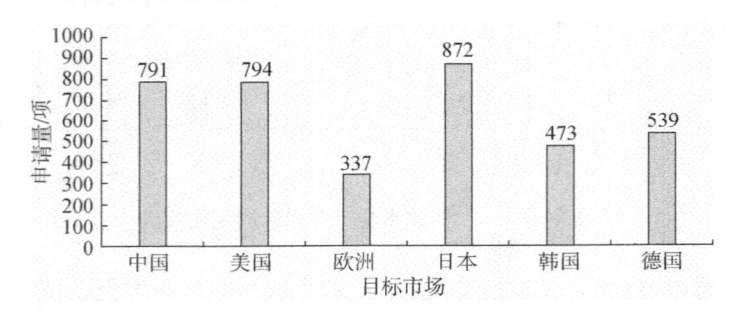

图 8-19 V2V 技术全球主要目标市场的申请量分布

3. 电装、三菱、博世、通用等企业专利布局较多

如图 8-20 所示，全球 V2V 技术专利申请主体排名结果显示，前 10 位的申请人包括电装、三菱、博世、通用、丰田、现代、奥迪等。其中，整车企业大部分申请涉及车辆防碰撞预警，这也是整车企业保证行车安全的重要应用。零部件企业更多聚焦零部件功能集成实现的相关技术，涉及 V2V 技术的各种应用环境。例如，松下和 LG 一起主推了 LEV-V 相关标准制定和推广，也涉及一部分 V2V 技术应用的实现。

4. 中国专利申请总体呈增长态势，可分为三个阶段

从 2000 年起，在中国范围内公开的 V2V 技术应用的专利申请共 791 件，专利申请总体呈增长趋势，大致可以分为 3 个阶段（见图 8-21）。

（1）起步阶段：2000~2005 年。这段时间属于 V2V 技术的多角度探索阶段，V2V 技术的概念开始萌芽，相关技术标准并没有确立，V2V 技术的通信主要依靠广播的方式实现。该阶段的申请人主要以美国、欧洲等传统汽车

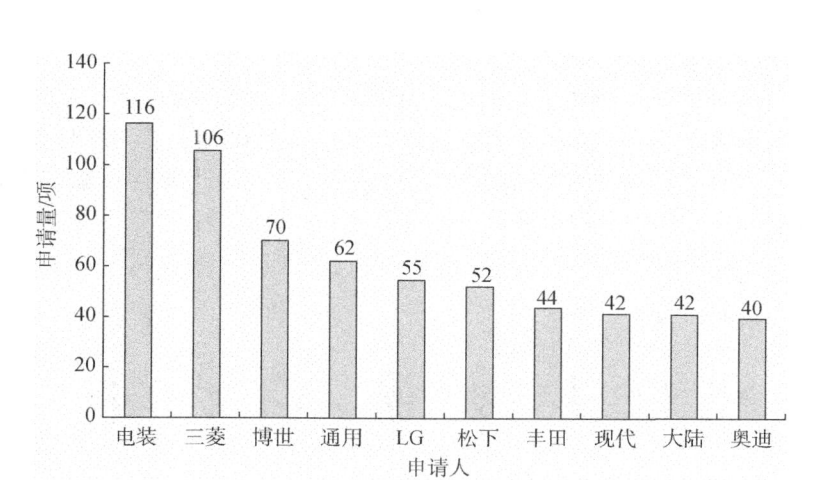

8 智能汽车车联网 V2X 关键技术

图 8-20　V2V 技术全球专利申请量排名前 10 位的申请人分布

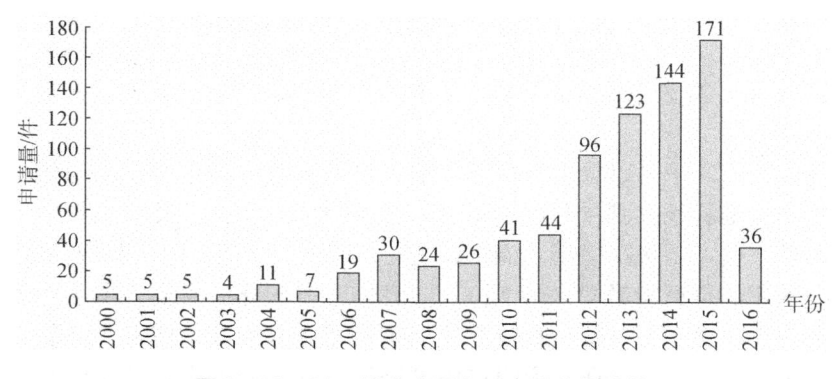

图 8-21　V2V 技术中国专利申请变化趋势

工业强国为主,年申请量基本保持在 10 件以内。

(2) 缓慢增长期:2006~2011 年,随着汽车安全受到广泛的关注以及相关通信技术,特别是 DSRC 技术的不断成熟,这一时期开始出现了较多有关 V2V 技术的应用。该阶段的专利申请仍然以美国、欧洲等传统汽车工业强国为主,开始出现了少量中国专利申请,年申请量基本在 36 件左右。

(3) 高速发展期:2012 年至今,随着谷歌无人驾驶汽车的推出,V2V 技术的通信显得特别重要,V2V 技术的相关应用进入高速发展期。这一时期的专利申请量迅速增长,年申请量攀升至 100 件左右。

总体来看,中国 V2V 技术的发展相对落后,技术实力较国外仍有很大的距离。但是,近几年中国在 V2V 技术方面发展迅速,国内企业华为更是主推 LTE-V 技术实现车车通信,随着政府相关政策的推出,则为 V2V 技术在国内的发展提供了更多的可能。

5. 国内申请人专利申请占比近七成，美、日、德、韩更关注在华申请

中国国内企业或个人的专利申请占申请总量的68%，有509件，处于主导地位；来自美国的专利申请占申请总量的11%，有86件；德国、日本、韩国和欧洲在中国的专利申请量较少（见图8-22）。

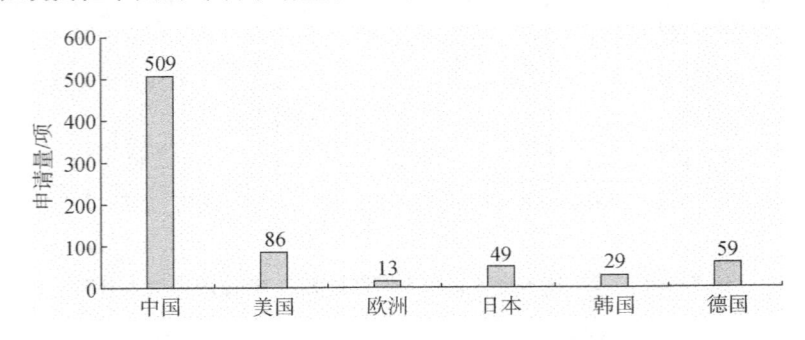

图8-22　V2V技术全球首次申请地专利申请分布

6. 通用、高通等美欧企业专利数量更为集中，中国企业专利分散，整体实力不强

从图8-23中可以看出，主要申请人仅有2家中国企业，成都亿盟科技和深圳市金溢科技，其专利申请量分别为19件和16件。其他主要申请人都是国际性大公司，包括通用、福特、大陆、博世、高通、电装和现代摩比斯，其中，通用的申请量最多（68项）。同时，进一步分析发现，来华外国企业主要分三类。通用、福特、现代摩比斯等汽车企业大陆、博世、电装等零部件企业和高通等通信企业。说明在中国进行专利布局的企业涉及汽车领域和通信行业。

8.4.2　车与公共设施之间的通信（V2I）

1. 全球专利申请总体呈增长态势，可分为两个阶段

如图8-24所示，从2000年起，在全球范围内公开的关于车与公共设施间的通信（V2I）的专利申请共有2501项，专利申请总体呈增长趋势，大致可以分为以下2个阶段。

（1）稳步增长期：2000～2010年。V2I技术相关应用最早萌芽于20世纪90年代，到2000年，其专利申请量达到了64项。这一时期V2I技术的应用逐渐增多，相关专利申请逐年递增，到2010年专利申请达到了166项，年申请量基本保持在100项左右。

（2）高速发展期：2011～2016年。伴随着汽车安全越来越受到人们的重视，以及DSRC标准的成熟、新的专用于车的LTE-V技术出现，各大汽车

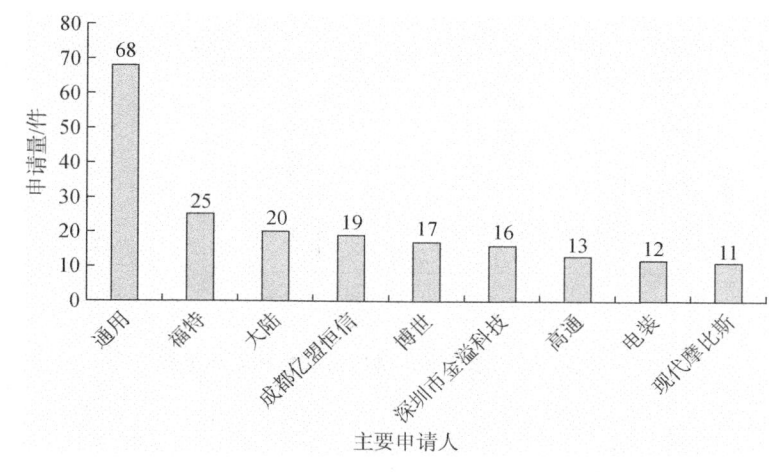

图 8-23　V2V 技术中国主要申请人专利申请排名

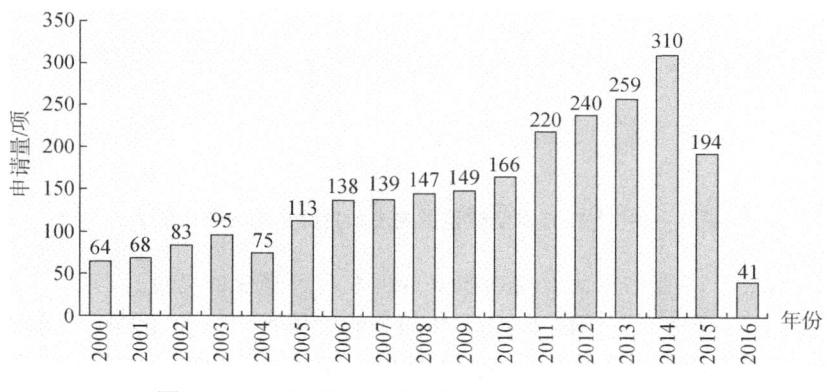

图 8-24　V2I 技术全球相关专利申请量变化趋势

厂商、零部件厂商、通信厂商、互联网厂商纷纷加入 V2I 技术相关应用的研究中，专利申请量逐年增加，年申请量基本保持在 250 项左右。

2. V2I 技术主要来源国为中、美、日、韩、德

首次申请量最多的国家是中国，达到了 734 项，占全球专利申请量的 33%；美国和日本的首次申请量分别居第二位和第三位，达到了 594 项和 549 项；韩国、德国和欧洲的专利申请量分别居于第 4~6 位，专利申请量较少（见图 8-25）。

进入中国的专利申请量占全球专利申请总量的 29%，共有 951 项。进入美国、日本的专利申请量排名分别为第二位和第三位，分别为 847 项和 646 项，占全球专利申请总量的 26% 和 20%。进入欧洲、韩国、德国的专利申请分别排在第 4~6 位，占比分别为 11%、10%、4%（见图 8-26）。

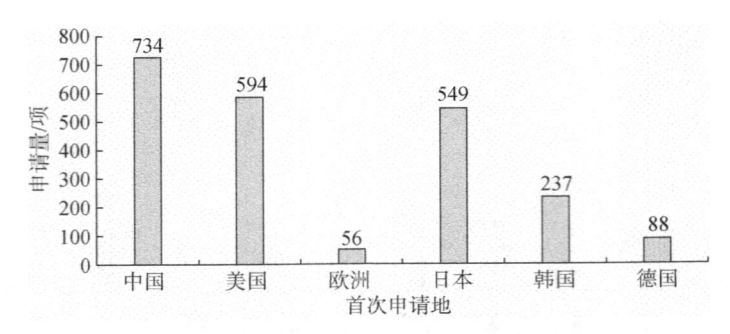

图8-25 V2I技术全球范围内首次申请地申请量分布

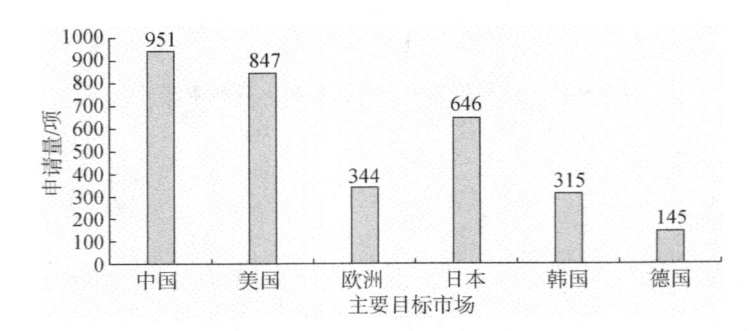

图8-26 V2I技术全球范围内主要目标市场的申请量分布

3. 电装、三菱、东芝、高通等申请人专利数量优势显著

V2I技术全球专利申请排名前10的企业大体可以分为3类：汽车零部件厂商、整车企业和通信企业。汽车零部件厂商主要是电装，整车企业则是三菱，通信企业包括东芝、高通、高通、爱立信、建伍、三星、IBM和西门子（见图8-27）。

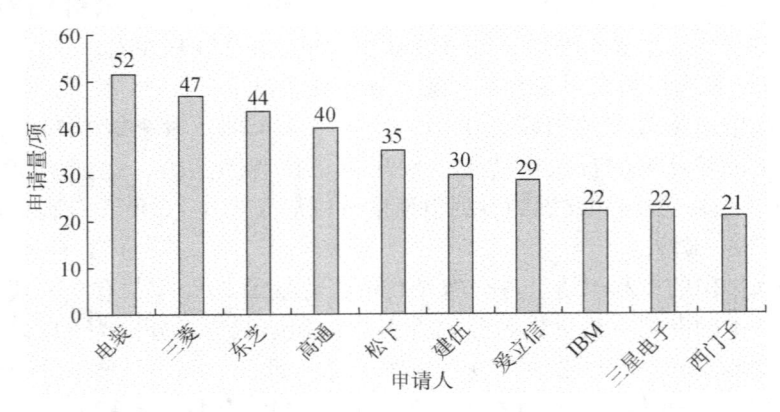

图8-27 V2I技术全球专利申请量排名前10位的申请人分布

4. 中国专利申请总体呈增长态势,可分为 3 个阶段

从 2000 年起,在中国范围内公开的 V2I 技术应用的专利申请共 951 件,专利申请总体呈增长趋势,大致可以分为 3 个阶段(见图 8 - 28)。

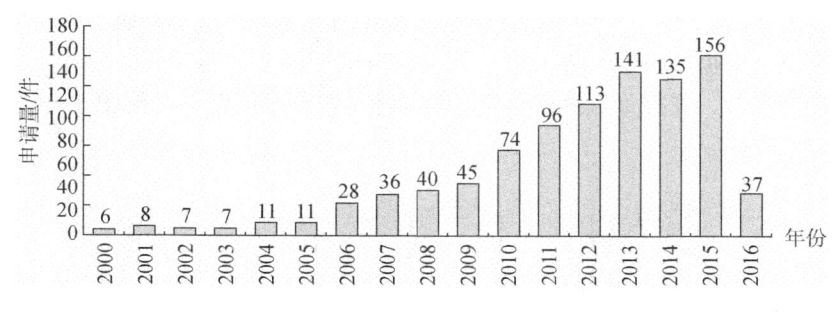

图 8 - 28 V2I 技术中国专利申请态势

(1) 起步阶段:2000 ~ 2005 年。这段时间属于 V2I 技术的多角度探索阶段。该阶段的申请人以美国、欧洲等传统汽车工业强国为主,年申请量基本保持在 10 件以内。

(2) 缓慢增长期:2006 ~ 2011 年,随着 DSRC 技术的不断成熟,这一时期开始出现了较多 V2I 技术的应用。该阶段的专利申请仍然以美国、欧洲等传统汽车工业强国为主,开始出现了少量中国专利申请,年申请量基本在 36 件左右。

(3) 高速发展期:2012 年至今,随着无人驾驶概念的提出,V2I 技术应用进入高速发展期。这一时期的专利申请量迅速增长,年申请量攀升至 130 件左右。

5. 国内申请人专利申请占八成,美国企业积极来华布局

中国企业或个人的专利申请占申请总量的 81%,有 733 件,处于主要地位;来自美国的专利申请占申请总量的 10%,有 94 件;德国、日本、韩国和欧洲在中国的专利申请量较少(见图 8 - 29)。

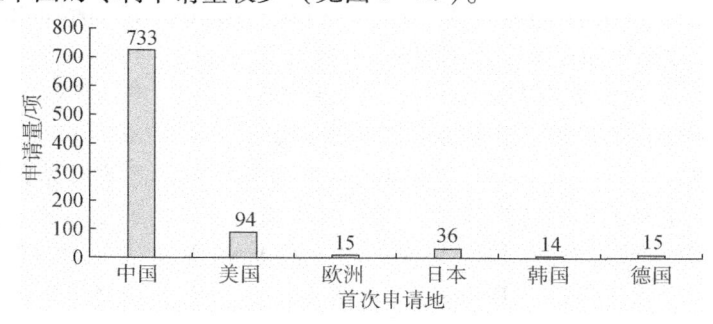

图 8 - 29 V2I 技术中国国内和来华专利申请分布

6. 高通、爱立信、福特等美欧企业专利数量优势突出，中国企业未能列入前 10 位

中国主要申请人排名中，国内企业仅有 2 家：长安大学和华为，其专利申请量为 11 件和 7 件。其他申请人都是国际性的大公司，包括高通、爱立信、福特、索尼、博世、阿尔卡特，其中高通的申请量最多（24 项）。同时，从国外企业类型来看，主要分为汽车企业、零部件企业和通信企业（见图 8-30）。

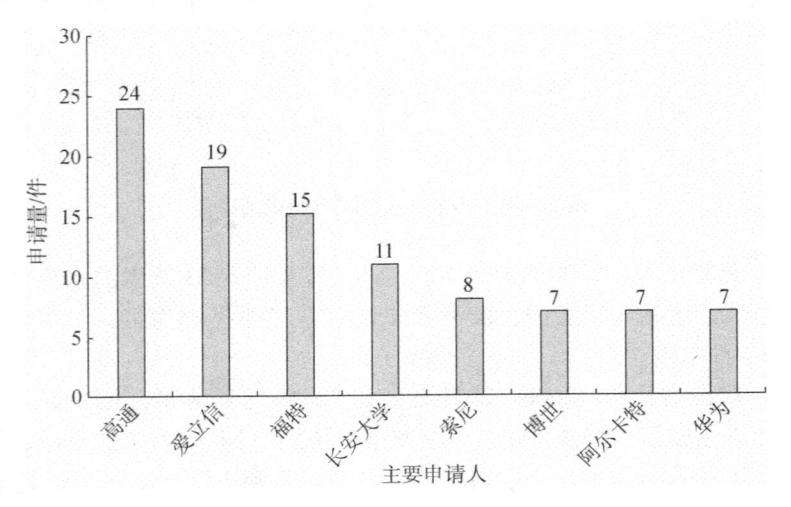

图 8-30　V2I 技术中国主要申请人专利申请排名

8.4.3　不同标准体系下的应用推进状况

下面主要讨论 V2X 应用信息采集过程的实现，从专利技术发展来看，其技术路线如图 8-31 所示。

1. 早期 V2V 技术的实现主要是采用 RFID、广播等通信方式，其实现原理相对简单，但是车与车之间的通信效果不好，不能满足高速行驶下的应用要求；到了 2005 年，DSRC 技术的研发逐渐成熟，开始出现了以 DSRC 技术实现 V2V 的专利申请，DSRC 技术能够支持条件为：车速 200km/h，反应时间 100ms，数据传输速率平均 12Mbps（最大 27Mbps），传输范围 1km；基本能够满足 V2V 通信的要求；2009 年，开始出现了基于 LTE 技术的 V2V 实现，LTE-V 技术针对车辆应用定义了两种通信方式：集中式（LTE-V-Cell）和分布式（LTE-V-Direct）。集中式也称为蜂窝式，需要基站作为控制中心，集中式定义了车辆与路侧通信单元以及基站设备的通信方式；分布式也称为直通式，无需基站作为支撑，在一些文献中也表示为 LTE-Direct（LTE-D）及 LTE D2D（Device-to-Device），分布式定义了车辆之间的通信方式，LTE 技术的 V2V 通信实现为 V2V 技术的发展提供了更多的可能。

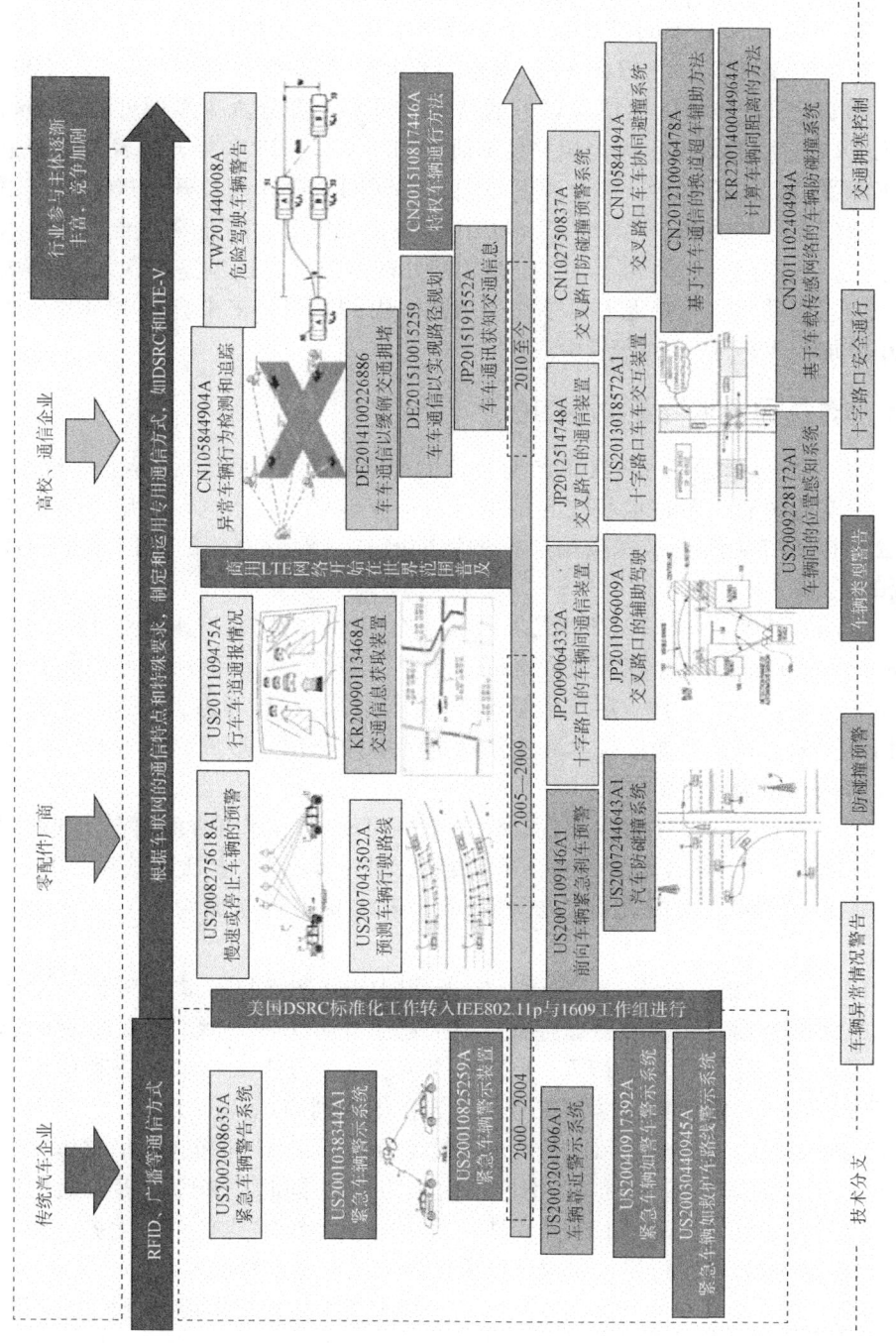

8 智能汽车车联网 V2X 关键技术

图 8-31 V2V 技术应用的专利技术发展路线

因此 DSRC 和 LTE 两大标准的竞争将会越来越激烈。

2. 早期 V2V 技术的研发基本上是以传统汽车企业为主，汽车企业为了提高车辆的安全性能，开始在 V2V 通信以保证汽车安全方面寻求突破；2005年，随着 DSRC 技术的出现，V2V 通信成为现实，部分汽车零部件企业开始加入 V2V 应用的研究，成为相关技术研发的新动力；2008 年，随着汽车安全越来越受到人们的重视，部分通信企业、互联网企业和高校开始进入汽车领域，通信企业的突破点在于 V2V 通信的实现，如华为、高通等主推 LTE 技术的企业，互联网企业的切入点在于其数据处理能力，高校也是 V2V 技术领域推动的主要动力。随着无人驾驶在全球范围内的实现，未来会有更多的企业和单位加入 V2V 技术的研发中。

8.5 对我国汽车行业企业的启示

（1）加大对智能网联汽车产业主体的引导和支持力度，引导上海汽车、长安汽车等具有一定技术基础的传统汽车企业与华为、中兴、大唐等通信技术公司在底层通信技术和应用层面的双向合作，形成完善的智能汽车产业结构。

从国家智能汽车 V2X 产业发展来看，加大对智能网联汽车产业主体的引导和支持力度，加强企业与企业之间、企业与高校、科研院所之间的相互合作至关重要，引导具有一定技术基础的传统汽车企业与华为、中兴、大唐等通信技术公司在底层通信技术和应用层面的双向合作，形成完善的智能汽车产业结构，是很有必要的。

（2）在推进 V2X 技术标准时，优先推进 LTE–V 技术标准的出台，战略层面继续加强 LTE–V 技术方面的引导和支持，进一步巩固、扩大我国在 LTE–V 技术领域的优势，根据现有的技术积累，未来我国可以成为 LTE–V 的主导者。

LTE–V 目前正由华为、大唐、中兴等国内企业与 LG、高通等国外通信巨头共同推进相关标准的制定。从目前上述企业 LTE–V 标准相关专利的总体布局情况来看，华为在 LTE–V 技术的基础技术分支如传输方法和信道分配等领域存在一定优势，尽管高通较华为在华专利布局范围更广，但其主要集中在抗干扰、安全密钥和设备发现等技术分支下，LG 和华为在华整体布局实力相当，华为较 LG 布局的专利技术范围更广。同时，华为在提高通信安全、数据自动重传等改进 LTE–V 技术效果的相关领域具有一定优势。反观国内 DSRC 技术标准相关专利的布局情况，中国企业劣势明显。

（3）引导中国企业在 LTE–V 技术领域应用层面加快申请外围相关专利，增加与国外企业的谈判成本，同时鼓励通信企业在 LTE–V 技术领域技术全球专利布局，为企业"走出去"奠定专利基础。

尽管中国企业在 LTE-V 技术标准相关专利的布局方面存在一定优势，但是涉及传输方法与资源管理相关的 50 项标准重要专利多掌握在高通、LG 等通信公司，其中，40 项专利在全球进行了全面布局。中国通信企业以华为为代表，除本土布局外，已经开始重视美欧市场的布局，但对标准重要专利布局重视不足；华为在通信技术上侧重 LTE-V 技术发展的同时也在关注 V2X 技术的应用。基于这样的现状，应引导中国企业在 LTE-V 技术领域应用层面加快申请外围相关专利布局，增加与国外企业的谈判成本，同时鼓励通信企业在 LTE-V 技术领域加快全球专利布局，为企业"走出去"奠定专利基础。

（4）加强技术空白点或薄弱领域研发力度和专利布局；同时密切关注国外重点企业专利动态，防范知识产权风险。

目前 LTE-V 技术专利申请中，各二级技术分支下的专利布局均有一定特点，例如，设备发现与网络选择二级技术分支下，"设备发现"分支的专利布局以高通为代表较为突出，但是对于提升车联通信质量同样重要的"网络选择""网络共存"支下的专利布局量来看，高通、LG 等公司均涉及较少；类似地，会话建立与传输方法、资源管理、通信安全等二级技术分支下，在涉及通信质量、安全、效率提升方面的相应三级分支专利布局尚未完全被国外企业所占据，甚至部分技术主题下仍存在大量技术空白点。中国企业应加强这些领域的技术研发和专利布局，以提高、改善通信质量、安全和效率方面入手，围绕核心技术进行相关技术的布局。这一过程中，国内企业应当对自身在所属技术领域的技术实力、层次和发展趋势有较为清晰全面的认识，同时研究和掌握国外主要竞争对手的技术发展状况及对应的专利布局情况，做到知己知彼，综合内外各方面情报，制定符合企业发展需要的专利策略，促进我国 V2X 通信技术行业的良性发展。

（5）选择合理且应用广泛的应用层技术路线，重视典型应用场景下的技术研发以及相应的专利布局。

以汽车企业代表通用为例，其围绕 V2V 技术在底层通信技术和典型应用方面均展开持续性专利布局，技术路线以"碰撞预警应用研究"为主线，并参与制定中国智能网联汽车技术应用层标准范畴。国内整车企业可以借鉴国外车企在 V2X 通信技术领域技术研发和专利布局策略，选择合理且应用广泛的应用层技术路线，重视典型应用场景下的技术研发以及相应的专利布局。

9

操作系统内核关键技术[1]

操作系统是计算机和智能终端的核心和基础软件,其属于计算机产业中最重要的技术。2013年"棱镜门"事件,以及目前各大主流操作系统频频被发现的各种漏洞和后门,使得信息安全已成为全球瞩目的焦点。每个人的信息安全无法得到充足的保证,长期依赖国外操作系统给我国的国家信息安全带来了非常大的隐患,发展我国自主可控安全的操作系统成为我国操作系统产业的一项重要且亟待解决的任务。

操作系统技术起源、发展和兴盛于美国,这种先发优势使得美国企业在操作系统领域处于技术垄断地位,操作系统技术架构、软件开发标准等操作系统理论都由美国主流企业或行业内联盟组织掌控。国产操作系统的起步比美国晚了半个世纪,技术研发实力薄弱、资金投入不足等种种因素造成国内

---

[1] 本章节选自2016年度国家知识产权局专利分析和预警项目《操作系统内核关键技术专利分析和预警研究报告》。
　　(1) 项目课题负责人:李永红、陈燕。
　　(2) 项目课题组长:郭姝梅、孙全亮。
　　(3) 项目课题副组长:杨洁、董方源、马克、邓鹏。
　　(4) 项目课题成员:吴士芬、马雅凡、甘文珍、孙蕾、孙玮。
　　(5) 政策研究指导:张小凤、褚战星。
　　(6) 研究组织与质量控制:李永红、陈燕、郭姝梅、孙全亮、马克。
　　(7) 项目研究报告主要撰稿人:马雅凡、吴士芬、孙蕾。
　　(8) 主要统稿人:马雅凡、吴士芬、孙蕾、邓鹏。
　　(9) 审稿人:李永红、陈燕。
　　(10) 课题秘书:邓鹏、孙玮。
　　(11) 本章执笔人:孙蕾、吴士芬、邓鹏。

操作系统的技术发展远远落后于欧美发达国家。

由于美国的先发优势，美国企业掌控的操作系统作为主流操作系统牢牢占据了国内市场，产业生态难以撼动，国产操作系统的产业生态难以建立。

此外，国外竞争对手经过几十年的发展已经积累了大量专利，同时，美国的专利制度也为美国企业进行知识产权积累提供了重要保障，而国内的知识产权状况不尽如人意，若想在现有产业生态下发展自己的操作系统，需要在主流架构的操作系统基础上进行开发，从而面临竞争对手严密的专利壁垒。

因此，跨越技术、产业生态、专利难题成为我国操作系统难以自主可控的重要原因。

虽然计算机技术和通信技术的技术价值高，但是软件代码复制难度小、盗版容易，由于专利制度对知识产权的保护力度最强，因此计算机领域几乎所有核心技术都有专利保护。为此，课题组梳理操作系统内核关键技术的专利保护概况、挖掘技术热点、总结主流操作系统的成功模式，争取为我国发展自主可控操作系统提供专利保护地图，指导操作系统研发热点和方向，提供相应的专利保护策略和生态圈构建建议。

9.1 专利在操作系统产业链构建中的作用

构建一个成熟、稳定的操作系统产业链可以使整个操作系统产业的节点企业的绩效得到改善，把交易费用控制在合理的范围之内，使操作系统产业的整体竞争力获得提升，同时提高产业链中各个节点企业的市场竞争能力。那么专利在操作系统产业链的构建中起到什么样的作用呢？

1. 专利帮助企业在产业链中占据优势地位

专利帮助企业遏制竞争对手、巩固自身技术和市场地位，增加盈利，在产业链中占据优势地位。表 9-1 列出了微软签订的安卓专利许可协议。从第一台安卓手机在美国发布以来，微软就始终没有停下利用自家专利从安卓操作系统中获取利益的脚步。为了让其他厂商乖乖就范，微软策略性地于 2010 年在美国向老牌手机厂商摩托罗拉发起专利诉讼。单凭安卓专利许可授权，微软于 2015 财年净赚将近 20 亿美元。

表 9-1 微软签订的部分安卓专利许可协议表

序号	被许可方	所属地	涉及产品	签约时间	专利许可备注
1	HTC	中国台湾	智能手机	2010.4.27	每台设备需向微软缴纳 5~10 美元许可费
2	General Dynamics itronix	美国	平板电脑	2011.6.27	协议涵盖 GDI 销售的运行安卓系统的电子设备

续表

序号	被许可方	所属地	涉及产品	签约时间	专利许可备注
3	Velocity Micro	美国	电子阅读器	2011.6.28	协议涵盖 VM 销售的运行安卓系统的电子设备
4	Onkyo	日本	便携式设备	2011.6.30	日本安桥公司主要产品是音响设备
5	Wistron	中国台湾	智能手机,平板电脑(原始设备制造商)	2011.7.5	该许可协议在 2016 年被更新
6	宏碁	中国台湾	智能手机,平板电脑	2011.9.8	协议涵盖宏碁销售的运行安卓系统的智能手机和平板电脑
7	ViewSonic	美国	智能手机,平板电脑	2011.9.8	Viewsonic 主营业务是显示器
8	三星	韩国	智能手机,平板电脑	2011.9.28	每台设备需向微软缴纳 10~15 美元许可费

对企业而言,专利不仅仅是保持自身领先优势的"法宝",也是遏制竞争对手的重要"工具"。一方面微软利用自身专利从庞大的安卓市场中获取了高额专利许可费;另一方面试图增加安卓设备的成本,为自家的 Windows Phone 争取入场的机会。

2011 年,苹果对三星提起诉讼,造成三星 Galaxy Tab 被禁止在德国上市销售。在专利官司背后,不仅仅是企业对知识产权的保护,更多的是为了保持自身领先优势和打压竞争对手。可见,对于掌握专利技术的企业来说,专利能够帮助它们在产业链中占据优势地位。

2. 专利帮助企业相互合作实现共赢

作为谈判筹码,专利使企业获得相关利益,专利的交叉许可使得产业链中的竞争企业相互合作,实现共赢。1994 年,在 Mac 操作系统缺点日益明显,显著落后于竞争对手微软 Windows 操作系统的情况下,苹果起诉微软侵犯其版权。苹果在与微软达成和解的同时,双方交换了专利许可协议,微软同意在当年年底推出 Mac 版 Office 98,并在未来 5 年内不断提供升级版本;苹果也同意在 Mac 操作系统中捆绑销售微软的浏览器。借此,苹果通过获得微软不断更新的 Office 版本,显著改善了 Mac 系统环境。微软也通过在 Mac 操作系统中捆绑销售微软的浏览器,扩大了其浏览器的市场份额。由此可见,专利可以作为谈判筹码,使企业获得相关利益,而专利的交叉许可使得产业链中的竞争企业相互合作,实现共赢。

3. 适度放开专利技术，促进产业链的形成和壮大

谷歌以 Linux 为内核开发出安卓操作系统，又把安卓操作系统免费提供给所有的硬件制造厂商，使得安卓操作系统成为全球最流行的移动操作系统；2012 年，我国商务部在批准谷歌收购摩托罗拉时，要求谷歌对安卓系统继续免费开放五年时间，这对我国安卓系统相关产业链继续保持稳定发展也具有重要意义。可见，适度放开专利技术，可以打破行业垄断，提高市场活跃度，促进产业链的形成和发展壮大。

由此可见，专利在产业链的构建中扮演着重要角色，既帮助企业在产业链中遏制竞争对手，获取优势地位，促使产业链中的竞争企业相互合作，也会造成行业垄断。适度放开专利技术，能够促进产业链的形成和发展壮大。

9.2 操作系统内核关键技术专利竞争格局

1. 操作系统内核关键技术专利布局早，中国差距大

操作系统内核关键技术专利布局时间早，专利申请呈现从稳步增长到快速增长的态势，中国相较于全球申请差距较大。操作系统经过多年的发展，到 1996 年全球专利申请量已经超过 2000 项；1996~2010 年，全球申请量一直呈现稳步增长态势，技术研发比较活跃，每年的申请量也比较大；从 2010 年开始该领域的专利申请量急剧增加，并于 2013 年达到峰值（10371 项），是 1996 年申请量的 5 倍。这个快速增长期维持了 4 年，可以预见，在未来的几年内，申请量将再次进入缓慢增长或逐步持平阶段（见表 9-2）。

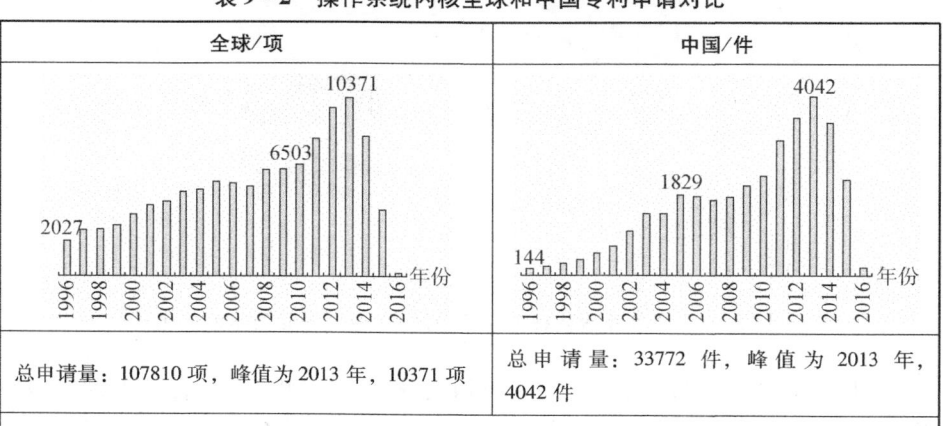

表 9-2 操作系统内核全球和中国专利申请对比

全球/项	中国/件
总申请量：107810 项，峰值为 2013 年，10371 项	总申请量：33772 件，峰值为 2013 年，4042 件

中国在该领域专利申请的增长始终落后于全球的专利申请增长，虽然中国在技术和专利方面极力追赶，但是依然与全球技术和专利申请量有着相当大的差距

中国介入操作系统内核领域较晚。1996～2004年，该领域专利申请量基本呈现逐年上升的趋势，但是落后于全球专利增长速度；2005～2010年，中国的研发进入低潮，其间国内外操作系统内核关键技术的研发处于技术瓶颈期；从2011年开始，移动智能终端的快速普及推动中国专利申请量急剧增长，并于2013年达到峰值（4042件）；虽然中国专利申请急剧增长，但是中国在该领域专利申请的增长依然落后于全球的专利申请增长，这说明虽然中国在极力追赶，但是依然与全球技术发展有着相当大的差距。

2. 美国企业技术实力强，处于垄断和引领市场地位

美国企业技术原创实力强劲，60%的技术首创于美国，其他国家/地区与其实力相差悬殊。如图9-1所示美国是该领域首次申请最集中的国家，首次在美国申请的专利占到全球申请总量的60.02%，这是因为美国有IBM、微软、英特尔、苹果、谷歌等操作系统内核领域的主导厂商，并且通过对操作系统的架构、开发规范、接口标准的掌握，牢牢控制操作系统的开发和上下游市场。美国在操作系统内核领域具有绝对的优势，其技术研发密集，技术研发主体众多，其他国家/地区难以望其项背。

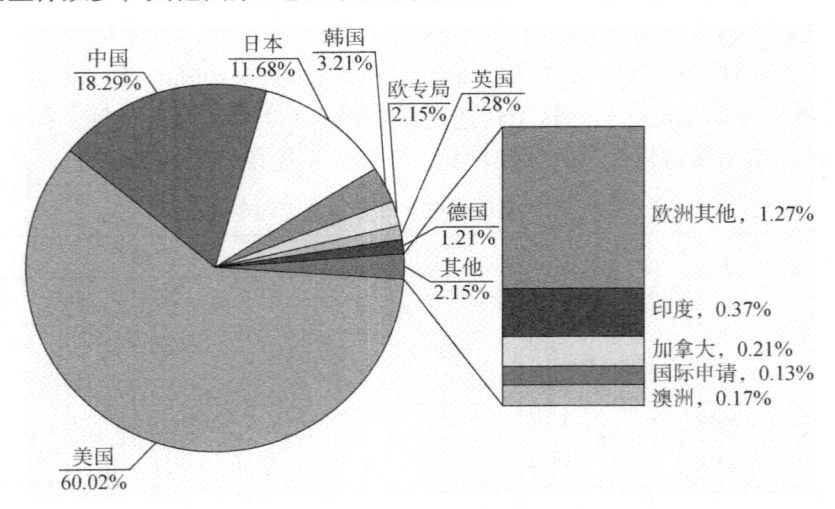

图9-1 操作系统内核首次申请国家/地区的专利申请占比

以中国为首次申请国家的专利申请占比为18.29%，申请主体以中国机构和国际型公司的中国分部为主，从一定程度上说明了中国申请主体的技术活跃度，另一方面说明国际型公司对中国市场的重视。另外，美国仍然是全球各大公司争相布局的最主要地区，占比将近40%，而中国和欧洲分别以近20%和12%占比排名第二位和第三位，也是这些公司重要的发展市场。由于

该领域技术价值高，有将近10%的专利申请以PCT形式公开。

3. 中国在移动智能终端和云操作系统新技术领域有一定的机会

美国企业垄断和引领市场，美国知名企业的服务器、桌面、智能终端和云端操作系统专利全面覆盖；中国在移动智能终端和云操作系统的新技术领域有一定的机会，正在极力追赶。该领域的全球专利前10位申请人中，美国企业有6家，美国IBM、英特尔和微软的专利申请量占全球总量的22.19%。美国不仅有服务器和桌面机领域的垄断者IBM和微软，还具有移动终端市场的开拓者苹果和谷歌，以及虚拟化和云计算领域的开创者和主流企业EMC/威睿和甲骨文等，可以看到，美国企业的操作系统产品不仅垄断市场，其对操作系统技术也进行了严密的专利保护，尤其是服务器和桌面操作系统的基础技术和核心技术以及外围技术均已完成专利布局。另外，美国的技术创新链条完备，从服务器到桌面端、到智能移动终端、到云端的层出不穷的开创者，为美国技术提供了源源不断的动力（见图9-2）。

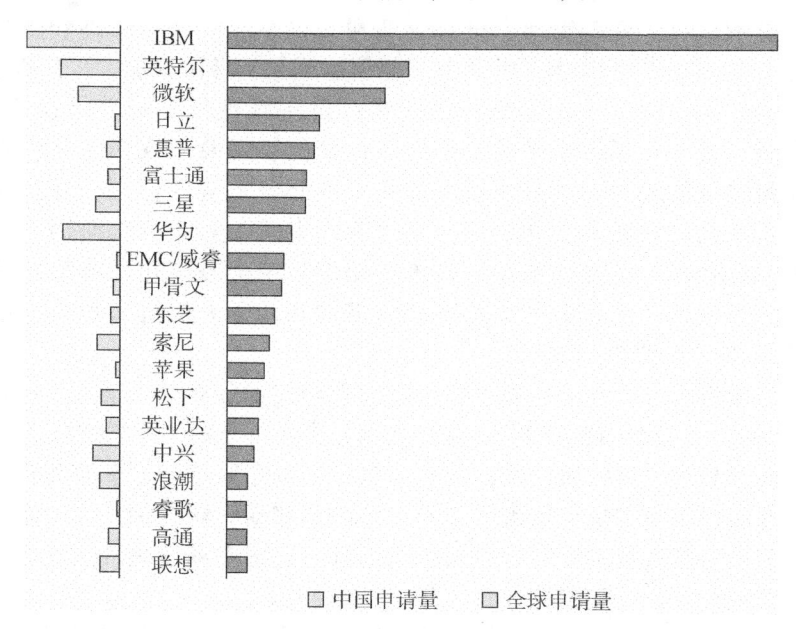

图9-2 操作系统内核全球专利申请人排名

在传统服务器和桌面机操作系统领域中国起步已晚，由IBM、英特尔和微软把持的传统服务器和桌面操作系统技术已完成中国的专利布局，对于我国企业而言，目前操作系统内核关键技术的技术门槛已经偏高，我国企业研发能够深入内核技术已经较难。

从2011年开始，移动智能终端技术和云操作系统技术快速发展，但是可以看到，主流企业对这种新技术的反应不一，英特尔、谷歌、苹果等直接面对移动智能终端领域的企业快速发力，快速完成专利布局，而微软、惠普、日立等传统 PC 厂商对移动端的反应并不敏锐，同时，韩国三星、中国华为开始发力，近几年的活跃度很高，苹果、谷歌、EMC/威睿、甲骨文等企业全球视野不足，尚未完成专利技术的全球布局，可见在移动智能终端和云操作系统领域我国企业具有一定的机会，我国企业应该加大该领域的研发投入，及早申请专利。在移动智能终端普及阶段和云计算兴起阶段，中国华为专利申请量急剧增加，目前总申请量已经上升到全球第八位，由此可以看到，华为在操作系统领域的竞争力。

4. 进程管理和内存管理技术价值高，文件管理专利价值高

进程管理、内存管理、文件管理、设备管理和系统引导与初始化是操作系统内核的关键技术，其中，进程管理和内存管理技术价值高，文件管理专利价值高。操作系统内核关键技术的主要技术分支包括系统引导与初始化、进程管理、内存管理、设备管理和文件系统。内存管理和进程管理技术分支的全球专利申请占比最高，分别达到32%和31%，属于操作系统最核心的技术，决定了操作系统的优劣；设备管理技术分支排在第三位，对设备的支持决定了操作系统的扩展性；文件管理属于操作系统内核与外部应用最接近的地方，对操作系统的易用性起着关键的作用，并且每种操作系统都有自己独特的文件格式和文件管理方式，影响着普通用户和程序开发者对操作系统的使用惯性，是影响操作系统生态圈建设的重要技术分支，虽然其占比不高，但是文件系统的格式和访问方法容易形成标准，易于专利确权（见图9-3）。

主流操作系统企业微软和谷歌在进程管理技术分支投入很大，占比均超过了50%以上，IBM 比较均衡，各个技术分支申请量相对平均。操作系统内核关键技术具有一定的通用性，技术理念可以贯穿服务器、桌面和移动智能终端，专利保护范围也将覆盖服务器、桌面和移动智能终端，先入企业的进程管理和内存管理技术专利对后入企业具有一定的专利壁垒，但操作系统内核技术隐蔽性强，专利确权方面具有一定的难度。

我国企业在操作系统内核关键技术领域的研发重点主要集中于进程管理和内存管理技术分支，目前进程管理的热点在于多核处理器的资源分配，文件系统技术分支着力于现有文件格式的访问方法，设备管理技术分支则注重兼容性。系统引导和初始化技术将逐步没落，专利权将逐步被放弃。

5. 专利保护与开源运动并驾齐驱，中国企业融入全球竞争

移动智能终端和云操作系统时代谷歌、苹果和威睿打破微软垄断，专利保护与开源运动并驾齐驱，中国企业华为已融入全球竞争。移动智能终端之

9 操作系统内核关键技术

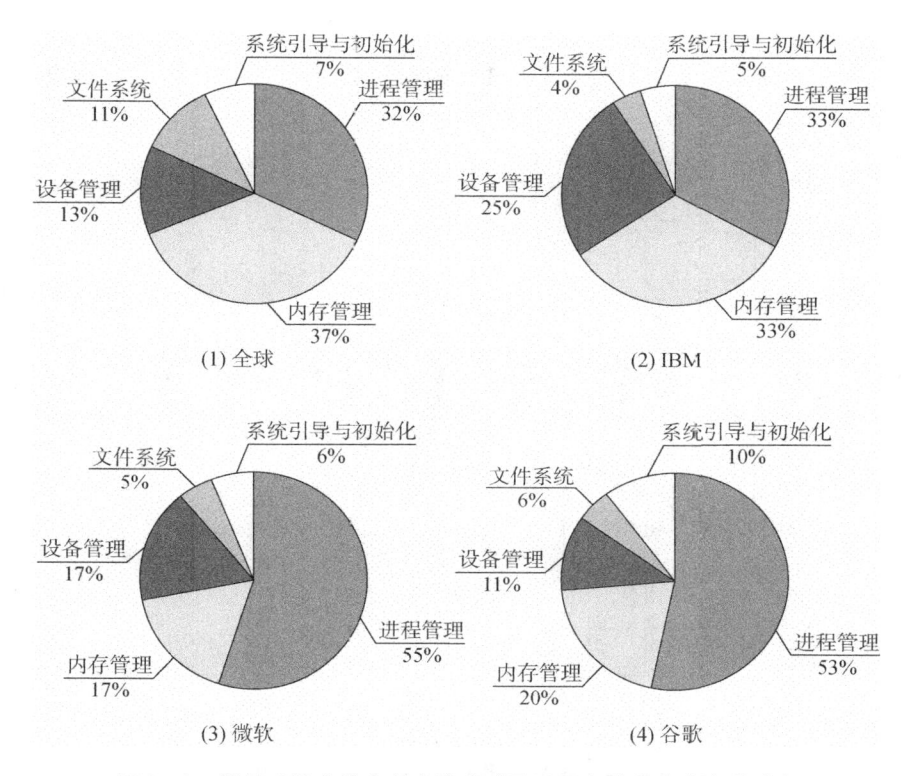

(1) 全球
- 系统引导与初始化 7%
- 进程管理 32%
- 内存管理 37%
- 设备管理 13%
- 文件系统 11%

(2) IBM
- 系统引导与初始化 5%
- 进程管理 33%
- 内存管理 33%
- 设备管理 25%
- 文件系统 4%

(3) 微软
- 系统引导与初始化 6%
- 进程管理 55%
- 内存管理 17%
- 设备管理 17%
- 文件系统 5%

(4) 谷歌
- 系统引导与初始化 10%
- 进程管理 53%
- 内存管理 20%
- 设备管理 11%
- 文件系统 6%

图 9-3　操作系统内核专利申请全球及重要申请人分支比重对比

后是云计算时代，虚拟化技术是云计算的基础技术，开源技术促进了移动智能终端和云计算技术的蓬勃发展，移动智能终端时代苹果和谷歌打破了 Wintel 联盟的垄断；到云计算时代，新兴企业开创市场和引领市场，操作系统内涵扩大，该领域技术原创性强，以威睿和微软为代表的部分企业对虚拟化技术架构的基础技术和核心技术采用了严密的专利保护，而以 Xen 项目组和 KVM 联盟为代表的主体则采用了开源的方式，中国在该领域没有先发优势，借力于开源技术，中国华为已在该领域站稳脚跟（见图 9-4）。

威睿开创并引领云操作系统的技术研发，其全球申请量为 586 项，该公司技术原创能力强，拥有虚拟机技术的基础专利 US6397242B1 系列专利族，技术开发连续性和系统性很强，专利保护完备。甲骨文、思杰和红帽紧随其后，逐步抢占市场。依托于开源技术，中国华为已成为主流企业，其全球申请量为 293 项，居第五位，中国申请量为 285 件，居中国第一位。华为在虚拟化领域的专利申请中，有 58.95% 的专利具有国外同族专利，表明华为注重全球专利布局。

	1996年	1997年	1998年	1999年	2000年	2001年	2002年	2003年	2004年	2005年	2006年	2007年	2008年	2009年	2010年	2011年	2012年	2013年	2014年	2015年	2016年	总计
IBM	4	2	6	3	7	9	13	18	9	34	20	33	62	69	115	112	227	233	129	11		1116
威睿			5	1	3	5	5	9	9	4	23	29	47	50	42	69	97	106	79	3		586
微软			1		7	4	4	7	16	22	24	25	22	22	55	56	36	34	14			350
英特尔	2		2	1	3	5	10	21	32	28	26	36	15	18	13	34	41	29	18	9		344
华为												1	3	4	10	36	55	90	69	22	3	293
红帽										3	6	7	12	33	23	28	54	42	38	1		247
日立			4	2	6	1	2	5	0	3	6	3	20	18	23	27	27	32	18	1		198
惠普			1	1		1	1	7	11	11	7	10	21	15	26	22	15	24	2	2		176
富士通										1	3	2	19	20	39	34	22	11	11			174
思杰									4	5	8	2	5	8	7	13	30	9	2			114

威睿
- 商用产品成熟，产品线齐全
- 专注虚拟机技术，重视技术研发
- 专利和专利和商标局紧密结合
- 善用美国专利和中国专利申请
- 续申请中国专利制度
- 不太重视中国专利申请

思杰
- 围绕主营业务频繁并购
- 全球战略，重视PCT
- 深度兼容微软产品，用户群大
- 剑走偏锋，专注虚拟桌面领域

华为
- 国内起步早，商业产品问世早
- 通信设备起家，产品覆盖云计算产品的下层硬件和上层软件
- 云计算产品兼容多种虚拟化技术
- 基础架构依赖于开源系统
- 专利申请偏重性能优化

图9-4 云操作系统主要申请人专利申请对比

注：图中数字表示申请量，单位为项。

2008年微软才推出虚拟化产品，进入该领域较晚；而开创者威睿的申请集中于美国，包括同族专利和系列专利申请在内的美国申请达到973件，并不重视中国市场，中国申请只有34件，为中国企业在该领域进行专利布局提供了时机。

6. 云计算和物联网是未来技术发展方向

桌面和移动智能终端技术已成熟，云计算和物联网成为未来技术发展方向的道路逐步清晰。通过对操作系统的专利趋势和热点技术分支分析可知，2006年，桌面端操作系统技术成熟，2013年移动端操作系统技术到达巅峰，起步于21世纪初的虚拟化技术经过多年发展已成为云计算的基础技术，虚拟化技术整合数据中心的所有资源并对外提供弹性供给，高速互联网和电信网将桌面和移动端操作系统的核心功能向上迁移到数据中心端，因此，"云管端"的技术全面发展，为电子商务和大数据处理提供基础，目前国内的华为、浪潮和阿里云已经有成熟商业产品和一定的市场份额；"管"是网络，华为等通信企业正在集中发力；"端"是智能终端，云端和网络强大，减轻了移动端的性能要求，智能终端的技术要求降低为中国在物联网、车联网方向上提供了更加平等的竞争平台，中国应该在智能终端上集中力量进行研发，及早进行专利布局，尽快占领市场。

9.3 主流操作系统的知识产权保护模式及其借鉴意义

9.3.1 Windows 操作系统

根据市场研究公司最新数据显示，全球三大桌面操作系统是Windows、Mac与Linux，微软的Windows操作系统的市场份额高达80%以上，称霸全球操作系统市场。微软公司采取的是技术主导与强专利保护的方式，并且Windows操作系统比较封闭，因此微软对Windows操作系统的控制力比较强，但是相对开源系统来说，由于自主研发自主维护，没有外来的技术人员参与，因此创新略有不足，缺乏活力，相对保守，转型较慢。

微软通过长期积累形成了桌面操作系统市场统治地位，通过掌握的核心技术，在操作系统的内核、接口、语言、环境、界面等层面都拥有海量的专利及其组合，吸引了众多硬件厂商形成了庞大的生态圈。

1. Windows 操作系统的知识产权保护模式

（1）持续不断在全球进行大量的知识产权布局，根据市场变化及时调整重点布局的区域、技术多元化、专利申请全面又有所侧重。

从专利申请量上看，操作系统内核领域，全球专利申请微软排第三位，中国专利申请中微软排名第二位。由此可见，微软除了在市场份额上占据优势以外，还非常重视进行操作系统内核技术的知识产权布局，在申请量上压制排名靠后的竞争对手，对其形成专利储备威慑，巩固自己的行业垄断地位。

此外，微软还很重视在全球多个市场进行知识产权布局，尤其是根据市场变化及时调整重点布局的对象。早期，微软的申请绝大部分集中在美国，在中国没有申请；中期，在韩国进行申请所占的比重相比早期有很大提高；后期，随着时间的推移，微软越来越重视利用国际申请的方式进行专利布局，这有利于其进行多个海外市场的专利布局。

由于微软的技术多元化，其专利申请涉及操作系统内核的各个主要技术分支，微软围绕操作系统内核技术进行了较为全面、严密的专利部署，形成了完整严密的知识产权保护网，同时又有所侧重，进程管理技术分支是操作系统内核技术中最重要的分支，因此，微软有55%的专利申请布局在这个分支方面。

（2）充分利用专利申请的策略和技巧，进行高质量的专利申请，并且谋求专利利益最大化。

微软充分利用专利申请的各种策略和技巧进行专利布局，包括提交分案申请和大量国际申请、大量布局同族专利、大量要求优先权、提交多个系列申请等。例如，美国专利 US7234144B2、US7631309B2 为同族专利，其同族数量为 8，对应的国际申请为：WO03058431A1，对应的中国专利为：CN1549964A、CN101685391A，涉及的技术为：管理计算系统中协处理器的计算资源的方法和系统，该项专利要求了优先权，其中，CN101685391A 是 CN1549964A 的分案申请。

微软在中国进行的专利申请大部分处于授权有效状态，只有13%处于无效状态，说明微软申请的专利质量很高。并且，微软重视核心、基础性、高价值专利的申请，利用专利布局抢占先机，使得竞争对手只能通过购买或许可的方式使用该专利。例如，微软对安卓项目进行许可的操作系统内核技术相关专利中，美国专利 US8321439B2，其同族数量为 4，涉及"使用散列名称快速查找文件名"的技术。微软对安卓项目许可操作系统内核技术相关专利还涉及了操作系统内核的主要分支，占比最大的是文件系统技术分支。这与文件系统相关专利属于基础性专利，且易于专利确权有关。

此外，微软谋求专利利益的最大化，微软所签订的专利许可协议涵盖了80%在美国销售的安卓智能手机和大部分全球销售的安卓智能手机，每年收取不菲的专利费用。

2. Windows 操作系统知识产权保护模式的借鉴意义

（1）操作系统与硬件联系紧密，与硬件厂商合作有助于迅速占领市场。

微软能够在操作系统领域成为霸主，与个人电脑的普及是密不可分的。在个人电脑和桌面操作系统市场形成垄断格局之前，苹果已经开始布局，但是并没有在操作系统领域成为霸主。操作系统与硬件联系紧密，早期微软与 IBM 密切合作，在 IBM 销售的硬件中捆绑微软的操作系统，迅速占领了市场，随后又与英特尔组成 Wintel 联盟，进行全方位的合作，最终成就其霸主地位。和硬件厂商进行预装合作，是微软推广旗下软件的策略。由此可见，操作系统巨头微软在进入其占据优势地位的市场时，是在新技术、新应用未成熟阶段，新市场还未形成垄断格局之前，建立并巩固生态体系，逐步申请核心、基础性高质量专利，充分利用内外部资源以取得有利市场地位。

（2）获得专利许可或购买相关专利能促进企业发展和创新，赢得宝贵时间。

微软所签订的专利许可协议涵盖了 80% 在美国销售的安卓智能手机和大部分全球销售的安卓智能手机，对于企业来说，在尚未掌握核心技术或所使用的技术已被他人申请专利的情况下，有效的途径是获得专利许可或购买相关专利。对于企业而言，依法进行专利授权，尤其是交叉许可的专利技术合作是促进企业发展和创新的重要模式之一。

专利从申请到授权一般需要经历数年甚至更长的时间，所以短期内想赶上竞争对手或尽早推出产品，只能通过许可或购买的方式。2016 年 6 月 1 日，微软与小米宣布达成一项协议，微软向小米出售 1500 余项专利，双方还达成了专利交叉授权协议。由于小米进入移动终端市场较晚，虽然小米在 2014 年和 2015 年提交大量专利申请，但是效果一般，更为有效和迅速的办法是直接收购专利，使得其产品能够更早地推向市场。与微软进行专利交叉授权合作减少小米在海外市场扩展中的专利纠纷。

（3）掌握核心技术，形成自有专利体系，壮大自身专利实力才能提高竞争力。

掌握核心技术，例如进程管理方面的技术，同步积累形成自有专利体系，壮大自身专利实力，可以提高企业的竞争力，从而有专利实力达成交叉许可的专利技术合作，拥有讨价还价的筹码。在进行专利布局时，充分利用专利申请的各种策略和技巧，申请高质量的专利，例如，进程管理技术分支专利属于核心专利，文件系统技术分支专利属于基础性专利，然后进一步布局操作系统内核的各个主要分支，形成完整严密的知识产权保护网。在进行知识产权布局时，积极在全球多个市场进行知识产权布局并且根据市场变化及时调整重点布局的区域，可以帮助企业在海外市场占得一席之地，同时减少在海外市场扩展时发生专利纠纷。

9.3.2 iOS 操作系统

iOS 操作系统是苹果推出的移动终端操作系统，该操作系统比较封闭，运行效率较高，对特定人群吸引力强，但是相对于开源的操作系统来说，由于缺少外来技术人员参与，创新稍显不足，过于依赖产品。苹果对 iOS 操作系统采取的是技术合作与优化加精专利保护的方式，凭借长年的积累，苹果形成了在市场、产品、技术上的优势，产品、技术与专利紧密的结合符合其一贯精品的策略。同时，苹果积极开展技术合作与专利收购，在操作系统各层面拥有不多但质量很高的专利及其组合。

1. iOS 操作系统的知识产权保护模式

（1）秉持少而精的专利申请策略，发展多层次的专利保护模式。

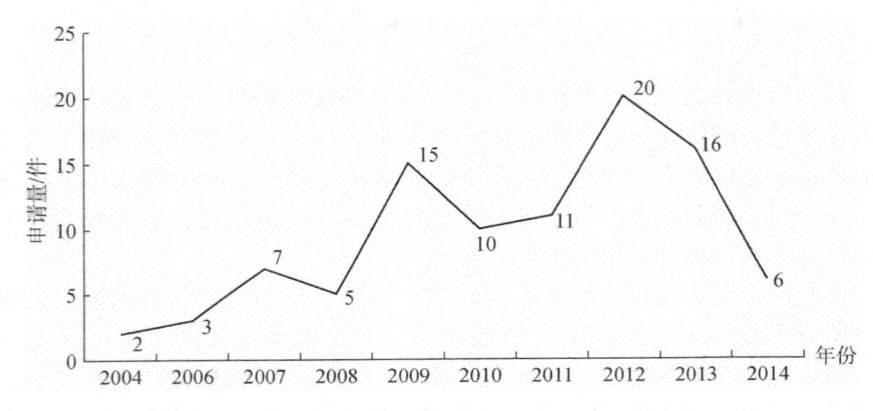

图 9-5　iOS 操作系统苹果中国的专利申请变化趋势

苹果一直高度重视专利保护，苹果与操作系统相关的专利申请量虽然不多，但是秉持了少而精的申请策略；以中国为例，苹果在中国共申请了 95 件操作系统相关专利，虽然在审案件占比 35%，但是授权有效的专利占比仍高达 63%。从全球布局来看，苹果的操作系统技术专利申请仍然主要集中在美国，其次是通过国际申请的方式进行专利布局。可以看出，苹果的专利布局主要是以本国为主，并辅以国际申请的方式进入其他国家来进行专利保护，并未采取大范围专利申请的策略。

围绕自主开发的 iOS 操作系统智能手机核心技术，苹果进行了全方位的专利布局。

表 9-3 列出了苹果针对操作系统核心技术布局的重点专利，其中，涉及进程管理技术分支的专利 US20090479477 同族数量多达 109 件。可以看出，这些重点专利技术主要集中在操作系统的进程管理、设备管理和内存管理三个重要分支。

（2）将知识产权与商业进行结合，创造和全方位保护新的商业化模式，促进知识产权价值实现。

表9-3 苹果针对操作系统核心技术布局的重点专利

申请号	技术分支	同族数量/件
US20090479477	进程管理	109
US201213607519	设备管理	53
EP20110174568	内存管理	48
US201113077931	进程管理	31
WO2011US31000	设备管理	30
US20120607550	设备管理	28
EP20050291379	内存管理	27
WO2005US45040	设备管理	26
US20040833689	设备管理	25
EP20110180199	进程管理	21
WO2008US04606	进程管理	21
US20100690232	设备管理	20

为了更好地促进苹果操作系统的普及应用和保护，苹果很好地把握了手机与互联网相结合的发展趋势，领先竞争对手一步，创建了网上知识产权交易平台。通过创建App Store开放平台，苹果让用户付费下载各种具有合法授权的应用程序，然后与内容提供商和应用开发商分配利益，建立起基于知识产权交易收益分成的合作伙伴共赢机制。通过这种新型的知识产权商业化模式，苹果使广大软件开发者十分踊跃地将最新、最好的智力成果汇聚于这样一个理想的交易平台，增加了对用户的吸引力，提升了苹果操作系统用户数量。通过发挥知识产权的强大保护功能、有效促进知识产权的价值实现，苹果在短短数年间缔造了全球市值第一的神话。

（3）通过专利交叉许可和诉讼和解，形成知识产权竞争优势均衡，巩固自身竞争优势地位。

知识产权对于苹果，不仅是防卫自身的坚固盾牌，也是打击竞争对手的利剑。苹果善于灵活运用知识产权开展商业竞争，通过专利交叉许可，以及达成诉讼和解，形成知识产权竞争优势均衡。1994年，在Mac系统缺点日益明显，显著落后于竞争对手微软Windows操作系统的情况下，苹果起诉微软侵犯其版权。苹果在与微软达成和解的同时，双方交换了专利许可协议，微软同意在当年年底推出Mac版Office 98，并在未来5年内不断提供升级版本；苹果也同意在Mac OS系统中捆绑销售微软公司的浏览器。借此，苹果不仅得到了在当时对它十分宝贵的1.5亿美元资金，而且通过获得微软不断更新的 Office 版本，显著改善了 Mac 系统环境，使苹果电脑重获竞争优势。

2. iOS 操作系统的知识产权保护模式的借鉴意义

（1）致力提高专利质量，多层次布局专利攻防体系维护企业自主创新。

我国专利质量有待提升，技术含量和市场价值高的专利较少，在关键产业和核心领域的专利占有率较低。企业工作的重心应从重数量逐步转向重质量，努力提高自身的自主创新能力，以形成有效的核心竞争力。苹果"少而精"的专利申请策略值得我们学习，坚持以质取胜。

苹果多层次布局的专利保护模式也值得国内企业学习，针对研发的核心技术，可以先申请基础专利，并围绕这些基础专利，继续研发外围专利，从而布局立体、多层次的专利攻防体系，全面维护企业的自主知识产权。

（2）增强企业合作，结成战略联盟。

当苹果的产品存在已久的缺点越来越明显的时候，苹果的 CEO 乔布斯在 2005 年宣布，苹果将联合宿敌英特尔，在未来的苹果电脑中使用英特尔的芯片。在前面的案例中，苹果与微软之间达成了交叉许可，换取微软的 1.5 亿美元投资和继续为苹果电脑开发软件。苹果通过与英特尔、微软结成战略联盟，增强了市场竞争力。大型跨国公司尚且通过战略联盟的形式抢占市场、增强风险防御能力，中国企业在处于技术劣势的情况下，更应该加强企业合作，通过技术共享加快技术研发，形成强有力的战略联盟，共同抵御外部竞争。

9.3.3 安卓操作系统

安卓操作系统（Android）是一种基于 Linux 操作系统的自由及开放源代码的操作系统，主要用于移动设备，由谷歌（Google）和开放手机联盟领导开发。技术开源是安卓操作系统的最大特点，同时开源策略也帮助安卓操作系统建立了庞大的生态圈。安卓系统开发者及用户群庞大，使其具备了快速、灵活、创新活跃的特点，同时也带来了竞争激烈的问题，开源策略所导致的知识产权问题也比较突出。

1. 安卓操作系统的知识产权保护模式

谷歌作为安卓操作系统的发布和主要推动者，担当了安卓阵营在移动设备操作系统领域对抗微软和苹果知识产权围剿的绝对主力，谷歌通过大量并购与专利收储来增加自身的实力，防御知识产权风险。

（1）全面及时的专利布局。

伴随着安卓操作系统在智能手机市场的繁荣，谷歌的专利布局也在稳步进行，从 2006 年起，谷歌在全球和中国的专利申请量稳步增长。以其在中国的申请量为例，在 2005 年之前，谷歌关于操作系统相关技术申请量仅有 10 余件；2005~2009 年，平均每年的申请量均在 10 件以上。进入 2010 年后，谷歌在全球和中国的专利申请量实现了强势增长。除了专利数量的明显增加，其专利内容也更加丰富，由早期的仅涉及部分操作系统技术分支，到全面覆盖操作系统的全部技术分支，充分说明了谷歌对于专利布局和产品开发以及上市是同步进行的。此外，谷歌对于专利布局的区域也非常重视，结合安卓系统的主要应用市场以及潜在的知识产权风险高低，谷歌选择了美国、欧洲、中国作为其全球专利的重点布局国家/地区。

华为非常重视科技创新与专利保护，专利储备无论数量还是质量都达到了世界先进水平。华为非常注重及时高效的专利布局，在确保专利数量的基础上，提升专利质量。在操作系统领域，华为近年来的专利申请异常活跃，专利质量也不断提高，无效专利的数量仅占总量8%。华为注重国际布局，以PCT申请为主，特别注重对美国的专利申请。众所周知，美国是操作系统技术最活跃的地区，华为在美国的操作系统内核技术的专利申请量达到了其在全球专利申请量的17%。

（2）对进程管理等技术分支进行重点申请。

进程管理是操作系统内核的重点技术，谷歌在该项技术方面所申请的专利数量占其操作系统领域全部专利申请的50%，其中，专利CN1276890A的同族专利数量为7件，被引证次数达到282次，涉及在多线程处理器中改变线程优先级的方法和装置；专利CN10027454A同族专利数量为12件，被引证次数达28次，涉及多线程浏览器体系结构。这些重点技术对于操作系统的意义和影响可见一斑。

（3）针对进程管理和内存管理等特定领域大范围购买重点专利。

谷歌作为强势崛起的后起之秀，面对先入企业的专利优势，主要通过购买重点专利这种直接有效的方式。谷歌在全球自主申请的专利共计2.2万余件，而其购买的专利也达到了2.1万余件，可见，对于谷歌而言，购买与自主创新相辅相成，是其知识产权布局同样重要的两条道路。

在计算机领域，谷歌所购买的专利主要来自IBM。在谷歌全球购买的6000余件计算机相关专利中，从IBM购买的专利数为2300余件，在这2300余件专利中，与操作系统相关的申请主要分布在进程管理、内存管理等领域。例如上文提到的进程重点技术专利CN1276890A，就属于从IBM购入的重点专利之一。

（4）技术上拥抱开源，专利保护却显薄弱。

Android操作系统的巨大成功很大程度上归功于其采用的开源形式，采用开源的优势主要有以下两点：第一，利用现有的Linux内核节约开发成本，Linux操作系统本身就以其安全性和稳定性著称，源代码接受开源社区和公众的检查和完善，有利于提高软件安全性和质量。第二，由于没有版权费，谷歌可以更快地推广 Android 操作系统，无偿地提供给其他硬件厂商，激发了上下游企业的研发热情，因此顺利解决了安卓操作系统生态的问题。但是，开源本着自由、免费使用的理念和申请专利的激励机制并不相容，并且许多开源软件协议规定即便申请了专利也是要许可所有人使用，申请人无法从中营利。对于开源软件的开发者来说，如果同时花费大量时间进行专利申请和负担高昂的专利申请及维持费用，独立开发者则不会花费精力去进行专利申请。

2. 安卓操作系统知识产权保护模式的借鉴意义

（1）在开源的架构下仍然要积极主动进行专利布局。

安卓操作系统的知识产权保护模式的特殊性几乎全都根源于安卓系统所采用的开源形式。由于开源协议，各厂商对于底层和中间层的专利申请均有很大程度的保留。同时，安卓操作系统级的代码是完全公开的，虽然方便了开源社区和社会公众对于其代码的安全性和稳定性的检查，同时方便了竞争对手对其知识产权侵权证据的搜集，导致安卓操作系统的任何知识产权瑕疵都有被无限放大的可能。如果一个闭源软件使用了开源软件的源代码，侵犯了开源软件的知识产权，也很难被发现。因此，Linux 内核关键技术的知识产权问题由来已久，一直被视为安卓系统最大的隐患。谷歌的失误是将专注点都集中在了安卓操作系统创立之时的法律问题，而没有对未来可能出现的法律风险有着充分的认识和准备。以至于目前使用安卓操作系统的很多硬件厂商也不得不向持有安卓操作系统相关专利的公司缴纳授权费。

（2）积极购买有价值的专利以应对专利储备不足的缺陷。

对于经济实力雄厚却没有足够知识产权储备的公司而言，通过购买有价值的重点专利来解除自身的知识产权隐患，为产品投入市场保驾护航是一条高效的路径。以谷歌为例，其在全球共购买了 2.1 万件专利。2012 年，谷歌斥资 125 亿美元收购摩托罗拉，在完成了摩托罗拉名下 9000 余件专利的转让之后，将摩托罗拉作价 29 亿美元卖给了联想。可见，通过购买重点专利的方式，可以实现短期内扩充专利储备，提高专利博弈筹码的目的，从而更加有效地应对专利诉讼。

（3）围绕自身技术优势积极申请以获得专利许可的筹码。

2016 年 1 月，华为与爱立信续签全球专利交叉许可协议。该协议覆盖了两家公司包括 GSM、UMTS 及 LTE 蜂窝标准在内的无线通信标准相关基本专利。根据协议，双方都许可对方在全球范围内使用自身持有的标准专利技术。作为续签协议的一部分，华为自 2016 年起将基于实际销售向爱立信支付许可费。由此可以看到，华为多年来在技术创新上持续加大投入，终于开始有所回报。

MIUI是小米科技基于安卓操作系统深度开发的智能手机操作系统。对于安卓系统上层，即MIUI所侧重的用户交互、产品界面互动以及改善用户体验等相关领域，小米始终在积极进行专利布局。针对自身优势技术开展重点申请的策略，可以帮助小米科技获得交叉许可的筹码，更好地抵抗知识产权风险。

（4）注重专利区域布局，护航产品市场。

专利保护具有区域性。无论是安卓系统的开发者谷歌，还是中国本土企业中电信和通信领域华为，其专利布局均将美国作为重点区域（谷歌关于操作系统的全部申请均布局美国）。因为美国是相关技术最活跃的地区，同时也是安卓操作系统最大的产品市场之一。基于上述两点，在操作系统技术的亚洲专利布局中，中国已经优先日本和韩国最先进入了谷歌的视野。

通过对主流操作系统的分析可知，操作系统的成功因素在于：①抓住机遇，依托新技术，开创和发现新市场；②依附市场份额较大的产品，快速占领市场，固化用户群；③组建产业联盟，依托强大技术、免费和低价策略，快速占领市场。

专利对操作系统的成功也发挥了很大的作用：①成功基础：专利体现技术，吸引合作企业和用户的第一要素；②攻击武器：保护已有市场，收费震慑对手，推高使用成本；③防御盾牌：防御外敌，维护共同利益；④谈判筹码：以专利为筹码，获得相关利益；⑤收获利益：受让和许可专利，增加公司市值和盈利。

9.4　对我国操作系统企业的启示

1. 提高操作系统内核技术和专利的全面布局及收储意识

以长远的眼光发现有价值、有发展前景的技术并进行收购是获得成功的必要因素。在技术研发的同时，企业可进一步着眼于未来操作系统技术的发展方向，寻找与之相契合的先进技术，实现技术与专利的收储和并购，从而加速自身的技术研发进程。

对于国内企业来说，在尚未掌握核心技术或所使用的技术已被他人申请专利的情况下，比较有效的途径是获得专利许可或购买相关专利。进行专利购买或交叉许可的专利技术合作是促进企业发展和创新的重要模式之一，对于企业等创新主体占据竞争主动也具有积极正面作用。

占有操作系统领域专利数量1/7的IBM对于专利转让所持有的态度是较为开放的，近年来微软也对外转让了部分专利，国内企业可以积极与其进行接洽。目前安卓系统的主导者谷歌专利数量并不占据优势，这也给国内企业创造了机会，大量的专利储备及市场份额将是与谷歌谈判和协商的筹码。

除此之外，对于国内选择获得专利许可或者购买相关专利的企业来说，在使用这些专利相关的技术进行产品生产或技术研发时，需要逐步掌握核心技术，例如进程管理方面的技术，同步积累或形成自有专利体系，壮大自身专利实力，为未来专利许可发生变化或新的技术出现时，抢先拥有一定的筹码。

2. 重视新技术的开发，综合运用多种策略进行有效知识产权布局

企业应重视新技术的开发，多关注未来新技术，在具备市场前景和应用价值的关键技术方面做好技术储备和专利布局，提前做好发展风险的应对措施。例如，服务器虚拟化技术起步于2000年左右，微软进入该领域较晚，虽然威睿专利较多，但在中国的专利申请量不大，国内企业可以充分利用这一点，抢先在中国进行专利布局。物联网是未来的市场热点，中国企业要抢得先机，必须根据市场发展情况和竞争对手态势提前研究和布局相关专利。另外，云端平台虽然底层技术多采用开源架构，但是中国企业的用户群众多，资源调度和分布式计算领域有较多的技术研发，应该及早进行专利布局。

对于专利申请的侧重点，除了申请核心技术方面的专利，也需申请基础性技术专利，例如文件系统技术，这些都属于高价值的专利。

在进行专利布局时，还应该充分利用专利申请的各种策略技巧，例如，提交分案申请和同一件专利在多个国家或地区进行申请、要求优先权、提交系列申请等。

3. 打造专业的知识产权团队，提升专利申请的撰写质量

国内企业的专利布局与国外优势企业差距明显，不仅体现在专利数量上，还体现在专利质量上。国外操作系统优势企业非常重视专利申请文件的撰写，以微软为例，其专利申请通常全面覆盖不同的权利要求保护类型，重视从属权利要求的技术方案与独立权利要求之间的配合，重视从属权利要求的递进式保护。我国企业需要提升专利申请的撰写质量，除此之外，还需要提升专利布局的技巧，因此需要非常专业的知识产权团队，例如聘请国内外企业经验丰富的知识产权专业人士或培养自身的知识产权团队，分析自身已持有专利，将已持有专利分类，检视自己的专利地图已占据区域及被他人占据的区域，根据现有专利情况拟定相应策略，统筹设计，系统性规划，提升专利挖掘、专利布局、专利风险应对以及知识产权运营能力，提升企业竞争实力。

4. 采用适当的市场推动策略，合理运用开源协议拓展市场，在技术开源与专利保护之间探寻合理的平衡点

在手机进入移动智能终端时代后，开发适用于移动智能终端的手机操作系统成为各大手机厂商的首要任务，最终取得市场主导地位的是谷歌的安卓操作系统。分析其取得成功的经验不难发现，适时地采用开源策略对其操作

系统进行推广，是使安卓系统迅速被各大手机生产企业所接受和使用的重要原因。我国企业在研发自己的国产操作系统的过程中，也可借鉴谷歌的成功策略，适当地以开源的方式来推广研发出来的操作系统，在不与所采用的技术开源协议冲突的情况下，尽可能地采用专利来保护自己的创新技术方案，为后续的发展提供法律保障。

10

基于 OS 的人机交互关键技术[1]

基于操作系统（OS）的人机交互关键技术的相关研究致力于设计出使人和计算机能够更简单、更有效地进行沟通的方式。从功能实现来看，基于 OS 的人机交互作为一个闭环的模式识别系统，包括感知信号的获取、感知信息的分析与识别、感知信息的理解和信息表达等功能环节。本章重点研究与操作系统联系较为紧密的感知信息的识别、感知信息的理解和信息表达等相关应用层内容。

10.1 基于 OS 的人机交互关键技术产业基本情况及存在的问题

基于操作系统的人机交互技术的发展经历了从指令行到文字、从文字到图像、从一维到多维、从单一媒体到多种媒体结合的演变。基于视线跟踪、语音识别、手势识别、面部识别、触觉反馈等功能的新型交互技术，

---

[1] 本章节选自 2016 年度国家知识产权局专利分析和预警项目《基于 OS 的人机交互关键技术专利分析和预警研究报告》。
  （1）项目课题负责人：李永红、陈燕。
  （2）项目课题组长：郭姝梅、孙全亮。
  （3）项目课题副组长：杨洁、董方源、马克、邓鹏。
  （4）项目课题成员：冯慧萍、唐宇希、石志昕、李小青、孙玮。
  （5）政策研究指导：张小凤、褚战星。
  （6）研究组织与质量控制：李永红、陈燕、孙全亮、马克、朱世菡、董方源。
  （7）项目研究报告主要统稿人：杨洁、董方源、冯慧萍、孙玮。
  （8）审稿人：李永红、陈燕。
  （9）课题秘书：邓鹏、孙玮。
  （10）本章执笔人：唐宇希、杨洁、邓鹏。

允许用户利用自身的内在感觉和认知技能,以并行、非精确方式与计算机操作系统进行交互,旨在提高人机交互的自然性和交互方式是近年来发展的重点。

自美国苹果公司推出的 iPhone、iPad 系列产品以来,谷歌、三星、微软、华为、中兴、小米等企业也相继推出各种触控移动终端。在多点触控和手势识别等新型人机交互方式的带动下,触控产品的销量一路走高,各企业之间的竞争也更为激烈。目前触控交互技术发展已日渐成熟。

随着移动互联网时代的来临,智能语音作为信息交互的重要入口之一,成为各大手机制造商、运营商和互联网企业等争相抢占的制高点,各大企业纷纷推出各自的语音交互产品,其中以苹果的 SIRI 最为成熟。目前,智能语音类应用在语音识别、语义解析、内容问答等方面仍存在一些技术难点;市场上语音交互产品存在功能的同质化、用户体验不流畅、语音识别准确率不高等问题。如何突破技术壁垒实行商业化运作将是智能语音规模普及的关键。

以视线追踪、动作识别为基础的体感交互技术,其核心是实时追踪,它与大数据技术的发展指向相同,是未来发展的热点技术。目前,微软、苹果、三星、谷歌等国外企业在此领域已有不少技术积累和专利布局,国内企业华为等以及一些科研院所例如北京理工大学、华南理工大学等也有相关技术积累和专利布局。但是基于 OS 的体感交互技术缺少统一的平台和标准,导致市场化情况并不理想。

目前,由于基于 OS 的人机交互技术具有可见性强、易举证等特点,部分企业依靠布局大量的核心技术专利构筑了严密的知识产权壁垒,并通过专利诉讼和许可等手段获得了不菲的收益。虽然我国从事人机交互技术研发的企业众多,由于进入时间较晚,普遍缺乏核心专利,知识产权风险始终是我国企业发展面临的问题;同时在新型交互技术方面,国内企业也较为盲目,低水平同质化竞争严重;企业的生存压力使得创新活力最强的中小企业陷入"两难",发展"自主、可控"平台难度很大。

鉴于我国产业发展面临的诸多问题,亟待厘清基于 OS 的人机交互技术的专利现状、风险,未来发展的趋势以及技术空白点,国外主导企业围绕人机交互技术的专利布局特点和应用方向等。并尝试从专利角度探讨我国在发展"自主、可控"操作系统过程中,如何发挥专利的作用、影响及布局路径。

鉴于此,课题组以基于 OS 的人机交互关键技术为切入点,通过专家座谈、走访调研等多种形式,准确了解基于 OS 的人机交互关键技术发展现状,并运用科学的专利分析方法,对全球专利申请(130990 项)和中国专利申请

(51432 件）进行了总体态势分析。其次，课题组在专利分析研究的过程中，紧密围绕国家政策和产业需求，通过对主流操作系统的交互创新模式进行了深入的剖析和研究，揭示了专利在不同操作系统下如何对产业产生影响，各操作系统的主流企业如果通过专利实现对产业的控制，相关企业有哪些经验可为我国所借鉴，找到国内外技术专利发展的差距和国内自主企业可能突破的技术空白。最后，课题组结合以上分析结论，对国内企业发展操作系统人机交互技术提供了具有针对性的措施和建议。

课题组针对三大主流操作系统，深入研究相关的专利诉讼、许可和转让信息，探寻内在因素、焦点和策略，将国内企业产品和研发路线纳入研究对象，找到了影响国内产业发展的技术瓶颈和企业自主产品的努力方向，并提出了相应的专利策略及启示。

10.2 基于 OS 的人机交互关键技术专利竞争格局

10.2.1 基于 OS 的人机交互关键技术竞争激烈

1. 人机交互技术是各大操作系统进行知识产权保护的重点领域

人机交互是操作系统的基本功能之一，用户界面是进行人机交互的系统部件，是人与计算机通信和对话的接口。各大操作系统的开发者均将人机交互作为其对操作系统进行知识产权保护的重点领域，特别是针对人机交互技术及表现形式进行专利布局。这也导致基于这些操作系统平台的第三方开发者在进行产品设计和研发时很难完全规避侵权风险。

由于人机交互技术与用户体验最为相关，甚至能够成为智能终端及其操作系统的品牌代表，例如，小米开发的 MIUI 人机交互环境受到了企业的空前重视。此外，由于移动终端操作系统的市场格局尚未完全确定，不同类型的操作系统平台之间正展开激烈的竞争，专利的作用和价值得到了充分的体现，这也使得国内与操作系统相关的创新主体空前重视专利布局，特别是与人机交互技术相关的专利布局。总体来看，我国在操作系统人机交互技术上具备了较丰富的研发经验和设计能力，并拥有了较坚实的专利基础。表 10 - 1 显示了操作系统的人机交互关键技术领域的全球专利申请概况。表 10 - 2 显示了操作系统的人机交互关键技术领域的中国专利申请概况。

2. 中国国内申请人申请量高涨申请，申请占比逐年增多

全球人机交互相关专利申请经快速增长后进入平稳期，中国专利尤其是国内申请人申请量高涨，占比逐年增多。如图 10 - 1 所示，在全球范围内，操作系统人机交互技术的专利申请量在 1983 ~ 1988 年缓慢增长；从 1994 年起呈爆发式增长，并在 2000 年到达 3988 项的高峰，期间伴随着 windows 等图像用户界面操作系统的迅速发展；2003 年，专利申请量稍有下降；随着移

动互联网的兴起和新交互技术的出现,这一领域的专利申请量自 2004 年起又出现迅猛增长的势头,直至 2013 年到达最高点,达 15147 项。

表 10-1 操作系统人机交互关键技术全球专利申请概况

全球范围专利情况					
	发展态势	总申请量:130990 项,峰值为 2013 年,达 15147 项			
		随着新交互技术的出现和移动互联网的兴起,人们开始探索与计算机进行更为友好的交互方式,专利申请量自 2004 年起出现迅猛增长,直至 2013 年到达历史高点,即 15147 项			
	主要国家/地区专利申请	美国（33%）	日本（30%）	中国（20%）	欧洲（6.45%） 其他（2%）
	主要申请人	三星:4234 项（3.23%）、索尼:3733 项（2.85%）、微软:3563 项（2.72%）、联想:1756 项（1.34%）、谷歌:1541 项（1.18%）、苹果 1539 项（1.17%）、诺基亚 999 项（0.76%）			
	主要技术分支占比	图像用户界面（51.2%）	语音交互（40.66%）	体感交互（7.68%）	脑机交互（0.44%）
	主要专利技术分支分布	窗口及控件管理、交互对象的控制和操作、虚拟/增强现实显示、多点触控操作、语音识别、语音控制、动作识别、眼球追踪、触觉反馈			

表 10-2 操作系统人机交互关键技术中国专利申请概况

		中国:51432 件,峰值为 2013 年,达 7475 件	
	发展态势	自 2001 年起,涉及操作系统人机交互关键技术的国内专利申请量逐年递增,随着移动终端产业的高速发展,专利申请保持了极高的年增长量,在 2010 年之后国内申请人专利申请量开始超越国外来华专利申请量,国内申请人的专利意识不断增强,利用专利进行有效的保护、积极的市场竞争已经成为国内企业的主旋律	
		国内申请	国外来华申请
		29692 件	21740 件
	区域分布占比	广东（34.95%）,北京（26.62%）,台湾（7.67%）,上海（7.63%）,江苏（5.31%）等	美国（14%）,日本（12%）,韩国（6%）,欧洲（7%）,其他国家/地区（3%）
	技术分布	图形用户界面（62.18%）,语音交互（29.74%）,体感交互（7.85%）,脑机交互（0.24%）	

续表

排名前10位的申请人及其申请量	联想：1918 件 欧珀：1148 件 中兴：1133 件 腾讯：1111 件 华为：791 件 宇龙：661 件 小米：653 件 百度：600 件 富士康：526 件 金立：304 件	三星：1836 件 微软：1631 件 索尼：1409 件 LG：919 件 IBM：590 件 苹果：522 件 松下：508 件 诺基亚：394 件 高通：378 件 谷歌：351 件

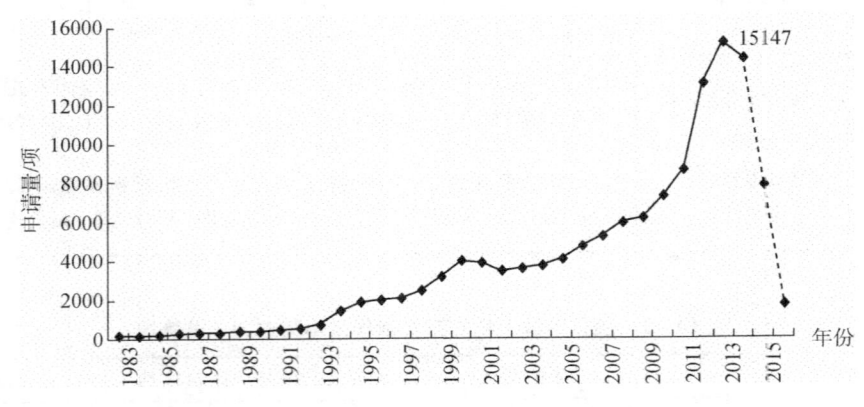

图10-1 操作系统的人机交互技术全球专利申请趋势

如图10-2所示，以2000年为分界点，在2000年之前，涉及操作系统人机交互关键技术领域的中国专利申请量较少，与2000年之前我国操作系统技术和产业整体上仍处于跟踪、模仿和技术储备阶段有关。

随着中国信息产业的高速发展，操作系统的人机交互关键技术国内专利申请量呈逐年递增趋势。特别是近5年来随着移动终端产业的高速发展，这一领域的专利申请保持了极高的年增长量。在2001~2015年，国内申请人申请量总量达到26943件，占中国操作系统人机交互技术相关专利申请量总和的57.46%；其中，在2010年之后，国内申请人专利申请量开始超越国外来华专利申请量，国外来华申请人虽然不断加大在中国专利布局的力度，但是国内申请人的专利意识也在不断增强，在操作系统的人机交互关键技术的快速发展期内紧跟全球技术创新与专利布局的脚步。

10 基于OS的人机交互关键技术

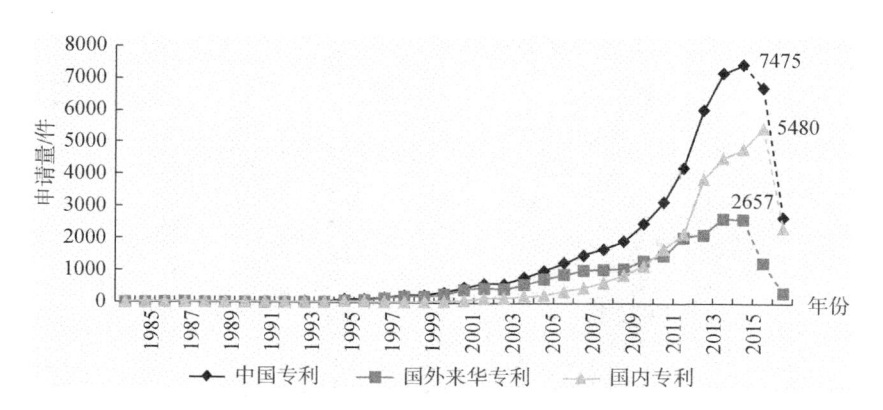

图10-2 操作系统的人机交互技术中国专利申请趋势

3. 美国、日本是主要技术研发和专利产出地区

美国、日本是主要技术产出地区，美国在专利数量上具有绝对优势，各国申请人也最为重视在美国的专利布局。图10-3显示了操作系统的人机交互关键技术领域全球专利的首次申请国家/地区的分布情况。美国、日本首次申请的专利数量占据全球专利申请总量的63%，显示出传统技术强国在操作系统的人机交互关键技术领域的深厚技术积累；中国专利申请（中国专利申请包括港、澳、台地区的专利申请）也到达了全球专利申请总量的20%，仅次于美国和日本，表明了中国在这一技术领域正在奋起直追，且成果明显。但是，中国申请人在美国专利布局的力度远远低于韩国和日本，仅有不到1/10的中国首次专利申请完成了在美国的专利布局，在日本、韩国、欧洲的专利布局比例则更低。

4. 美国、日本、欧洲、韩国是在华专利布局的主要来源地，韩国近期活跃度较高

截至2016年9月20日，在中国的操作系统的人机交互技术专利申请超过51000件，其中，国外来华专利申请21000余件，占申请总量的42%，说明国内专利申请在这一领域的数量已经占据一定优势。

从图10-3可以看出，美国、日本、欧洲的来华专利申请量居国外来华申请总量的前3位，它们占据的中国专利申请份额的总和达到36%，显示出作为老牌信息产业强国或地区在操作系统的人机交互关键技术领域依然保持技术领先优势，并且非常重视在中国的专利布局。特别值得注意的是，韩国在华专利申请数已经占据中国专利申请总量的6%，与欧洲接近，表明韩国在这一领域中具有较强的技术实力。韩国的在华申请量一直呈快速增长态势，近5年其在人机交互技术领域的专利申请量已经超过欧洲，三星、LG两家韩

国企业在中国的专利布局意图非常明显。

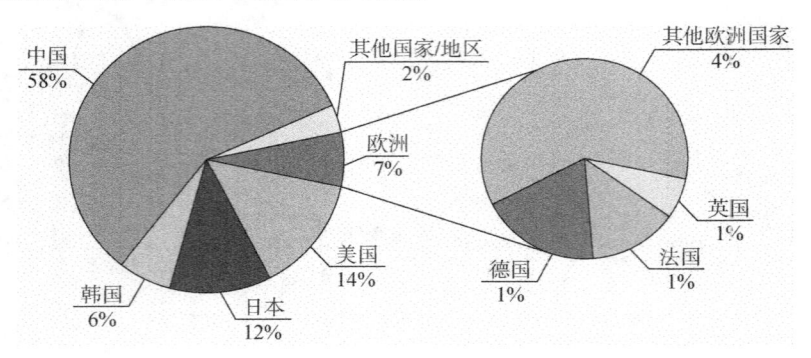

图 10-3　操作系统的人机交互关键技术中国专利申请的国家/地区分布

5. 技术分支以 GUI 和语音交互为主，体感交互占比较小，脑机交互仍处于萌芽阶段

从图 10-4 可见，GUI 技术分支的申请量占全球专利申请总量的 51.22%，语音交互分支占比为 40.66%，体感交互分支占比为 7.68%，脑机交互技术分支仅占 0.44%。脑机交互申请量少，且从申请的技术方案可以判断，该领域尚未形成较为主流的技术路线，此种交互方式仍处于萌芽阶段，其是否能在现有的计算机硬件及操作系统架构的基础上取得突破仍不明确。

图 10-4　操作系统人机交互各技术分支的全球专利申请趋势及占比分布

如表 10-3 所示，在 GUI 技术分支方面，主要国家/地区都投入了巨大的研发力量，技术研发活跃度很高；在语音交互分支方面，日本、欧洲的技术研发活跃度较低。在体感交互分支方面，体感交互技术虽然起源较早，但是专利申请量一直在低位徘徊。近年来因游戏等产业的蓬勃发展催动了体感虚拟现实/增强现实技术的兴起，主要国家/地区的技术研发都显得非常活跃，

由此导致该领域内的申请人非常重视自身在体感交互技术方面的研发以面对日益艰巨的市场挑战。可以预期,基于体感的交互技术将成为今后操作系统人机交互领域的重点研究方向和专利布局热点。

表 10-3 操作系统人机交互关键技术各技术分支专利申请活跃度

国家/地区	全球			中国		
	GUI	语音交互	体感交互	GUI	语音交互	体感交互
美国	64.93%	46.00%	63.25%	63.39%	49.72%	63.94%
欧洲	64.88%	40.63%	58.96%	62.55%	41.71%	59.57%
日本	65.93%	38.54%	45.88%	67.41%	45.07%	76.67%
韩国	68.79%	60.32%	67.16%	70.48%	70.74%	81.25%
中国	89.42%	72.80%	78.80%	89.42%	72.80%	78.80%

注:活跃度=近5年申请量与近10年申请量比,近5年指2011~2016年。

如图 10-5 所示,在中国专利申请中,GUI 技术专利申请的占比达 62.18%,超过其在全球范围内的比重。由于 GUI 技术相对成熟,表明我国企业的专利申请更多地基于实用技术的研发,在技术上跟踪模仿多于原创。在体感交互技术方面,中国专利申请的比重与全球相当,但是国外来华专利申请量远高于国内申请量,表明国外申请人重视在这一新兴领域的全球专利布局时,特别重视将中国的专利布局,我国应加大在这一领域的研发投入,以免拉大差距。

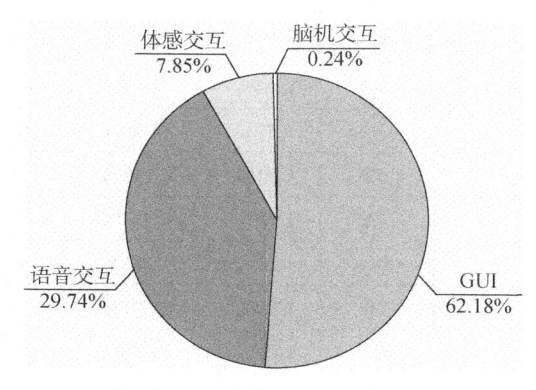

图 10-5 操作系统的人机交互关键技术中国专利申请各技术主题的占比分布

无论从全球申请还是中国申请来看,基于 GUI 交互技术专利申请量一直高居首位。图形用户界面是目前使用最为广泛也是技术上最成熟的人机交互手段,从 GUI 技术发展的路线来看,支持 GUI 交互方式的硬件创新将可能为这一传统人机交互带来新的生命力。例如，韩国三星正积极对柔性显示屏及基于形变的人机交互技术进行研发和专利布局，这有可能是在 GUI 交互技术引入触控屏之后又一重大创新，其可能引起移动终端及其他小型设备的人机交互方式的进一步变革。

6. 国内企业在智能移动终端快速崛起

美、日、韩等国家知名企业专利申请占比并无绝对优势；国内企业在智能移动终端快速崛起，专利量已赶超国外来华知名企业。如表 10-4 所示，在 GUI 技术方面，除了日本的日立和日本电气株式会社之外，其他申请人的技术研发活跃度很高；在语音交互技术方面，美国的谷歌研发活跃度相对其他操作系统的代表性企业较高，除了日本电信电话株式会社外，日本企业技术研发活跃度很低；体感交互技术方面，除了日本的松下和日立外，其他申请人的技术研发活跃度都非常高；韩国和中国的申请人在以上三个技术分支的研发都非常活跃，尤其是中国申请人对体感交互技术的研发几乎都集中在近 5 年。

表 10-4 人机交互技术全球专利申请量排名前 15 位申请人的专利申请

单位：项

主要申请人	全球申请量	全球占比	近 5 年活跃度		
			GUI	语音交互	体感交互
三星	4234	3.23%	74.41%	66.23%	71.69%
索尼	3733	2.85%	54.00%	40.10%	56.17%
微软	3563	2.72%	61.74%	44.76%	64.86%
日本电气株式会社	2545	1.94%	42.55%	35.41%	76.67%
LG	2323	1.77%	58.29%	62.48%	76.81%
佳能	2246	1.71%	67.18%	41.86%	49.18%
东芝	2188	1.67%	63.53%	44.27%	52.78%
日本电信电话株式会社	2086	1.59%	75.86%	55.25%	45.45%
夏普	1816	1.39%	74.21%	66.26%	72.72%
联想	1756	1.34%	95.86%	95.50%	95.34%
谷歌	1541	1.18%	79.28%	72.29%	85.96%
苹果	1539	1.17%	44.70%	47.47%	57.44%
富士通	1478	1.13%	75.68%	39.52%	84.00%
中兴	1182	0.90%	94.90%	74.18%	100%
腾讯	1081	0.82%	88.96%	90.53%	72.72%

表 10-5 显示在华专利申请量排名前 10 位申请人的在华专利申请量及其占比情况。在中国专利申请中，操作系统的人机交互技术申请量前 10 名国外来华申请人中，美国企业占 50%，说明美国企业一向重视中国市场和在华专利布局的基本预期一致。韩国企业占据了第一位和第四位，说明了它们在这一技术领域的技术实力，也充分表明了对中国专利布局的重视。

表 10-5 人机交互技术中国专利申请量前 10 位申请人申请情况

单位：件

国外申请人	中国专利申请量	国内占比	国内申请人	中国专利申请量	国内占比
三星电子	1836	3.57%	联想	1918	3.73%
微软	1631	3.17%	欧珀	1148	2.23%
索尼	1409	2.74%	中兴	1133	2.21%
LG 电子	919	1.79%	腾讯	1111	2.16%
IBM	590	1.15%	华为	791	1.54%
苹果	522	1.01%	宇龙	661	1.29%
松下	508	0.98%	小米	653	1.27%
诺基亚	394	0.77%	百度	600	1.17%
高通	378	0.74%	鸿海精密	526	1.02%
谷歌	351	0.68%	金立	304	0.59%

此外，比较国内与国外申请量前 10 位申请人申请量占比发现，在操作系统的人机交互技术领域中，即使排名第一位的企业所占比例也未达到 5%，表明这一领域的技术创新形式较为多样，即使如三星、微软这样的龙头企业也难以凭借技术上的先发优势在专利布局上形成一家独大的局面，因此，在人机交互技术领域，专利质量显得尤为重要。

10.2.2 GUI 人机交互专利布局严密且易产生诉讼

1. GUI 技术国外领先，专利布局严密

依据目前 GUI 交互技术中使用的交互工具，可以将基于 GUI 的人机交互技术的发展分为两个阶段：第一阶段主要在桌面操作系统上使用的 WIMP 范式；第二阶段则是在移动终端上使用的基于触摸屏的人机交互形式。

从图 10-6 可以看出，美国从 1999 年起专利申请量开始大幅增长，从 2010 年起进入了高速增长期，至 2013 年达到最高点，之后稍有回落，仍保持在 3400 项以上的高位。早期专利申请数量较少，但是专利布局重要性较

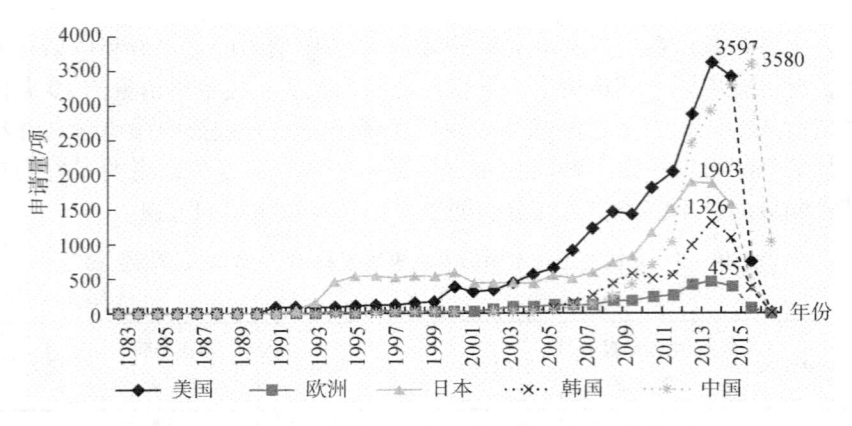

图10-6 GUI技术全球主要国家/地区的专利申请趋势

高，主要涉及GUI交互环境的构建、管理，例如，GUI接口的窗口及控件管理、交互对象的控制和操作等基础性技术。

随着GUI人机交互技术的成熟，各类操作系统平台所提供的供第三方使用的编程接口日益丰富，这一领域的申请人数量及专利申请量均开始增加。随着智能移动终端的兴起，特别是免费开源的安卓系统平台出现之后，移动终端尺寸受限对人机交互的有效性和易用性提出了远超桌面系统的要求，促使主要用于移动终端的GUI人机交互专利申请量高速增长。

依托于微软、苹果这些龙头企业，无论在桌面操作系统平台还是在移动操作系统平台上，美国企业在GUI人机交互技术上都占据领先地位，专利布局严密。

韩国在GUI人机交互技术发展的第一阶段专利申请量较少，处于旁观者的角色，但是在第二阶段则成为重要的创新者。中国企业的GUI人机交互技术的发展历程与韩国类似，也是在基于触摸屏的移动终端时代实现了专利申请量高速增长。对于GUI技术主题，中国专利申请量的快速增长尽管晚于其他主要国家/地区，但在高速增长过程中与世界先进技术水平保持了同步发展。

2. GUI技术专利容易产生诉讼，诉讼/许可收益较高

作为计算机与人类用户之间的桥梁，GUI是现代操作系统被用户直接使用和体验的部分，即使操作系统架构不同，但它们在GUI交互方式上仍可能具有很大的类似性，GUI及其操作特征的可见性和通用性直接导致了与GUI有关的专利申请的技术方案往往本身也具有可见性和通用性。与GUI相关专利的外部可见性这一特点导致其成为许多专利诉讼的对象。

微软的涉讼专利最早申请于20世纪80年代，微软起诉的对象既包括戴

尔、宏碁这些主要提供桌面终端设备的企业，三星、巴诺、LG 等移动终端设备企业，以及富士康等为智能移动终端企业提供代工服务的制造商。微软凭借其在 GUI 人机交互技术发展的早期围绕 WIMP 交互方式所布局的专利展开了一系列诉讼。通过这些诉讼以及其他未公开的谈判，微软基于 WIMP 范式的 GUI 技术专利布局，成功地迫使多家移动设备厂商与其达成了专利使用协议，并收取了高昂的专利许可费用，足以彰显涉及基于 GUI 人机交互技术的专利在操作系统产品专利保护中发挥的重要作用。

苹果作为基于触控操作的 GUI 人机交互技术的领导者，也充分利用了 GUI 相关专利可见性这一特点，在全球范围内向其竞争者三星、HTC 等发起诉讼以维护自己的市场优势。GUI 相关专利的可见性和通用性在涉及我国智能移动终端企业的专利诉讼中也已得到体现。2016 年 6 月，高通起诉魅族围绕手机 CPU 标准必要专利展开的诉讼中，精于专利诉讼之道的高通将一件看起来并不起眼、技术方案简单的与 GUI 中窗口管理技术相关的专利与其他 8 件"高技术"专利并列，将其作为索赔 5.2 亿元人民币的权利基础之一，足以说明 GUI 相关专利的可见性在专利诉讼中的重要价值。

3. 国内移动终端企业 GUI 专利布局密集，专利挑战仍存在

人机接口层次的创新是国内所有移动终端企业系统开发和创新的重要领域，GUI 相关专利布局密集。表 10-6 列出了我国人机交互领域国内外申请人的专利情况。

表 10-6　GUI 技术中国前 10 位国内外申请人申请情况　　单位：件

排名	国内申请人	申请量	国外申请人	申请量
1	联想	1918	三星	1836
2	欧珀	1148	微软	1631
3	中兴	1133	索尼	1409
4	腾讯	1111	LG	919
5	华为	791	IBM	590
6	宇龙	661	苹果	522
7	小米	653	松下	508
8	百度	600	诺基亚	394
9	鸿海精密	526	高通	378
10	金立	304	谷歌	351

从表 10-6 可以看出，国内专利申请排前 10 位的企业涉及所有国内主流

的智能移动终端厂商。从专利申请量来看，我国企业的人机交互技术专利布局，特别是基于 GUI 交互技术的专利布局已经称得上严密，但是我国企业在 GUI 技术方面的专利布局时间普遍较晚。

如图 10-7 所示，国内 GUI 技术的相关专利申请量在 2007 年之前缓慢增长，长期低于国外来华申请人，2010 年之后，随着国内进入智能移动终端企业数量的增加，GUI 技术专利申请增速提高。2013 年，随着国内企业推出的移动智能终端的市场占有率进一步提高，在触控支持和对象控制领域的专利申请量还在增长。

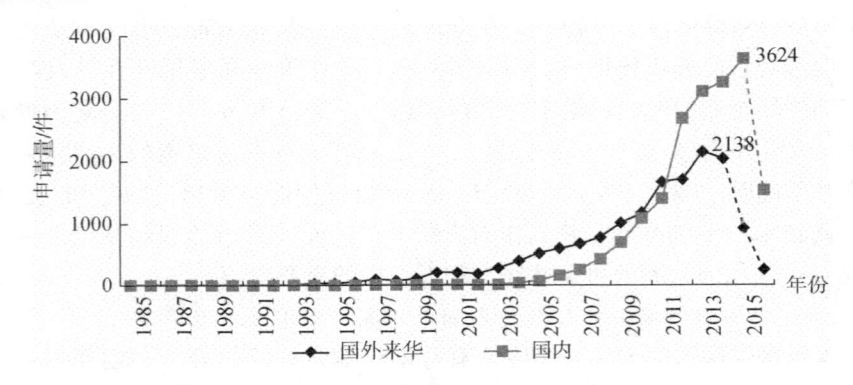

图 10-7　GUI 技术主题的中国专利申请年代趋势

然而，由于国内企业在进入 GUI 人机交互技术这一领域时机较晚，无论基于 WIMP 范式的桌面操作系统 GUI 交互技术还是基于触控操作的 GUI 交互技术的基础专利早已被国外企业完成布局。如前所述，GUI 交互技术具有通用性，在一种操作系统平台上使用的 GUI 交互技术有可能在后来出现的架构完全不同的操作系统平台上继续使用，因此国内企业的侵权风险不容忽视，这种风险可能来自微软这样的操作系统厂商，也可能来自三星、LG 这样的安卓操作系统厂商，甚至是高通这样的传统意义上的通信和处理器技术企业，在迫使国内厂商缴纳通信标准必要专利使用费的过程中，其也已经尝试使用 GUI 技术专利作为筹码。

4. GUI 柔性屏交互技术是近期研发和布局的热点

从操作系统人机交互技术发展的历史经验可以看出，新的交互工具和手段的出现往往带来人机交互技术的革新。在有机发光二极管（OLED）技术成熟之后出现了具有实用价值的柔性屏，伴随而来的是在 GUI 人机交互领域中，以柔性屏的形变作为交互手段的技术逐渐成为近期研发和布局的热点。

对柔性屏的需求主要来自移动终端以及可穿戴设备等显示面积有限的设备，无论是传统的 GUI 交互方式或者基于触摸操作的 GUI 交互方式都不能完